高等教育理工类"十四五"系列规划教材

互换性
与技术测量

U0251366

宋　康　陆小龙　尹伯彪/编著

四川大学出版社

SICHUAN UNIVERSITY PRESS

图书在版编目（CIP）数据

互换性与技术测量 / 宋康，陆小龙，尹伯彪编著
. — 成都：四川大学出版社，2024.1
ISBN 978-7-5690-4130-9

Ⅰ．①互… Ⅱ．①宋… ②陆… ③尹… Ⅲ．①零部件
－互换性－高等学校－教材②零部件－测量技术－高等学
校－教材 Ⅳ．① TG801

中国版本图书馆 CIP 数据核字（2021）第 001079 号

书　　名：互换性与技术测量
　　　　　Huhuanxing yu Jishu Celiang
编　　著：宋　康　陆小龙　尹伯彪

丛书策划：庞国伟　蒋　玙
选题策划：李思莹
责任编辑：李思莹
责任校对：唐　飞
装帧设计：墨创文化
责任印制：王　炜

出版发行：四川大学出版社有限责任公司
　　　　　地址：成都市一环路南一段 24 号（610065）
　　　　　电话：（028）85408311（发行部）、85400276（总编室）
　　　　　电子邮箱：scupress@vip.163.com
　　　　　网址：https://press.scu.edu.cn
印前制作：四川胜翔数码印务设计有限公司
印刷装订：四川五洲彩印有限责任公司

成品尺寸：185 mm×260 mm
印　　张：19
字　　数：486 千字

版　　次：2024 年 2 月 第 1 版
印　　次：2024 年 2 月 第 1 次印刷
定　　价：68.00 元

扫码获取数字资源

四川大学出版社
微信公众号

本社图书如有印装质量问题，请联系发行部调换

前　　言

"互换性与技术测量"是高等工科院校本科机械与仪器仪表类和近机类各专业的一门综合性、实用性都很强的技术基础课，涉及机械产品及其零件的设计、制造、检验、维修和质量控制等多方面技术问题。它将互换性原理、标准化生产管理、几何量计量测试等相关知识结合在一起。本书是根据全国高校"互换性与测量技术基础"教学大纲要求以及华盛顿协议工程教育认证要求，结合院校课程体系教学改革和对学生专业能力培养的需求编写的。在参考已经出版的同类教材的基础上，本书融入了编著者多年来在教学实践中积累的经验。本书具有以下特点：

（1）紧扣教学大纲，重点突出，适合教学；

（2）根据极限与配合的国家标准编写；

（3）理论联系实际，相关章节附有精度设计实例分析，紧密结合工程应用实例，突出实用性和综合性，注重对学生基本技能的训练和综合能力的培养；

（4）适用面广，多学时（48学时）和少学时（32学时）都可使用，各章内容独立，使用者可以根据需要进行选取；

（5）收录适中的公差标准及表格，可供学生机械类课程设计、"大创"设计和毕业设计参考；

（6）在公差原则教学内容基础上，结合实例对公差原则等方面的难点问题理清思路，分析透彻，并将包容要求、最大实体要求和最小实体要求进行列表比较；

（7）介绍了直线度误差评定、平面度误差评定和圆度误差评定国家标准，结合几何误差评定实例，让读者能深入理解最小包容区域等概念。

本书由四川大学机械工程学院公差课程任课老师编写，赵世平教授任主审。编写人员有宋康（第1、2章，第3章3.1.6节，第4、6、11章）、尹伯彪（第3章其余部分，第5、10章）、陆小龙（第7、8、9、12章）。全书由宋康负责统稿和定稿。

本书在编写过程中得到了四川大学机械工程学院测控系老师们的帮助和支持。特别要感谢四川大学测试技术与控制工程系张涛老师、徐晓秋老师和黄伟老师，他们给予了精心的指导并提供了编写教材所需的参考资料；感谢四川大学机械工程系方辉老师、工业设计系张珣老师，他们在绘图工作上提供了不少帮助。哈尔滨工业大学马惠萍教授、浙江大学杨将新教授、郑州大学赵凤霞教授也对本书提出了宝贵意见和建议，在此一并致谢。另外，本科生喻杰、王宗文和李子昂也参与了部分绘图工作。

　　由于编者水平有限，书中难免存在错误和不当之处，恳请广大读者朋友批评指正，并提出宝贵的改进意见。

编著者

2023 年 8 月于四川成都

目　　录

第1章 绪 论

▶ **导读**

本章学习的主要内容和要求：

1. 知道互换性的意义和作用、互换性的分类、极限与配合标准的发展历程、计量技术的重要性和发展；

2. 能解释优先数和优先数系的特点，重点能解释互换性和公差的概念。

1.1 概述

机械产品设计过程通常可以分为四个步骤：机械结构设计、强度（刚度）设计、精度设计以及工艺设计。

机械结构设计是确定机械产品的基本工作原理和总体布局，以保证总体方案的合理性、可实现性和先进性。机械结构设计主要是运动学和动力学设计，如传动系统的位移、速度和加速度等。其侧重于机构的结构设计分析和运动分析。

强度（刚度）设计是根据机械产品的使用功能要求及系统设计的初步方案，确定机械产品各组成零部件的几何尺寸，即各组成零部件几何要素的公称值。其侧重于机构的强度分析、刚度分析和受力分析。

精度设计主要是根据机械产品的功能要求，正确地对机械零部件的尺寸精度、几何精度和表面粗糙度进行设计。任何加工方法都不可能没有加工误差，而零件几何要素的误差会影响其功能要求，允许加工误差的大小与生产的经济性和产品的预期寿命密切相关。通过精度分析和误差分析，合理地选择公差与配合，以保证所生产的机械零部件既满足功能要求，又满足经济性要求和预期寿命要求。因此，精度设计是机械设计不可分割的重要组成部分。

工艺设计是根据前三个步骤所完成的零件图、装配图上给出的各种技术要求，并结合企业的实际生产条件等客观因素，确定合理的加工工艺、装配工艺。

"互换性与技术测量"是培养学生机械精度设计能力的一门技术基础课，该课程内容是机械类和仪器仪表类专业的学生进行生产实践和后续课程如"精密机械设计"等学习所必须用到的技术基础知识，其目的是使学生具有机械零部件几何精度设计的能力和掌握精度检测的基础知识和基本技能，为学生进行机械设计奠定基础。

1.2 互换性

互换性在日常生活中随处可见。例如，灯泡坏了换个新的，自行车某个零件坏了换个新的。以上操作能实现是因为合格零部件和产品具有材料性能、几何尺寸、使用功能上彼此互相替换的性能，即具有互换性。广义上来说，互换性是指一种产品、过程或服务能够代替另一种产品、过程或服务，且能满足同样要求的能力。

1.2.1 互换性的定义

互换性是指同一规格的一批零件或部件，不需经过任何选择、修配或调整，就能装配在机器或仪器上，并满足原定功能要求的特性。若零部件具有互换性，则应同时满足两个条件：①不需任何选择、修配或调整便能进行装配或维修更换，这称为尺寸互换；②装配或更换后能满足原定的使用功能要求，这称为功能互换。

1.2.2 互换性的分类

1. 根据互换程度分类

根据互换程度的不同，互换性可分为完全互换和不完全互换两类。

完全互换以零部件装配或更换时不需要选择或修配为条件。例如，对一批孔和轴装配后的间隙要求控制在某一范围内，据此规定了孔和轴的尺寸允许变动范围。孔和轴加工后只要符合设计的规定，就具有完全互换性。

不完全互换是指零部件装配时允许有附加的选择、调整和修配。不完全互换可以用分组装配法、调整法或其他方法来实现。

当装配精度要求较高时，采用完全互换将使零件制造困难、成本高，甚至无法加工，这时可将零件的制造公差适当放大后进行加工。分组装配法是指在零件加工完成后，先测量并按照实际尺寸的大小分为若干组，使每组零件间实际尺寸的差别减小，再按照相应组进行装配（即大孔与大轴相配，小孔与小轴相配），见表1-1。这样既可以保证装配精度要求，又能使加工难度减小，从而降低制造成本。

表1-1 分组装配法

分组	孔	轴
1	$\phi20^{+0.4}_{+0.3}$	$\phi20^{+0.2}_{+0.1}$
2	$\phi20^{+0.3}_{+0.2}$	$\phi20^{+0.1}_{0}$
3	$\phi20^{+0.2}_{+0.1}$	$\phi20^{0}_{-0.1}$
4	$\phi20^{+0.1}_{0}$	$\phi20^{-0.1}_{-0.2}$

采用分组装配法时，对应组内的零件可以互换，而非对应组间则不能互换，因此零件的互换范围是有限的。如滚动轴承外圈的内滚道和内圈的外滚道与滚动体的配合精度高，若采用完全互换生产，工艺难以达到，且成本高昂，故一般采用不完全互换生产，分组装配法来装配。

调整法是一种保证装配精度的措施。调整法的特点是在机器装配或使用过程中，对某一特定零件按照所需的尺寸进行调整，以达到装配精度要求。如在减速器中调整轴承盖与箱体间的垫片厚度，以补偿温度变化对轴的影响。

一般来说，对于大批量件和厂际协作件，应采用完全互换；对于单件（特高精度仪器或特重型机器）和厂内生产的零部件，可以采用不完全互换。

2. 根据应用场合分类

根据应用场合，互换性可分为外互换和内互换两类。

外互换是指部件或机构与其相配件间的互换性，如滚动轴承内圈与轴颈的配合，外圈与外壳孔的配合。内互换是指厂家内部生产的部件或机构内部组成零件间的互换，如滚动轴承内、外圈滚道与滚动体之间的装配。一般内互换采用不完全互换，且局限于厂家内部进行生产装配；而外互换采用完全互换，适用于生产厂家之外广泛的范围。

1.2.3 互换性的作用

互换性的作用主要体现在以下三个方面：

（1）在设计方面，能最大限度地使用标准件和通用件，可以大大简化绘图和计算等工作，缩短设计周期，有利于产品更新换代和计算机辅助设计（computer aided design，CAD）技术的应用。

（2）在制造方面，有利于组织专业化生产，使用专用设备和计算机辅助制造（computer aided manufacturing，CAM）技术。

（3）在使用和维修方面，可以及时更换那些已经磨损或损坏的零部件，对于某些易损件可以提供备用件，从而提高机器的使用价值。

互换性在提高产品质量和可靠性、提高经济效益等方面均具有重大意义。互换性原则已成为现代制造业中一个普遍遵守的原则。互换性生产对我国现代化生产具有十分重要的意义。

1.2.4 公差

在加工过程中，受加工工艺和环境因素的影响，零件的尺寸、形状和表面粗糙度等几何参数难以达到理想状态，总是存在或大或小的误差。但从零件的使用功能来看，不必要求零件几何量制造得绝对准确，只要求零件几何量在某一规定的范围内变动，即保证同一规格零部件彼此接近。我们把这个允许几何量变动的范围称为公差。

为了保证零件的互换性，要用公差来控制加工误差，即应把完工零件的加工误差控制在允许的几何量变动范围内，从而保证零件的装配性和配合性质及功能实现。设计者的任务就是要正确地确定公差。在满足功能要求的前提下，公差值应尽量规定得大一些，以便获得最佳的经济效益。

1.3 标准化与优先数系

在现代工业化生产中，要实现互换性生产必须制定各种标准，以利于各部门的协调和各生产环节的衔接。

1.3.1 标准化

现代制造业生产的特点是规模大、分工细、协作单位多、互换性要求高。为了适应生产中各部门的协调和各生产环节的衔接需求，必须有一种手段，使分散的、局部的生产部门和生产环节保持必要的统一，成为一个有机的整体，以实现互换性生产。标准和标准化正是联系这种关系的主要途径和手段。标准化是互换性生产的基础。

（1）标准是指为了在一定范围内获得最佳秩序，对活动或其结果规定共同使用和重复使用的规则、导则或特性的一种文件。

（2）《标准化工作指南 第 1 部分：标准化和相关活动的通用术语》（GB/T 20000.1—2014）对标准化的定义：为了在既定范围内获得最佳秩序，促进共同效益，对现实问题或潜在问题确立共同使用和重复使用的条款以及编制、发布和应用文件的活动。由标准化的定义可以看出，标准化不是一个孤立的概念，而是一个活动过程。

机械行业主要采用的标准有国际标准、国家标准、地方标准、行业标准和企业标准等。国际标准用符号 ISO 表示，ISO 是国际标准化组织的英文缩写。国家标准用符号 GB 表示。国家标准有强制执行的标准（记为 GB）、推荐执行的标准（记为 GB/T）和指导性的标准（记为 GB/Z）。

1.3.2 优先数系和优先数

在机械产品的设计和标准的制定过程中，要涉及很多技术参数。当选定一个数值作为某种产品的参数指标时，这个数值就会按照一定的规律影响并限定有关的产品尺寸。例如，设计减速器箱体上的螺钉，当螺钉公称直径确定后，则箱体上螺孔数值随之确定，与之相配的加工用钻头、铰刀和丝锥尺寸，检验用的螺纹塞规尺寸等都随之确定。这种情况称为数值的传播。工程技术上的参数值经过反复传播以后，即使只有很小的差别，也会造成尺寸规格的繁多杂乱，给生产组织、协作配套、使用维修等带来很大的困难。因此，技术参数不能随意选择，为使数值协调一致，就需要有一个选用数值的统一标准来满足上述要求。机械行业的优先数系标准就是在这种实际需要的基础上形成的。优先数系为我们提供了一种经济合理、方便使用、范围宽阔的数值分级制度，这也是目前各国共同遵守的一种数值分级制度。

《优先数和优先数系》（GB/T 321—2005）规定十进制等比数列为优先数系，并规定了五个系列，分别用符号 R5、R10、R20、R40 和 R80 表示，称为 Rr 系列，公比 $q_r =$

$\sqrt[r]{10}$。同一系列中，每增加 r 个数，数值增至 10 倍。各系列的公比为：

R5 系列的公比：$q_5 = \sqrt[5]{10} \approx 1.60$；

R10 系列的公比：$q_{10} = \sqrt[10]{10} \approx 1.25$；

R20 系列的公比：$q_{20} = \sqrt[20]{10} \approx 1.12$；

R40 系列的公比：$q_{40} = \sqrt[40]{10} \approx 1.06$；

R80 系列的公比：$q_{80} = \sqrt[80]{10} \approx 1.03$。

其中，R5、R10、R20 和 R40 称为基本系列；R80 称为补充系列。补充系列仅在参数分级很细或基本系列中的优先数不能适应实际情况时才可考虑采用。表 1－2 列出了 1～10 范围内基本系列的优先数系。

表 1－2　基本系列的优先数系

R5	R10	R20	R40	R5	R10	R20	R40	R5	R10	R20	R40
1.00	1.00	1.00	1.00	2.50	2.50	2.50	2.50	6.30	6.30	6.30	6.30
			1.06				2.65				6.70
		1.12	1.12			2.80	2.80			7.10	7.10
			1.18				3.00				7.50
	1.25	1.25	1.25		3.15	3.15	3.15		8.00	8.00	8.00
			1.32				3.35				8.50
		1.40	1.40			3.55	3.55			9.00	9.00
			1.50				3.75				9.50
1.60	1.60	1.60	1.60	4.00	4.00	4.00	4.00	10.00	10.00	10.00	10.00
			1.70				4.25				
		1.80	1.80			4.50	4.50				
			1.90				4.75				
	2.00	2.00	2.00		5.00	5.00	5.00				
			2.12				5.30				
		2.24	2.24			5.60	5.60				
			2.36				6.00				

注：摘自 GB/T 321—2005。

基本系列和补充系列具有以下规律：

(1) 延伸性。

移动小数点位置，优先数系可向大、小两个方向无限延伸（将表 1－2 中 1～10 范围内的优先数乘以 10 的正整数次幂或负整数次幂即可）。

(2) 包容性和插入性。

包容性指 R5、R10、R20、R40 数列中的项值分别包容在 R10、R20、R40、R80 数列中。插入性指 R10、R20、R40、R80 数列分别由 R5、R10、R20、R40 数列中相邻两

项之间插入一项形成。

(3) 相对差比值不变性。

相对差比值不变性是指同一优先数系中相邻两项的后项减前项与前项的比值不变，都等于 $(q_r-1)\times100\%$，有利于产品的分级和分档。

国家标准还允许从基本系列和补充系列中隔项取值构成派生系列。例如，在 R10 系列中每隔 3 项取值构成 R10/3 系列〔公比为 $(\sqrt[10]{10})^3\approx2.00$〕。

选用基本系列时，应遵循先疏后密的原则，即按照 R5、R10、R20、R40 的顺序选取，以免规格过多。当基本系列不能满足分级要求时，可选用补充系列或派生系列。

优先数系中的每个数值称为优先数。按照公式计算得到的优先数的理论值（除 10 的整数幂外）都是无理数，在工程技术上不能直接应用。而实际应用的数值都是经过修约后的近似值。根据取值的精确程度，优先数值有三种取法。

(1) 计算值：取 5 位有效数字，常用于精确计算。

(2) 常用值：取 3 位有效数字，为通常所用值，如表 1-2 中的数值为常用值，即通常所称的优先数。

(3) 化整值：取 2 位有效数字，并遵循《优先数和优先数化整值系列的选用指南》（GB/T 19764—2005）的规定。

1.4　几何量检测的重要性及其发展

几何量检测是组织互换性生产必不可少的重要措施。由于零部件的加工误差不可避免，必须采用先进的公差标准，对构成机械零部件的几何量规定合理的公差，以实现零部件的互换性。但若不采用适当的检测措施，规定的公差也就形同虚设，不能发挥作用。因此，应按照公差标准和检测技术要求对零部件的几何量进行检测。只接受几何量合格者，才能保证零部件在几何量方面的互换性。检测是检验和测量的统称。一般来说，测量的结果能够获得具体的数值；检验的结果只能判断合格与否，而不能获得具体的数值。

但是，必须注意到，检测过程不可避免地会产生或大或小的测量误差，这将导致两种误判：一是把不合格品误认为合格品而给予接收——误收（采伪）；二是把合格品误认为废品而给予报废——误废（弃真）。这是测量误差表现在检测方面的矛盾，需要从保证产品的质量和经济性两方面综合考虑，合理解决。

检测的目的不仅仅在于判断工件合格与否，还有积极的一面，就是根据检测的结果分析产生废品的原因，采取相应措施，以便减少和防止废品产生。检测是机械制造的"眼睛"，产品质量的提高不仅依赖于设计和加工精度的提高，更依赖于检测精度的提高，所以合理地确定公差和正确进行检测是保证产品质量、实现互换性生产两个必不可少的条件和手段。

1.4.1　测量的重要性

"科"是一个会意字："从禾，从斗。斗者，量也。"故"科学"一词取"测量之学问"

之义为名。测量是科学的基础，科学起源于测量，测量是为了认识世界（测控则是为了改造世界）。

从图 1-1 可以看出，对测量数据进行收集和集中，得到的是客观的事实和数字，再对数据进行整理和组织，就得到了有用的信息；对信息进行归纳和提炼就成为知识，即科学知识。科学是人类探索、研究、感悟宇宙万物变化规律的知识体系的总称。从这个意义上讲，没有测量就没有科学！

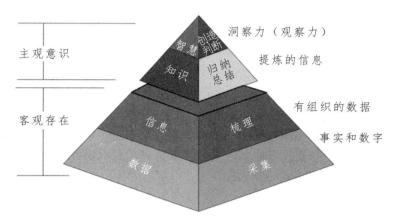

图 1-1 数据-信息-（科学）知识-智慧金字塔

以下是不同学科领域著名科学家的观点和言论，它们足以说明测量技术和仪器的重要性和基础性。

·门捷列夫：科学是从测量开始的，没有测量就没有科学，至少是没有精确的科学、真正的科学。

·王大珩：仪器是认识世界的工具。

·钱学森：特别强调测量技术的基础性及关键性。

·钱伟长：许多重大发现和发明都是从仪器仪表和测试技术的进步开始的。

在诺贝尔物理和化学奖中，据统计大约有四分之一的奖项属于测试方法和仪器，其中的典型代表：1986 年，德国物理学家宾宁（Binning）和瑞士物理学家罗勒（Rohrer）因研制出扫描隧道显微镜而获得诺贝尔物理学奖；2014 年，美国科学家埃里克·白兹格（Eric Betzig）、威廉·E. 莫纳尔（William E. Moerner）和德国科学家斯特凡·W. 赫尔（Stefan W. Hell）因开发出超高分辨率荧光显微镜而获得诺贝尔化学奖。

据统计，我国的国家技术发明一等奖里大约也有四分之一是属于测试技术和计量装置的，其中的典型代表有超精密特种形状测量技术与装置、大型装备缺陷辐射检测技术、高速交会相对定位测量技术等。

2015 年 9 月 14 日，美国国家激光干涉引力波天文台（LIGO）探测到了引力波信号，直接验证了爱因斯坦的广义相对论。它的发现是物理学界里程碑式的重大成果。而引力波的探测最终通过探测极微小位移的变化来实现，其基本原理是迈克尔逊干涉仪原理。要探测到引力波，LIGO 的检测精度达到了人类历史上的最高—— 10^{-21} m，即可以探测千分之一质子直径的变化。一个直观的描述：如果地球和太阳之间的距离发生了一个原子直径大小的变化，那么 LIGO 可以检测到这个变化。所以先进的检测技术及仪器设备的重要性是不言而喻的。

1.4.2　计量单位

国际单位制的基本单位有 7 个，分别是：
- 长度：米（m）。
- 质量：千克（kg）。
- 时间：秒（s）。
- 电流：安〔培〕（A）。
- 热力学温度：开〔尔文〕（K）。
- 物质的量：摩〔尔〕（mol）。
- 发光强度：坎〔德拉〕（cd）。

长度的国际单位制计量单位为"米"（m），它先后通过子午线、国际米原器和激光波长来定义。现在，"米"是通过光速来定义的：米是光在真空中（1/299792458）s 时间间隔内所经路径的长度，其准确度为 4×10^{-11}。

1.4.3　几何量检测的发展历程

在我国悠久的历史中，很早就有了关于几何量检测的记载。我国早在秦朝就已经统一了度量衡，西汉已有了铜制卡尺。但长期的封建统治使得科学技术未能进一步发展，检测技术和计量器具一直处于落后的状态，直到新中国成立后这种局面才得到扭转。

1959 年国务院发布了《关于统一计量制度的命令》，1977 年国务院发布了《中华人民共和国计量管理条例》，1984 年国务院发布了《关于在我国统一实行法定计量单位的命令》，1985 年全国人大常委会通过并由国家主席签发了《中华人民共和国计量法》。这些对于我国采用国际米制作为长度计量单位，健全各级计量机构和长度量值传递系统，保证全国计量单位统一和量值准确可靠，促进我国社会主义现代化建设和科学技术的发展具有特别重要的意义。

在建立和加强计量制度的同时，我国的计量器具制造业也有了较大的发展。现在已有许多量仪厂和量具刃具厂，生产的许多品种的计量仪器用于几何量检测，如万能测长仪、万能工具显微镜、万能渐开线检查仪等。此外，我国还制造了一些世界水平的量仪，如激光光电比长仪、激光丝杠动态检查仪、光栅式齿轮整体误差测量仪、无导轨大长度测量仪、扫描隧道显微镜、原子力显微镜等。

1.5 课程说明和要求

1.5.1 课程性质

本课程是为机械类、仪器仪表类各专业开设的一门工程技术专业基础课,其实用性和工程技术性强,是理论联系实际的典范。根据零部件使用技术要求,应用公差设计和检测知识,为机械产品进行几何量方面的精度设计,选用合适的公差与配合,从而保证机械零部件功能实现、预期寿命及工作精度。

1.5.2 课程任务

本课程是联系设计类课程与机制工艺类课程的纽带,是从基础课和其他技术基础课向专业课过渡的桥梁,如图 1-2 所示;另外,课程还关注极限与配合的国家标准和现代精度设计方法,担负国家标准宣传贯彻的责任。

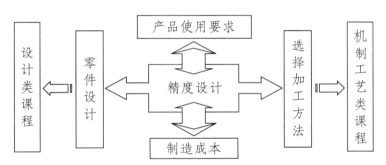

图 1-2 本课程与设计类课程及机制工艺类课程的关系

本课程的重要性体现在两个方面:
(1) 联系设计类课程与机制工艺类课程的纽带;
(2) 协调产品使用要求与制造成本间的矛盾。

1.5.3 与其他课程的关系

本课程与"机械原理""机械零件"等课程联系最为紧密。
(1) 机械原理——用运动学和动力学的原理和观点去研究机构,侧重于机构的结构设计分析、运动分析。
(2) 机械零件——用强度和刚度的观点去研究机构,侧重于机构的强度分析、刚度分析和受力分析。
(3) 互换性与技术测量——用误差和精度的观点去研究机构的几何参数;通过精度分析、误差分析,合理选择公差与配合,以保证所制造的机器设备和零件满足使用要求。就其本质而言，本课程是反映和解决机器零件的使用要求（用户角度）和制造要求（生产厂家角度）之间的矛盾，或者说是机制工艺类课程的"润滑剂"。

1.5.4　课程的特点

本课程涉及大量的国家标准，具有以下特点：抽象概念多，术语定义多，符号代号、标注表格多，叙述性内容多，经验公式多，零件的种类多，需要记忆的内容多。

1.5.5　课程要求

通过本课程的学习，要求学生掌握机械工程师必备的精度设计和检测方法的基本知识和基本技能，主要包含两方面的内容：

（1）互换性方面（几何量精度设计）。

主要包括机械零部件的尺寸精度设计、几何精度设计和微观轮廓精度设计（表面粗糙度）。建立互换性的基本概念；了解公差配合的标准及其应用；掌握互换性的术语；能看懂和绘制公差配合图解；熟悉圆柱体公差配合制的结构、规律、特征和基本内容；熟悉选择圆柱体公差配合的原则和方法；会查用公差表格；能正确进行图样精度标注。

（2）技术测量方法（几何量检测与误差评定）。

建立测量的基本概念；了解最基本的测量原理及方法；具备一般测量的基本知识；了解车间条件下常用的测量方法；了解测量器具的原理；有初步的测量技能；能正确处理测量结果；能对测量结果进行误差分析；根据使用要求，会初步设计光滑极限量规。

1.6　本章学习要求

能够解释互换性的概念、意义和作用；了解极限与配合标准和计量技术的发展；知道优先数和优先数系的特点；重点能解释互换性和公差的概念。

思考题和习题

1—1　什么是互换性？互换性有什么作用？互换性的分类如何？

1—2　试写出下列基本系列和派生系列中自 1 以后的 10 个优先数的常用值：R5，R10，R10/2，R20/2，R40/3。

1—3　自 3 级开始，螺纹公差的等级系数为 0.50，0.63，0.80，1.00，1.25，1.60，2.00。试判断它们属于何种优先数的系列。

1—4　优先数系形成的规律是什么？

第2章　孔、轴的极限与配合

▶ 导读

本章学习的主要内容和要求：

1. 学习零件尺寸与公差、孔与轴配合的基本知识，学习配合公差的设计方法，学习极限与配合国家标准的构成规则和特征；

2. 依据零件的使用要求，能利用互换性原理和公差选用标准对机械零部件的尺寸精度进行分析和设计。

2.1　概述

由孔和轴构成的圆柱体结合是机械制造中应用最广泛的结构，一般用作相对转动或移动副、固定联接或可拆定心联接副。为了保证圆柱体结合的互换性，除正确设计孔、轴的极限外，孔、轴加工后还应进行正确的检验。本章主要介绍孔、轴的极限与配合的国家标准，重点说明标准的构成规律和特征、极限与配合的选用原则和方法。

2.2　基本术语和定义

为了正确理解和应用极限与配合的国家标准，能正确使用公差标准进行几何量方面的精度设计，首先必须了解和掌握《产品几何技术规范（GPS）　线性尺寸公差 ISO 代号体系 第 1 部分：公差、偏差和配合的基础》（GB/T 1800.1—2020）。

2.2.1　有关孔、轴的定义

1. 孔（D）

孔通常指工件的圆柱形内表面，也包括非圆柱形内表面（由两平行平面或切面形成的包容面）。

2. 轴（d）

轴通常指工件的圆柱形外表面，也包括非圆柱形外表面（由两平行平面或切面形成的被包容面）。

3. 孔、轴的区分

(1) 从加工过程看：随着余量的切除，孔的尺寸由小变大，轴的尺寸由大变小。

(2) 从装配关系看：孔是包容面，轴是被包容面。

(3) 从测量方法看：测孔用内卡尺，测轴用外卡尺。

(4) 从两表面关系看：孔的两表面相对，其间没有材料；轴的两表面相背，其间有材料；非孔非轴类，两表面相对、相背或同向，其间有的地方有材料，有的地方没有材料。

孔和轴的尺寸示例如图 2-1 所示。

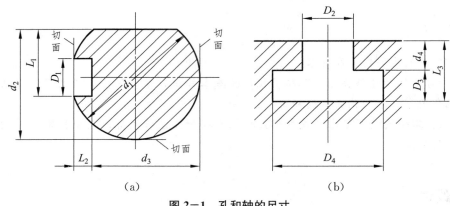

(a)   (b)

图 2-1 孔和轴的尺寸

2.2.2 有关尺寸的术语和定义

1. 尺寸要素

尺寸要素是由一定大小的线性尺寸或角度尺寸确定的几何形状。

2. 尺寸

尺寸是以特定单位表示线性值和角度值的数值，可表示零件几何形状、大小、相互位置关系。在机械制图中，线性尺寸通常以 mm 为单位。角度尺寸的单位有度（°）、分（′）、秒（″）、弧度（rad）。

3. 公称尺寸（D；d）

公称尺寸是设计给定的尺寸。设计零件时，根据使用要求，一般通过强度和刚度计算或由机械结构等方面的考虑来给定的尺寸，表示基本大小的要求。公称尺寸一般应选取标准值，以减少定值刀具、量具、夹具等的规格和数量，从而获得最佳的经济效益。

4. 实际尺寸（D_a；d_a）

实际尺寸是零件加工完成以后，通过实际的测量获得的尺寸（不做声明一般指两点法测量）。由于测量中不可避免地存在误差，所以实际尺寸并非零件的真值；由于零件还存在形状误差，所以零件各处的实际尺寸不相同。

5. 作用尺寸（D_f；d_f）

与实际孔内接的最大理想轴的尺寸称为孔的作用尺寸 D_f，与实际轴外接的最小理想孔的尺寸称为轴的作用尺寸 d_f，如图 2-2 所示。

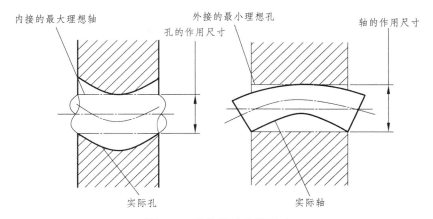

图 2-2　孔和轴的作用尺寸

6. 极限尺寸

允许尺寸变化的两个极限值分别为上极限尺寸 D_{max}/d_{max}（最大极限尺寸）和下极限尺寸 D_{min}/d_{min}（最小极限尺寸）。极限尺寸是根据精度设计要求确定的，其目的是限制加工的实际尺寸变动范围。极限尺寸主要用于判断零件尺寸是否合格，如图 2-3 所示。

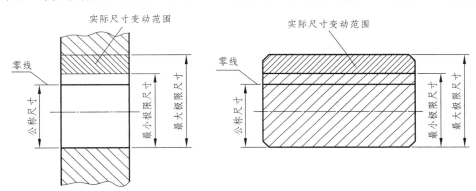

图 2-3　孔和轴的极限尺寸

7. 最大实体尺寸（D_{MMS}；d_{MMS}）

孔或轴在尺寸极限范围内具有材料量最多时的状态称为最大实体状态，在此状态下的尺寸称为最大实体尺寸，是孔的下极限尺寸（最小极限尺寸 D_{min}）和轴的上极限尺寸（最大极限尺寸 d_{max}）的统称。

8. 最小实体尺寸（D_{LMS}；d_{LMS}）

孔或轴在尺寸极限范围内具有材料量最少时的状态称为最小实体状态，在此状态下的尺寸称为最小实体尺寸，是孔的上极限尺寸（最大极限尺寸 D_{max}）和轴的下极限尺寸（最小极限尺寸 d_{min}）的统称。

9. 零件合格性判断条件

该判断条件是考虑测量误差和控制形状误差的零件合格条件。

（1）零件合格的条件（只考虑测量误差，注意没有取等号）：

$$\begin{cases} D_{min} < D_a < D_{max} \\ d_{min} < d_a < d_{max} \end{cases} \qquad (2-1)$$

13

（2）若要控制形状误差，则"尺寸与形状都合格的条件"为极限尺寸判断原则（泰勒原则），即：①孔或轴的作用尺寸不允许超越其最大实体尺寸；②孔或轴在任何位置的实际尺寸不允许超越其最小实体尺寸。

这两个条件可以用两个不等式表示：

对于孔，有

$$D_f \geqslant D_{min}，且 D_a < D_{max}$$

整理得

$$D_{min} \leqslant D_f < D_a < D_{max} \tag{2-2}$$

对于轴，有

$$d_f \leqslant d_{max}，且 d_a > d_{min}$$

整理得

$$d_{min} < d_a < d_f \leqslant d_{max} \tag{2-3}$$

2.2.3 有关偏差、公差的术语和定义

1. 尺寸偏差

某一尺寸减去其公称尺寸所得的代数差称为尺寸偏差（简称偏差）。偏差可能为正值或负值，也可能为零。孔的上、下极限偏差分别用 ES 和 EI 表示，轴的上、下极限偏差分别用 es 和 ei 表示。

（1）上极限偏差：上极限尺寸减去其公称尺寸所得的代数差称为上极限偏差。孔用 ES 表示，轴用 es 表示。

$$ES = D_{max} - D$$
$$es = d_{max} - d$$

式中：D—孔的公称尺寸；d—轴的公称尺寸；D_{max}—孔的上极限尺寸；d_{max}—轴的上极限尺寸。

（2）下极限偏差：下极限尺寸减去其公称尺寸所得的代数差称为下极限偏差。孔用 EI 表示，轴用 ei 表示。

$$EI = D_{min} - D$$
$$ei = d_{min} - d$$

式中：D—孔的公称尺寸；d—轴的公称尺寸；D_{min}—孔的下极限尺寸；d_{min}—轴的下极限尺寸。

上极限偏差总是大于下极限偏差。在图样上采用公称尺寸带上、下极限偏差的标注形式，可以直观地表示出极限尺寸和公差的大小。

（3）极限偏差：上极限偏差和下极限偏差统称极限偏差。

（4）实际偏差：实际尺寸减去其公称尺寸所得的代数差称为实际偏差。孔和轴的实际

偏差分别用 E_a 和 e_a 表示。

（5）基本偏差：在极限与配合的国家标准中，确定尺寸公差带相对于零线位置的那个极限偏差称为基本偏差。它可以是上极限偏差或下极限偏差，一般为靠近零线的那个极限偏差。

2．公差

（1）尺寸公差（简称公差）：上极限尺寸与下极限尺寸之差。它是尺寸允许的变动量。尺寸公差是一个没有符号的绝对值，孔的公差可用 T_H 表示，轴的公差可用 T_S 表示，其关系为

$$T_H = |D_{max} - D_{min}| = |ES - EI|$$

$$T_S = |d_{max} - d_{min}| = |es - ei|$$

（2）标准公差：极限与配合的国家标准中所规定的用以确定公差带大小的任一公差值称为标准公差。

（3）公差带图：以公称尺寸为零线，用适当比例画出两极限偏差或两极限尺寸以表示尺寸允许变动的区域，称为公差带图，如图 2-4 所示。

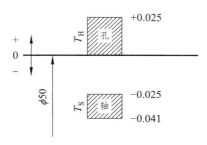

图 2-4　孔和轴的公差带图

（4）零线：公差带图中用于确定极限偏差的一条基准线，即零偏差线，表示公称尺寸。

2.2.4　有关配合的术语和定义

1．配合

配合是指公称尺寸相同，相互结合的孔、轴公差带之间的关系，反映了孔和轴之间结合的松紧程度。

（1）间隙：孔的尺寸减去相配合的轴的尺寸所得的代数差为正值时，称为间隙，用 X 表示。

（2）过盈：孔的尺寸减去相配合的轴的尺寸所得的代数差为负值时，称为过盈，用 Y 表示。

2．配合种类

（1）间隙配合：具有间隙（包括最小间隙为零）的配合称为间隙配合。此时，孔的公差带在轴的公差带之上。间隙配合有三个特征参数：最大间隙、最小间隙和平均间隙。

当孔为上极限尺寸（最大极限尺寸）、轴为下极限尺寸（最小极限尺寸）时，装配后

得到最大间隙；当孔为下极限尺寸（最小极限尺寸）、轴为上极限尺寸（最大极限尺寸）时，装配后得到最小间隙。

最大间隙：$X_{max} = D_{max} - d_{min} = ES - ei > 0$

最小间隙：$X_{min} = D_{min} - d_{max} = EI - es \geq 0$

平均间隙：$X_{av} = (X_{max} + X_{min})/2 > 0$

（2）过盈配合：具有过盈（包括最小过盈为零）的配合称为过盈配合。此时，孔的公差带在轴的公差带之下。过盈配合有三个特征参数：最大过盈、最小过盈和平均过盈。

当孔为上极限尺寸、轴为下极限尺寸时，装配后得到最小过盈；当孔为下极限尺寸、轴为上极限尺寸时，装配后得到最大过盈。

最大过盈：$Y_{max} = D_{min} - d_{max} = EI - es < 0$

最小过盈：$Y_{min} = D_{max} - d_{min} = ES - ei \leq 0$

平均过盈：$Y_{av} = (Y_{max} + Y_{min})/2 < 0$

（3）过渡配合：可能具有间隙也可能具有过盈的配合称为过渡配合。此时，孔的公差带和轴的公差带相互交叠。过渡配合有三个特征参数：最大间隙、最大过盈和平均间隙（或平均过盈）。

当孔为上极限尺寸、轴为下极限尺寸时，装配后得到最大间隙；当孔为下极限尺寸、轴为上极限尺寸时，装配后得到最大过盈。在过渡配合中，平均间隙（或平均过盈）为最大间隙与最大过盈的平均值，所得值为正则为平均间隙，为负则为平均过盈。

最大间隙：$X_{max} = D_{max} - d_{min} = ES - ei > 0$

最大过盈：$Y_{max} = D_{min} - d_{max} = EI - es < 0$

平均间隙（或平均过盈）：$X_{av}(Y_{av}) = (X_{max} + Y_{max})/2$

表 2-1　配合间隙和过盈的计算

配合种类	计算公式
间隙配合	$X_{max} = ES - ei$
	$X_{min} = EI - es$
过渡配合	$X_{max} = ES - ei$
	$Y_{max} = EI - es$
过盈配合	$Y_{min} = ES - ei$
	$Y_{max} = EI - es$

3. 配合公差

配合公差（T_f）是指间隙或过盈允许的变动量。它是设计人员根据机器配合部位使用性能的要求，对配合松紧变动程度给定的允许值。它反映配合的松紧变化范围，表示配合精度，是评定配合质量的一个重要的综合指标。在数值上，它是一个没有正、负号，也不能为零的绝对值，它的数值用公式表示为

（1）对于间隙配合：$T_f = |X_{max} - X_{min}|$

（2）对于过盈配合：$T_f = |Y_{min} - Y_{max}|$

（3）对于过渡配合：$T_f = |X_{max} - Y_{max}|$

将最大、最小间隙（过盈）分别用孔、轴极限偏差换算后，整理得

$$T_f = T_H + T_S \qquad\qquad (2-4)$$

式（2—4）表明，配合公差等于组成配合的孔、轴标准公差之和；配合精度与零件的加工精度有关。若要提高装配精度，使配合后间隙或过盈的变化范围减小，应减小零件的公差，即需要提高零件的加工精度。

4. 配合制

改变孔和轴的公差带位置可以得到很多种配合，为了便于现代化大生产，简化标准，《产品几何技术规范（GPS）　线性尺寸公差 ISO 代号体系　第 1 部分：公差、偏差和配合的基础》（GB/T 1800.1—2020）中规定了两种等效的配合制：基孔制配合（H）和基轴制配合（h）。

基孔制配合：基本偏差为下极限偏差且等于零的孔的公差带与不同基本偏差轴的公差带形成各种配合的一种制度。

基轴制配合：基本偏差为上极限偏差且等于零的轴的公差带与不同基本偏差孔的公差带形成各种配合的一种制度。

配合制是规定配合系列的基础，采用它是为了统一和简化基准孔或基准轴的极限偏差，以减少定值刀具、量具的使用规格和数量，从而获得最佳的经济效益。

2.2.5　合格与合用的比较

1. 孔、轴合格与合用

孔、轴合格指的是单个孔或轴的实际尺寸是否在极限尺寸范围内，是否具有互换性。孔、轴合用指的是具体的孔、轴所形成的结合是否能满足使用要求，它们装配以后的实际间隙或实际过盈是否在设计规定的极限间隙或极限过盈范围内。

孔、轴配合满足合用的条件分为以下三种情况：

（1）对于间隙配合：$\qquad\qquad X_{min} < X_a < X_{max}$

（2）对于过盈配合：$\qquad\qquad Y_{max} < Y_a < Y_{min}$

（3）对于过渡配合：$\qquad X_a < X_{max}$ 或者 $Y_a > Y_{max}$

2. 有关合格、合用的推论

（1）合格的孔、轴配合一定合用，且可互换；

（2）形成合用配合的孔、轴不一定合格；

（3）不合格的孔、轴虽然也可以形成合用配合，满足使用要求，但不具有互换性。

例 2—1　已知孔 $\phi 30^{+0.033}_{0}$ 与轴 $\phi 30^{-0.020}_{-0.041}$ 配合，若测得孔、轴的实际尺寸 $D_a = 30.021$ mm，$d_a = 29.970$ mm，问配合是否合用？

解：（1）思路一，根据满足合用的条件来判断。

孔、轴配合形成的实际间隙：$X_a = D_a - d_a = 30.021 - 29.970 = 0.051$ mm；

其最大间隙：$X_{max} = ES - ei = +0.033 - (-0.041) = 0.074$ mm；

其最小间隙：$X_{min} = EI - es = 0 - (-0.020) = 0.020$ mm。

所以 $X_{\min} < X_a < X_{\max}$，即孔、轴配合形成的实际间隙在极限间隙范围内，故孔、轴配合是合用的。

（2）思路二，根据合格、合用的推论来判断。

首先判断孔和轴是否合格，是否具有互换性。

因为 $D_{\min} = 30.000 < D_a = 30.021 < D_{\max} = 30.033$，所以孔是合格的；

因为 $d_{\min} = 29.959 < d_a = 29.970 < d_{\max} = 29.980$，所以轴是合格的。

根据推论（1）可得，该孔、轴配合是合用的。

图 2-5 为孔、轴公差带图。

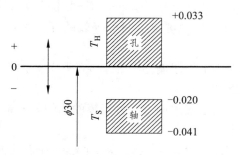

图 2-5　孔、轴公差带图

例 2-2　某配合 $D = d = 60$ mm，$T_f = 49$ μm，$X_{\max} = 19$ μm，$T_H = 30$ μm，$ei = +11$ μm；若某对实际的孔与轴的 $E_a = +10$ μm，$e_a = +5$ μm，问这对孔与轴是否具有互换性？配合是否合用？

解：要判断孔与轴是否具有互换性，先要判断孔与轴是否合格。

（1）因为 $T_f = T_H + T_S$，所以 $T_S = T_f - T_H = 49 - 30 = 19$ μm。

（2）因为 $T_S = es - ei$，所以 $es = T_S + ei = 19 + 11 = +30$ μm。

（3）因为 $X_{\max} = ES - ei$，所以 $ES = X_{\max} + ei = 19 + 11 = +30$ μm。

（4）因为 $T_H = ES - EI$，所以 $EI = ES - T_H = 30 - 30 = 0$ μm；

对于孔：$0 = EI < +10$ μm $= E_a < ES = +30$ μm，由此判定孔的尺寸合格；

对于轴：$e_a = +5$ μm $< ei = +11$ μm，由此判定轴的尺寸不合格，废轴。

（5）$T_f = |X_{\max} - X_{\min}| = 49$ μm $\Rightarrow X_{\min} = -30$ μm，而 $X_{\max} = 19$ μm，为过渡配合。

（6）因为 $\begin{cases} E_a = D_a - D \\ e_a = d_a - d \end{cases} \xrightarrow{D = d} E_a - e_a = D_a - d_a = X_a$，所以 $X_a = E_a - e_a = 5$ μm $<$

$X_{\max} = 19$ μm，所以配合合用，但不具有互换性。

图 2-6 为孔、轴公差带图和配合公差带图。

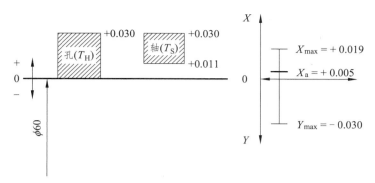

图 2-6　孔、轴公差带图和配合公差带图

2.3　公差与配合的标准化

公差与配合的标准化是指孔、轴各自公差带的大小、位置的标准化及其所形成各种配合的标准化。《产品几何技术规范（GPS）　线性尺寸公差 ISO 代号体系　第 1 部分：公差、偏差和配合的基础》（GB/T 1800.1—2020）制定的标准公差系列使公差带大小标准化，制定的基本偏差系列使公差带位置标准化。

2.3.1　标准公差系列

标准公差系列由不同公差等级和不同公称尺寸的标准公差构成。标准公差是指大小已经标准化的公差值，即在国家标准极限与配合制中所规定的任一公差，用以确定公差带大小。

1. 标准公差因子

标准公差因子是计算标准公差的基本单位，是制定标准公差系列表格的基础。公差是用于控制加工误差的，因此确定公差值的依据是加工误差的规律与测量误差的规律。根据生产实践及科学试验与统计分析得知：零件的加工误差与公称尺寸之间呈立方抛物线关系，测量误差与公称尺寸呈近似线性关系。因此，标准规定公称尺寸 $D \leqslant 500$ mm 的常用尺寸段的标准公差因子 i 的计算公式为

$$i = 0.45 \sqrt[3]{D} + 0.001D$$

式中：D —孔或轴的公称尺寸分段内首尾两个尺寸的几何平均值，mm；i —标准公差因子，μm。

2. 公差等级

公差等级是指确定零件尺寸精度的等级。确定尺寸精度的等级，主要用公差等级系数 a 来区分，且标准公差值 T 按照下式来计算：

$$T = ai$$

《产品几何技术规范（GPS） 线性尺寸公差 ISO 代号体系 第 1 部分：公差、偏差和配合的基础》（GB/T 1800.1—2020）中规定标准公差的代号为 IT（ISO Tolerance）。在公称尺寸至 500 mm 内规定了 20 个标准公差等级：IT01，IT0，IT1，…，IT18；在公称尺寸大于 500 mm 至 3150 mm 内规定了 18 个标准公差等级：IT1，IT2，…，IT18。从 IT01 到 IT18，等级依次降低，公差依次增大。属于同一等级的公差，对所有的尺寸段虽然公差值不同，但精度相同。

3. 公称尺寸分段

根据标准公差计算公式，每一个公称尺寸都有一个相应的公差值。由于生产实践中公称尺寸非常多，就会形成一个庞大的公差数值表。为了统一公差值，减少公差数目，简化公差表格，便于实际生产应用，国家标准对公称尺寸进行了分段，见表 2-2。

表 2-2　公称尺寸分段

（单位：mm）

主段落		中间段落		主段落		中间段落	
大于	至	大于	至	大于	至	大于	至
—	3	无细分段落		250	315	250	280
						280	315
3	6			315	400	315	355
6	10					355	400
10	18	10	14	400	500	400	450
		14	18			450	500
18	30	18	24	500	630	500	560
		24	30			560	630
30	50	30	40	630	800	630	710
		40	50			710	800
50	80	50	65	800	1000	800	900
		65	80			900	1000
80	120	80	100	1000	1250	1000	1120
		100	120			1120	1250
120	180	120	140	1250	1600	1250	1400
		140	160			1400	1600
		160	180	1600	2000	1600	1800
						1800	2000
180	250	180	200	2000	2500	2000	2240
		200	225			2240	2500
		225	250	2500	3150	2500	2800
						2800	3150

在计算标准公差时，一个尺寸段内的所有尺寸均用该尺寸段首和段尾两个尺寸的几何平均值（$D = \sqrt{D_{首} \times D_{尾}}$）来代替，但计算后必须按照规定的标准公差值尾数修约规则进行圆整。表 2-3 所列的标准公差数值就是经过计算和尾数修约后各尺寸段的标准公差值，在生产应用中以此表所列数值为准。

表 2-3　公称尺寸至 3150 mm 的标准公差数值

公称尺寸/mm		标准公差等级																			
大于	至	IT01	IT0	IT1	IT2	IT3	IT4	IT5	IT6	IT7	IT8	IT9	IT10	IT11	IT12	IT13	IT14	IT15	IT16	IT17	IT18
		标准公差数值/μm													标准公差数值/mm						
—	3	0.3	0.5	0.8	1.2	2	3	4	6	10	14	25	40	60	0.1	0.14	0.25	0.4	0.6	1	1.4
3	6	0.4	0.6	1	1.5	2.5	4	5	8	12	18	30	48	75	0.12	0.18	0.3	0.48	0.75	1.2	1.8
6	10	0.4	0.6	1	1.5	2.5	4	6	9	15	22	36	58	90	0.15	0.22	0.36	0.58	0.9	1.5	2.2
10	18	0.5	0.8	1.2	2	3	5	8	11	18	27	43	70	110	0.18	0.27	0.43	0.7	1.1	1.8	2.7
18	30	0.6	1	1.5	2.5	4	6	9	13	21	33	52	84	130	0.21	0.33	0.52	0.84	1.3	2.1	3.3
30	50	0.6	1	1.5	2.5	4	7	11	16	25	39	62	100	160	0.25	0.39	0.62	1	1.6	2.5	3.9
50	80	0.8	1.2	2	3	5	8	13	19	30	46	74	120	190	0.3	0.46	0.74	1.2	1.9	3	4.6
80	120	1	1.5	2.5	4	6	10	15	22	35	54	87	140	220	0.35	0.54	0.87	1.4	2.2	3.5	5.4
120	180	1.2	2	3.5	5	8	12	18	25	40	63	100	160	250	0.4	0.63	1	1.6	2.5	4	6.3
180	250	2	3	4.5	7	10	14	20	29	46	72	115	185	290	0.46	0.72	1.15	1.85	2.9	4.6	7.2
250	315	2.5	4	6	8	12	16	23	32	52	81	130	210	320	0.52	0.81	1.3	2.1	3.2	5.2	8.1
315	400	3	5	7	9	13	18	25	36	57	89	140	230	360	0.57	0.89	1.4	2.3	3.6	5.7	8.9
400	500	4	6	8	10	15	20	27	40	63	97	155	250	400	0.63	0.97	1.55	2.5	4	6.3	9.7
500	630			9	11	16	22	32	44	70	110	175	280	440	0.7	1.1	1.75	2.8	4.4	7	11
630	800			10	13	18	25	36	50	80	125	200	320	500	0.8	1.25	2	3.2	5	8	12.5
800	1000			11	15	21	28	40	56	90	140	230	360	560	0.9	1.4	2.3	3.6	5.6	9	14
1000	1250			13	18	24	33	47	66	105	165	260	420	660	1.05	1.65	2.6	4.2	6.6	10.5	16.5
1250	1600			15	21	29	39	55	78	125	195	310	500	780	1.25	1.95	3.1	5	7.8	12.5	19.5
1600	2000			18	25	35	46	65	92	150	230	370	600	920	1.5	2.3	3.7	6	9.2	15	23
2000	2500			22	30	41	55	78	110	175	280	440	700	1100	1.75	2.8	4.4	7	11	17.5	28
2500	3150			26	36	50	68	96	135	210	330	540	860	1350	2.1	3.3	5.4	8.6	13.5	21	33

注：摘自 GB/T 1800.1—2020。

2.3.2 基本偏差系列

1. 基本偏差系列及其特点

基本偏差是决定孔、轴公差带位置的唯一参数。国家标准规定，孔和轴各有 28 种基本偏差。图 2—7 为孔的基本偏差系列。图 2—8 为轴的基本偏差系列。

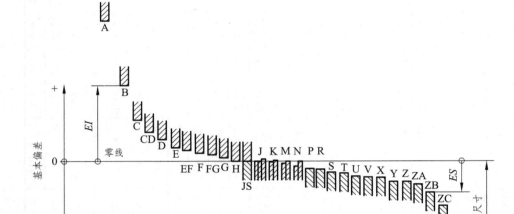

图 2—7　孔的基本偏差系列

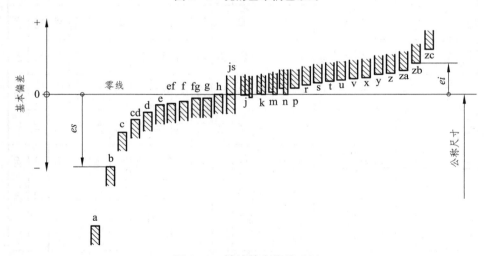

图 2—8　轴的基本偏差系列

基本偏差的代号用拉丁字母表示，大写表示孔，小写表示轴。26 个字母去掉 5 个易与其他参数相混淆的字母：I、L、O、Q、W（i、l、o、q、w），即去掉构成 LOW IQ 这两个英文单词的所有字母；为了满足某些特殊配合的需要，又增加了 7 个双写字母：CD、EF、FG、ZA、ZB、ZC（cd、ef、fg、za、zb、zc）及 JS（js），即可分别得到孔、轴的 28 个基本偏差代号。孔、轴基本偏差的特点总结见表 2—4。

表 2－4　孔、轴基本偏差的特点总结

基本偏差种类		基本偏差特征	基本偏差与标准公差的关系	与基准孔（轴）组成配合的性质	
轴	a～g	上极限偏差 $es<0$	无关	基孔制	间隙配合
	h（基准轴）	上极限偏差 $es=0$	无关		最小间隙为零的配合
	js	上极限偏差 $es>0$ 或下极限偏差 $ei<0$，公差带对称于零线	有关		过渡配合
	j～zc	下极限偏差 $ei>0$	大多无关		过渡配合或过盈配合
孔	A～G	下极限偏差 $EI>0$	无关	基轴制	间隙配合
	H（基准孔）	下极限偏差 $EI=0$	无关		最小间隙为零的配合
	JS	上极限偏差 $ES>0$ 或下极限偏差 $EI<0$，公差带对称于零线	有关		过渡配合
	J～ZC	上极限偏差 $ES<0$（多为负值），具有修正值Δ	大多有关		过渡配合或过盈配合

基本偏差是确定公差带位置的唯一标准化参数，而标准公差是确定公差带大小的唯一标准化参数。

2. 轴和孔的基本偏差

轴的基本偏差是按照公式计算得到的，计算公式是由实验和统计分析得到的，见表 2－5。轴的基本偏差特点及使用范围：a～h 用于间隙配合；j～n 用于过渡配合；p～zc 用于过盈配合。轴的基本偏差数值见表 2－6。

表 2－5　轴和孔的基本偏差计算公式

公称尺寸/mm		轴			公式	孔			公称尺寸/mm	
大于	至	基本偏差	符号	代号		代号	符号	基本偏差	大于	至
1	120	a	－	es	$265+1.3D$	EI	＋	A	1	120
120	500				$3.5D$				120	500
1	160	b	－	es	$\approx140+0.85D$	EI	＋	B	1	160
160	500				$\approx1.8D$				160	500
0	40	c	－	es	$52D^{0.2}$	EI	＋	C	0	40
40	500				$95+0.8D$				40	500
0	10	cd	－	es	C，c 和 D，d 值的几何平均值	EI	＋	CD	0	10
0	3150	d	－	es	$16D^{0.44}$	EI	＋	D	0	3150
0	3150	e	－	es	$11D^{0.41}$	EI	＋	E	0	3150
0	10	ef	－	es	E，e 和 F，f 值的几何平均值	EI	＋	EF	0	10

公称尺寸/mm		轴			公式	孔			公称尺寸/mm	
大于	至	基本偏差	符号	代号		代号	符号	基本偏差	大于	至
0	3150	f	—	es	$5.5D^{0.41}$	EI	+	F	0	3150
0	10	fg	—	es	F，f 和 G，g 值的几何平均值	EI	+	FG	0	10
0	3150	g	—	es	$2.5D^{0.34}$	EI	+	G	0	3150
0	3150	h	无符号	es	0	EI	无符号	H	0	3150
0	500	j			无公式	J			0	500
0	3150	js	+	es	$0.5\text{IT}n$	EI	+	JS	0	3150
			—	ei		ES	—			
0	500	k	+	ei	$0.6\sqrt[3]{D}$	ES	—	K	0	500
500	3150		无符号		0		无符号		500	3150
0	500	m	+	ei	$\text{IT}7-\text{IT}6$	ES	—	M	0	500
500	3150				$0.024D+12.6$				500	3150
0	500	n	+	ei	$5D^{0.34}$	ES	—	N	0	500
500	3150				$0.04D+21$				500	3150
0	500	p	+	ei	$\text{IT}7+0\sim5$	ES	—	P	0	500
500	3150				$0.072D+37.8$				500	3150
0	3150	r	+	ei	P，p 和 S，s 值的几何平均值	ES	—	R	0	3150
0	50	s	+	ei	$\text{IT}8+1\sim4$	ES	—	S	0	50
50	3150				$\text{IT}7+0.4D$				50	3150
24	3150	t	+	ei	$\text{IT}7+0.63D$	ES	—	T	24	3150
0	3150	u	+	ei	$\text{IT}7+D$	ES	—	U	0	3150
14	500	v	+	ei	$\text{IT}7+1.25D$	ES	—	V	14	500
0	500	x	+	ei	$\text{IT}7+1.6D$	ES	—	X	0	500
18	500	y	+	ei	$\text{IT}7+2D$	ES	—	Y	18	500
0	500	z	+	ei	$\text{IT}7+2.5D$	ES	—	Z	0	500
0	500	za	+	ei	$\text{IT}8+3.15D$	ES	—	ZA	0	500
0	500	zb	+	ei	$\text{IT}9+4D$	ES	—	ZB	0	500
0	500	zc	+	ei	$\text{IT}10+5D$	ES	—	ZC	0	500

注：1. 公式中 D 为公称尺寸段的几何平均值（mm）；基本偏差的计算结果以 μm 计。2. j、J 只在表2—6、表2—7中给出其值。3. 公称尺寸至 500 mm 轴的基本偏差 k 的计算公式仅适用于标准公差等级 IT4～IT7，对其他公称尺寸和其他公差等级的基本偏差 $k=0$；孔的基本偏差 K 的计算公式仅适用于标准公差等级≤IT8，对其他公称尺寸和其他公差等级的基本偏差 $K=0$。

表 2−6　**轴的基本偏差数值**

（单位：μm）

公称尺寸/mm		基本偏差数值 上极限偏差 es 所有公差等级											js
大于	至	a	b	c	cd	d	e	ef	f	fg	g	h	js
—	3	−270	−140	−60	−34	−20	−14	−10	−6	−4	−2	0	偏差 = $\pm\dfrac{ITn}{2}$，式中，n 是标准公差等级数
3	6	−270	−140	−70	−46	−30	−20	−14	−10	−6	−4	0	
6	10	−280	−150	−80	−56	−40	−25	−18	−13	−8	−5	0	
10	14	−290	−150	−95	−70	−50	−32	−23	−16	−10	−6	0	
14	18	−290	−150	−95	−70	−50	−32	−23	−16	−10	−6	0	
18	24	−300	−160	−110	−85	−65	−40	−25	−20	−12	−7	0	
24	30	−300	−160	−110	−85	−65	−40	−25	−20	−12	−7	0	
30	40	−310	−170	−120	−100	−80	−50	−35	−25	−15	−9	0	
40	50	−320	−180	−130	−100	−80	−50	−35	−25	−15	−9	0	
50	65	−340	−190	−140		−100	−60		−30		−10	0	
65	80	−360	−200	−150		−100	−60		−30		−10	0	
80	100	−380	−220	−170		−120	−72		−36		−12	0	
100	120	−410	−240	−180		−120	−72		−36		−12	0	
120	140	−460	−260	−200		−145	−85		−43		−14	0	
140	160	−520	−280	−210		−145	−85		−43		−14	0	
160	180	−580	−310	−230		−145	−85		−43		−14	0	
180	200	−660	−340	−240		−170	−100		−50		−15	0	
200	225	−740	−380	−260		−170	−100		−50		−15	0	
225	250	−820	−420	−280		−170	−100		−50		−15	0	
250	280	−920	−480	−300		−190	−110		−56		−17	0	
280	315	−1050	−540	−330		−190	−110		−56		−17	0	

续表 2-6

公称尺寸/mm		基本偏差数值 上极限偏差 es 所有公差等级											
大于	至	a	b	c	cd	d	e	ef	f	fg	g	h	js
315	355	-1200	-600	-360		-210	-125		-62		-18	0	偏差 = ±ITn/2, 式中, n 是标准公差等级数
355	400	-1350	-680	-400									
400	450	-1500	-760	-440		-230	-135		-68		-20	0	
450	500	-1650	-840	-480									
500	560					-260	-145		-76		-22	0	
560	630												
630	710					-290	-160		-80		-24	0	
710	800												
800	900					-320	-170		-86		-26	0	
900	1000												
1000	1120					-350	-195		-98		-28	0	
1120	1250												
1250	1400					-390	-220		-110		-30	0	
1400	1600												
1600	1800					-430	-240		-120		-32	0	
1800	2000												
2000	2240					-480	-260		-130		-34	0	
2240	2500												
2500	2800					-520	-290		-145		-38	0	
2800	3150												

续表 2-6

基本偏差数值 / 下极限偏差 ei / 所有公差等级

公称尺寸/mm 大于	至	j IT5和IT6	j IT7	j IT8	k IT4~IT7	k ≤IT3,>IT7	m	n	p	r	s	t	u	v	x	y	z	za	zb	zc
—	3	-2	-4	-6	0	0	+2	+4	+6	+10	+14		+18		+20		+26	+32	+40	+60
3	6	-2	-4		+1	0	+4	+8	+12	+15	+19		+23		+28		+35	+42	+50	+80
6	10	-2	-5		+1	0	+6	+10	+15	+19	+23		+28		+34		+42	+52	+67	+97
10	14	-3	-6		+1	0	+7	+12	+18	+23	+28		+33		+40		+50	+64	+90	+130
14	18	-3	-6		+1	0	+7	+12	+18	+23	+28		+33	+39	+45		+60	+77	+108	+150
18	24	-4	-8		+2	0	+8	+15	+22	+28	+35		+41	+47	+54	+63	+73	+98	+136	+188
24	30	-4	-8		+2	0	+8	+15	+22	+28	+35	+41	+48	+55	+64	+75	+88	+118	+160	+218
30	40	-5	-10		+2	0	+9	+17	+26	+34	+43	+48	+60	+68	+80	+94	+112	+148	+200	+274
40	50	-5	-10		+2	0	+9	+17	+26	+34	+43	+54	+70	+81	+97	+114	+136	+180	+242	+325
50	65	-7	-12		+2	0	+11	+20	+32	+41	+53	+66	+87	+102	+122	+144	+172	+226	+300	+405
65	80	-7	-12		+2	0	+11	+20	+32	+43	+59	+75	+102	+120	+146	+174	+210	+274	+360	+480
80	100	-9	-15		+3	0	+13	+23	+37	+51	+71	+91	+124	+146	+178	+214	+258	+335	+445	+585
100	120	-9	-15		+3	0	+13	+23	+37	+54	+79	+104	+144	+172	+210	+254	+310	+400	+525	+690
120	140	-11	-18		+3	0	+15	+27	+43	+63	+92	+122	+170	+202	+248	+300	+365	+470	+620	+800
140	160	-11	-18		+3	0	+15	+27	+43	+65	+100	+134	+190	+228	+280	+340	+415	+535	+700	+900
160	180	-11	-18		+3	0	+15	+27	+43	+68	+108	+146	+210	+252	+310	+380	+465	+600	+780	+1000
180	200	-13	-21		+4	0	+17	+31	+50	+77	+122	+166	+236	+284	+350	+425	+520	+670	+880	+1150
200	225	-13	-21		+4	0	+17	+31	+50	+80	+130	+180	+258	+310	+385	+470	+575	+740	+960	+1250
225	250	-13	-21		+4	0	+17	+31	+50	+84	+140	+196	+284	+340	+425	+520	+640	+820	+1050	+1350
250	280	-16	-26		+4	0	+20	+34	+56	+94	+158	+218	+315	+385	+475	+580	+710	+920	+1200	+1550
280	315	-16	-26		+4	0	+20	+34	+56	+98	+170	+240	+350	+425	+525	+650	+790	+1000	+1300	+1700

续表 2—6

基本偏差数值　下极限偏差 ei

公称尺寸/mm 大于	至	j (IT5和IT6)	j (IT7)	k (IT4~IT7)	k (≤IT3,>IT7 / IT8)	m	n	p	r	s	t	u	v	x	y	z	za	zb	zc
315	355	−18	−28	+4	0	+21	+37	+62	+108	+190	+268	+390	+475	+590	+730	+900	+1150	+1500	
355	400								+114	+208	+294	+435	+530	+660	+820	+1000	+1300	+1650	
400	450	−20	−32	+5	0	+23	+40	+68	+126	+232	+330	+490	+595	+740	+920	+1100	+1450	+1850	
450	500								+132	+252	+360	+540	+660	+820	+1000	+1250	+1600	+2100	
500	560			0		+26	+44	+78	+150	+280	+400	+600							
560	630								+155	+310	+450	+660							
630	710			0		+30	+50	+88	+175	+340	+500	+740							
710	800								+185	+380	+560	+840							
800	900			0		+34	+56	+100	+210	+430	+620	+940							
900	1000								+220	+470	+680	+1050							
1000	1120			0		+40	+66	+120	+250	+520	+780	+1150							
1120	1250								+260	+580	+840	+1300							
1250	1400			0		+48	+78	+140	+300	+640	+960	+1450							
1400	1600								+330	+720	+1050	+1600							
1600	1800			0		+58	+92	+170	+370	+820	+1200	+1850							
1800	2000								+400	+920	+1350	+2000							
2000	2240			0		+68	+110	+195	+440	+1000	+1500	+2300							
2240	2500								+460	+1100	+1650	+2500							
2500	2800			0		+76	+135	+240	+550	+1250	+1900	+2900							
2800	3150								+580	+1400	+2100	+3200							

所有公差等级

注：1. 公称尺寸≤1 mm 时，不使用基本偏差 a 和 b；2. 摘自 GB/T 1800.1—2020。

孔的基本偏差按照表 2—5 所列的轴的基本偏差，通过一定的换算规则计算得出。换算原则：基本偏差字母代号同名的孔和轴分别构成的基轴制和基孔制配合，在孔、轴为同一公差等级或孔比轴低一级的条件下（如 H8/f8 与 F8/h8、H7/g6 与 G7/h6，同名配合），其配合性质必须相同（即具有相同的极限间隙或极限过盈）。据此有如下两种换算规则：

（1）通用规则。

字母代号同名的孔和轴，其基本偏差的绝对值相等，而符号相反。

对于 A~H：$\qquad EI = -es$

对于 K~ZC：$\qquad ES = -ei$

（2）特殊规则。

对于标准公差≤IT8 的 J、K、M、N 和标准公差≤IT7 的 P~ZC，孔的基本偏差 ES 与同名字母的轴的基本偏差 ei 的符号相反，而绝对值相差一个 Δ 值。

$$\begin{cases} ES = -ei + \Delta \\ \Delta = \mathrm{IT}n - \mathrm{IT}(n-1) \end{cases}$$

式中：$\mathrm{IT}n$—孔的标准公差；$\mathrm{IT}(n-1)$—精度比孔高一级的轴的标准公差。

孔的基本偏差数值见表 2—7，使用时勿忘 Δ。对于标准公差≤IT8 的 J、K、M、N 和标准公差≤IT7 的 P~ZC，Δ 是表中查得数的修正值。

表 2-7 孔的基本偏差数值

（单位：μm）

下表为"基本偏差数值"。下极限偏差 EI（所有公差等级）包含 A～JS；上极限偏差 ES 包含 J～P～ZC。JS 列：偏差 = ±$\frac{ITn}{2}$，式中，n 为标准公差等级数。P～ZC 列（≤IT7）：在 >IT7 的标准公差等级的基本偏差数值上增加一个 Δ 值。

大于	至	A	B	C	CD	D	E	EF	F	FG	G	H	JS	J IT6	J IT7	J IT8	K ≤IT8	K >IT8	M ≤IT8	M >IT8	N ≤IT8	N >IT8	P～ZC ≤IT7
—	3	+270	+140	+60	+34	+20	+14	+10	+6	+4	+2	0	±ITn/2	+2	+4	+6	0	0	−2	−2	−4	−4	
3	6	+270	+140	+70	+46	+30	+20	+14	+10	+6	+4	0		+5	+6	+10	−1+Δ		−4+Δ	−4	−8+Δ	0	
6	10	+280	+150	+80	+56	+40	+25	+18	+13	+8	+5	0		+5	+8	+12	−1+Δ		−6+Δ	−6	−10+Δ	0	
10	14	+290	+150	+95	+70	+50	+32	+23	+16	+10	+6	0		+6	+10	+15	−1+Δ		−7+Δ	−7	−12+Δ	0	
14	18																						
18	24	+300	+160	+110	+85	+65	+40	+28	+20	+12	+7	0		+8	+12	+20	−2+Δ		−8+Δ	−8	−15+Δ	0	
24	30																						
30	40	+310	+170	+120	+100	+80	+50	+35	+25	+15	+9	0		+10	+14	+24	−2+Δ		−9+Δ	−9	−17+Δ	0	
40	50	+320	+180	+130																			
50	65	+340	+190	+140		+100	+60		+30		+10	0		+13	+18	+28	−2+Δ		−11+Δ	−11	−20+Δ	0	
65	80	+360	+200	+150																			
80	100	+380	+220	+170		+120	+72		+36		+12	0		+16	+22	+34	−3+Δ		−13+Δ	−13	−23+Δ	0	
100	120	+410	+240	+180																			
120	140	+460	+260	+200		+145	+85		+43		+14	0		+18	+26	+41	−3+Δ		−15+Δ	−15	−27+Δ	0	
140	160	+520	+280	+210																			
160	180	+580	+310	+230																			
180	200	+660	+340	+240		+170	+100		+50		+15	0		+22	+30	+47	−4+Δ		−17+Δ	−17	−31+Δ	0	
200	225	+740	+380	+260																			
225	250	+820	+420	+280																			

续表 2—7

基本偏差数值

下极限偏差 EI（所有公差等级）；上极限偏差 ES

公称尺寸/mm 大于	至	A	B	C	CD	D	E	EF	F	FG	G	H	JS	J (IT6)	J (IT7)	J (IT8)	K (≤IT8)	M (≤IT8)	M (>IT8)	N (≤IT8)	N (>IT8)	P~ZC (≤IT7)
250	280	+920	+480	+300		+190	+110		+56		+17	0	偏差=±$\frac{ITn}{2}$，式中，n 为标准公差等级数	+25	+36	+55	−4+Δ	−20+Δ	−20	−34+Δ	0	在>IT7的标准公差等级的基本偏差数值上增加一个Δ值
280	315	+1050	+540	+330																		
315	355	+1200	+600	+360		+210	+125		+62		+18	0		+29	+39	+60	−4+Δ	−21+Δ	−21	−37+Δ	0	
355	400	+1350	+680	+400																		
400	450	+1500	+760	+440		+230	+135		+68		+20	0		+33	+43	+66	−5+Δ	−23+Δ	−23	−40+Δ	0	
450	500	+1650	+840	+480																		
500	560					+260	+145		+76		+22	0					0	−26		−44		
560	630																					
630	710					+290	+160		+80		+24	0					0	−30		−50		
710	800																					
800	900					+320	+170		+86		+26	0					0	−34		−56		
900	1000																					
1000	1120					+350	+195		+98		+28	0					0	−40		−66		
1120	1250																					
1250	1400					+390	+220		+110		+30	0					0	−48		−78		
1400	1600																					
1600	1800					+430	+240		+120		+32	0					0	−58		−92		
1800	2000																					
2000	2240					+480	+260		+130		+34	0					0	−68		−110		
2240	2500																					
2500	2800					+520	+290		+145		+38	0					0	−76		−135		
2800	3150																					

续表 2-7

公称尺寸/mm 大于	至	基本偏差数值 上极限偏差 ES >IT7 的标准公差等级 P	R	S	T	U	V	X	Y	Z	ZA	ZB	ZC	Δ值 标准公差等级 IT3	IT4	IT5	IT6	IT7	IT8
—	3	−6	−10	−14		−18		−20		−26	−32	−40	−60	0	0	0	0	0	0
3	6	−12	−15	−19		−23		−28		−35	−42	−50	−80	1	1.5	1	3	4	6
6	10	−15	−19	−23		−28		−34		−42	−52	−67	−97	1	1.5	2	3	6	7
10	14	−18	−23	−28		−33		−40		−50	−64	−90	−130	1	2	3	3	7	9
14	18	−18	−23	−28		−33	−39	−45		−60	−77	−108	−150	1	2	3	3	7	9
18	24	−22	−28	−35		−41	−47	−54	−63	−73	−98	−136	−188	1.5	2	3	4	8	12
24	30	−22	−28	−35	−41	−48	−55	−64	−75	−88	−118	−160	−218	1.5	2	3	4	8	12
30	40	−26	−34	−43	−48	−60	−68	−80	−94	−112	−148	−200	−274	1.5	3	4	5	9	14
40	50	−26	−34	−43	−54	−70	−81	−97	−114	−136	−180	−242	−325	1.5	3	4	5	9	14
50	65	−32	−41	−53	−66	−87	−102	−122	−144	−172	−226	−300	−405	2	3	5	6	11	16
65	80	−32	−43	−59	−75	−102	−120	−146	−174	−210	−274	−360	−480	2	3	5	6	11	16
80	100	−37	−51	−71	−91	−124	−146	−178	−214	−258	−335	−445	−585	2	4	5	7	13	19
100	120	−37	−54	−79	−104	−144	−172	−210	−254	−310	−400	−525	−690	2	4	5	7	13	19
120	140	−43	−63	−92	−122	−170	−202	−248	−300	−365	−470	−620	−800	3	4	6	7	15	23
140	160	−43	−65	−100	−134	−190	−228	−280	−340	−415	−535	−700	−900	3	4	6	7	15	23
160	180	−43	−68	−108	−146	−210	−252	−310	−380	−465	−600	−780	−1000	3	4	6	7	15	23
180	200	−50	−77	−122	−166	−236	−284	−350	−425	−520	−670	−880	−1150	3	4	6	9	17	26
200	225	−50	−80	−130	−180	−258	−310	−385	−470	−575	−740	−960	−1250	3	4	6	9	17	26
225	250	−50	−84	−140	−196	−284	−340	−425	−520	−640	−820	−1050	−1350	3	4	6	9	17	26

续表 2-7

公称尺寸/mm 大于	至	基本偏差数值 上极限偏差 ES >IT7 的标准公差等级 P	R	S	T	U	V	X	Y	Z	ZA	ZB	ZC	Δ值 标准公差等级 IT3	IT4	IT5	IT6	IT7	IT8
250	280	-56	-94	-158	-218	-315	-385	-475	-580	-710	-920	-1200	-1550	4	4	7	9	20	29
280	315	-56	-98	-170	-240	-350	-425	-525	-650	-790	-1000	-1300	-1700						
315	355	-62	-108	-190	-268	-390	-475	-590	-730	-900	-1150	-1500	-1900	4	5	7	11	21	32
355	400	-62	-114	-208	-294	-435	-530	-660	-820	-1000	-1300	-1650	-2100						
400	450	-68	-126	-232	-330	-490	-595	-740	-920	-1100	-1450	-1850	-2400	5	5	7	13	23	34
450	500	-68	-132	-252	-360	-540	-660	-820	-1000	-1250	-1600	-2100	-2600						
500	560	-78	-150	-280	-400	-600													
560	630	-78	-155	-310	-450	-660													
630	710	-88	-175	-340	-500	-740													
710	800	-88	-185	-380	-560	-840													
800	900	-100	-210	-430	-620	-940													
900	1000	-100	-220	-470	-680	-1050													
1000	1120	-120	-250	-520	-780	-1150													
1120	1250	-120	-260	-580	-840	-1300													
1250	1400	-140	-300	-640	-960	-1450													
1400	1600	-140	-330	-720	-1050	-1600													
1600	1800	-170	-370	-820	-1200	-1850													
1800	2000	-170	-400	-920	-1350	-2000													

续表 2—7

公称尺寸/mm 大于	至	基本偏差数值 上极限偏差 ES >IT7 的标准公差等级												Δ值 标准公差等级					
		P	R	S	T	U	V	X	Y	Z	ZA	ZB	ZC	IT3	IT4	IT5	IT6	IT7	IT8
2000	2240	−195	−440	−1000	−1500	−2300													
2240	2500	−195	−460	−1100	−1650	−2500													
2500	2800	−240	−550	−1250	−1900	−2900													
2800	3150	−240	−580	−1400	−2100	−3200													

注：1. 公称尺寸≤1 mm 时，不使用基本偏差 A 和 B 及标准公差等级>IT8 的基本偏差 N。2. 对于标准公差等级≤IT8 的 K, M, N 和标准公差等级≤IT7 的 P~ZC 的基本偏差的确定，应考虑表格右边几列中的 Δ 值。3. 特例：对于公称尺寸>250~315 mm 的公差带代号 M6，$ES=-9$ μm（计算结果不是 −11 μm）。4. 摘自 GB/T 1800.1—2020。

轴的基本偏差与 H 孔组成配合的具体应用见表 2-8。

表 2-8　各种偏差的应用说明

配合	基本偏差	与 H 孔组成配合的特性及应用
间隙配合	a，b	可得到特别大的间隙，应用很少。主要用于高温工作、热变形大的零件配合，如内燃机的活塞与缸套的配合为 H9/a9
	c	可得到很大的间隙，一般用于缓慢、松弛的动配合。用于工作条件较差（如农用机械）、受力变形，或为了便于装配而必须有较大的间隙时。推荐配合为 H11/c11。其较高等级的配合，如 H8/c7，适用于轴在高温工作的间隙配合，例如内燃机排气阀与导管
	d	一般用于 IT7～IT11 级。适用于松的转动配合，如密封盖、滑轮、空转带轮等与轴的配合。也适用于大直径滑动轴承配合，如透平机、球磨机、轧辊成形机和重型弯曲机及其他重型机械中的一些滑动支承
	e	多用于 IT7～IT9 级。通常适用于要求有明显间隙，易于传动的支撑配合，如大跨距支承、多支点支承等配合。高等级的 e 轴适用于大的、高速、重载支承，如涡轮发电机、大的发电机的支承等。也适用于内燃机主要轴承、凸轮轴承、摇臂支承等配合
	f	多用于 IT6～IT8 级的一般传动配合。当温度差别不大，对配合基本上没有影响时，被广泛用于普通润滑油（润滑脂）润滑支承，如齿轮箱、小电动机、泵等的转轴与滑动支承
	g	多用于 IT5～IT7 级，配合间隙很小，制造成本高，除很轻负荷的精密装置外，不推荐用于转动配合。最适合于不回转的精密滑动配合，也适用于插销等定位配合，如精密连杆轴承、活塞及滑阀、连杆销等
	h	多用于 IT4～IT11 级。广泛用于无相对转动的零件，作为一般的定位配合。若没有温度、变形影响，也用于精密滑动配合
过渡配合	js	为完全对称偏差（$\pm ITn/2$），为稍有间隙的配合，多用于 IT4～IT7 级，要求间隙比 h 轴配合时小，并允许略有过盈的定位配合，如联轴器、齿圈与钢制轮毂，一般可用于锤子或木槌装配
	k	平均起来没有间隙的配合，适合于 IT4～IT7 级。推荐用于要求稍有过盈的定位配合，例如为了消除振动用的定位配合。一般用于木槌装配
	m	平均起来具有较小过盈的过渡配合，适用于 IT4～IT7 级。用于精密的定位配合，一般可用于木槌装配，但在最大过盈时，要求相当的压入力
	n	平均过盈比用 m 轴时稍大，很少得到间隙，适用于 IT4～IT7 级。用锤子或压力机装配。通常推荐用于紧密的组合配合。H6/n5 为过盈配合
过盈配合	p	与 H6 或 H7 孔配合时为过盈配合，而与 H8 孔配合时为过渡配合。对非铁类零件，为较轻的压入配合，当需要时易于拆卸。对钢、铸铁和钢零件，为标准的压入配合。对弹性材料，如轻合金等，往往要求很小的过盈，可采用 p 轴配合
	r	对铁类零件，为中等打入配合；对非铁类零件，为轻的打入配合，当需要时可以拆卸。r8 轴与 H8 孔形成的配合，当直径在 100 mm 以下时为过渡配合
	s	用于铁和钢制零件的永久性和半永久性装配，过盈量充分，可产生相当大的结合力。当用弹性材料，如轻合金时，配合性质与铁类零件的 p 轴相当。如套环压在轴上、阀座上等配合为 H7/s6。尺寸较大时，为了避免损伤配合表面，需用热胀法或冷缩法装配

配合	基本偏差	与 H 孔组成配合的特性及应用
过盈配合	t	用于钢和铁制零件的永久性装配，不用键可传递扭矩，需用热套法或冷轴法装配
	u	用于过盈量大的配合，最大过盈需验算，用热套法装配
	v，x，y，z	过盈量依次增大，一般不推荐

2.3.3 常用公差带及配合

1. 国家标准规定的公差带与配合

极限与配合的国家标准规定了 20 个标准公差等级和孔、轴各 28 个基本偏差，理论上可以组合得到 543 种不同大小和位置的孔公差带，组合得到 544 种不同大小和位置的轴公差带。理论上这些公差带又能组成大量的配合，具有广泛选用公差带与配合的可能性。在生产实践中，从经济性角度出发，根据机械产品的使用需要，应尽量简化和减少公差带种类，从而减少定值刀具和量具的规格和数量，便于互换。

对于公称尺寸至 500 mm，国家标准规定了 105 种孔公差带，其中优先公差带 13 种（圆圈中），常用公差带 30 种（方框中），一般用途公差带 62 种，如图 2-9 所示。

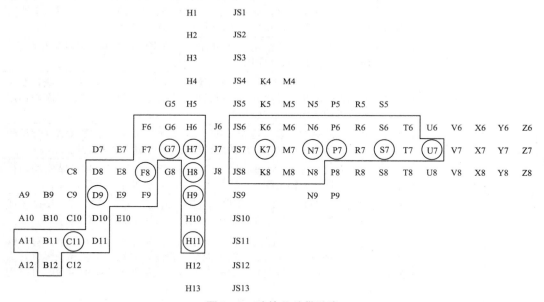

图 2-9 孔的公差带种类

对于公称尺寸至 500 mm，国家标准规定了 116 种轴公差带，其中优先公差带 13 种（圆圈中），常用公差带 46 种（方框中），一般用途公差带 57 种，如图 2-10 所示。

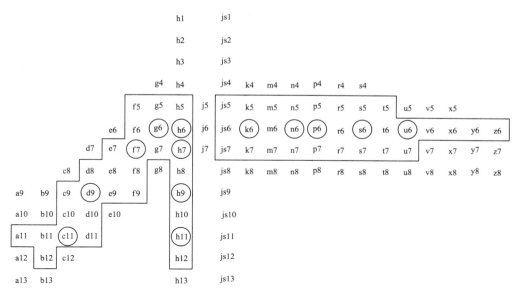

图 2-10　轴的公差带种类

在上述推荐的孔、轴公差带的基础上，国家标准还推荐了优先和常用配合（没有一般配合）。其中，基孔制优先配合 13 种，常用配合 46 种，见表 2-9；基轴制优先配合 13 种，常用配合 34 种，见表 2-10。

表 2-9　基孔制优先和常用配合

基准孔	轴																				
	a	b	c	d	e	f	g	h	js	k	m	n	p	r	s	t	u	v	x	y	z
	间隙配合								过渡配合				过盈配合								
H6						$\frac{H6}{f5}$	$\frac{H6}{g5}$	$\frac{H6}{h5}$	$\frac{H6}{js5}$	$\frac{H6}{k5}$	$\frac{H6}{m5}$	$\frac{H6}{n5}$	$\frac{H6}{p5}$	$\frac{H6}{r5}$	$\frac{H6}{s5}$	$\frac{H6}{t5}$					
H7						$\frac{H7}{f6}$	$\frac{H7}{g6}$	$\frac{H7}{h6}$	$\frac{H7}{js6}$	$\frac{H7}{k6}$	$\frac{H7}{m6}$	$\frac{H7}{n6}$	$\frac{H7}{p6}$	$\frac{H7}{r6}$	$\frac{H7}{s6}$	$\frac{H7}{t6}$	$\frac{H7}{u6}$	$\frac{H7}{v6}$	$\frac{H7}{x6}$	$\frac{H7}{y6}$	$\frac{H7}{z6}$
H8				$\frac{H8}{e7}$		$\frac{H8}{f7}$	$\frac{H8}{g7}$	$\frac{H8}{h7}$	$\frac{H8}{js7}$	$\frac{H8}{k7}$	$\frac{H8}{m7}$	$\frac{H8}{n7}$	$\frac{H8}{p7}$	$\frac{H8}{r7}$	$\frac{H8}{s7}$	$\frac{H8}{t7}$	$\frac{H8}{u7}$				
				$\frac{H8}{d8}$	$\frac{H8}{e8}$	$\frac{H8}{f8}$		$\frac{H8}{h8}$													
H9			$\frac{H9}{c9}$	$\frac{H9}{d9}$	$\frac{H9}{e9}$	$\frac{H9}{f9}$		$\frac{H9}{h9}$													
H10			$\frac{H10}{c10}$	$\frac{H10}{d10}$				$\frac{H10}{h10}$													
H11	$\frac{H11}{a11}$	$\frac{H11}{b11}$	$\frac{H11}{c11}$	$\frac{H11}{d11}$				$\frac{H11}{h11}$													
H12		$\frac{H12}{b12}$						$\frac{H12}{h12}$													

注：1. $\frac{H6}{n5}$、$\frac{H7}{p6}$ 在公称尺寸≤3 mm 和 $\frac{H8}{r7}$ 在公称尺寸≤100 mm 时为过渡配合；2. 标注▰的配合为优先配合；3. 摘自 GB/T 1801—2009。

表 2—10 基轴制优先和常用配合

基准轴	孔																				
	A	B	C	D	E	F	G	H	JS	K	M	N	P	R	S	T	U	V	X	Y	Z
	间隙配合								过渡配合				过盈配合								
h5						$\frac{F6}{h5}$	$\frac{G6}{h5}$	$\frac{H6}{h5}$	$\frac{JS6}{h5}$	$\frac{K6}{h5}$	$\frac{M6}{h5}$	$\frac{N6}{h5}$	$\frac{P6}{h5}$	$\frac{R6}{h5}$	$\frac{S6}{h5}$	$\frac{T6}{h5}$					
h6						$\frac{F7}{h6}$	$\frac{G7}{h6}$	$\frac{H7}{h6}$	$\frac{JS7}{h6}$	$\frac{K7}{h6}$	$\frac{M7}{h6}$	$\frac{N7}{h6}$	$\frac{P7}{h6}$	$\frac{R7}{h6}$	$\frac{S7}{h6}$	$\frac{T7}{h6}$	$\frac{U7}{h6}$				
h7					$\frac{E8}{h7}$	$\frac{F8}{h7}$		$\frac{H8}{h7}$	$\frac{JS8}{h7}$	$\frac{K8}{h7}$	$\frac{M8}{h7}$	$\frac{N8}{h7}$									
h8				$\frac{D8}{h8}$	$\frac{E8}{h8}$	$\frac{F8}{h8}$		$\frac{H8}{h8}$													
h9				$\frac{D9}{h9}$	$\frac{E9}{h9}$	$\frac{F9}{h9}$		$\frac{H9}{h9}$													
h10				$\frac{D10}{h10}$				$\frac{H10}{h10}$													
h11	$\frac{A11}{h11}$	$\frac{B11}{h11}$	$\frac{C11}{h11}$	$\frac{D11}{h11}$				$\frac{H11}{h11}$													
h12		$\frac{B12}{h12}$						$\frac{H12}{h12}$													

注: 1. 标注▼的配合为优先配合。 2. 摘自 GB/T 1801—2009。

需要注意: 在表 2—9 中, 当轴的标准公差等级≤IT7 时, 是与低一级的基准孔相配合; 当轴的标准公差等级≥IT8 时, 是与同级的基准孔相配合。在表 2—10 中, 当孔的标准公差等级＜IT8 或少数等于 IT8 时, 是与高一级的基准轴配合, 其余是孔、轴同级配合。

2. 公差带与配合的标注代号

公差带代号由基本偏差字母加标准公差等级数字组成, 标注有三种方式, 如 $\phi30H8$ 可写成 $\phi30H8\left(\begin{smallmatrix}+0.033\\0\end{smallmatrix}\right)$, 也可以写成 $\phi30_{0}^{+0.033}$。配合代号由孔、轴公差带代号共同组成, 标注时一般采用分数形式, 如 $\phi70H7/e6$, 也可以写成 $\phi70\frac{H7}{e6}$。

2.3.4 未注公差

未注公差又称为一般公差, 是在车间普通工艺条件下, 机床设备可保证的公差。简单地说, 未注公差就是只标注尺寸, 未标注公差或公差带代号（如 $\phi120$、60）, 即通常所说的自由尺寸。采用未注公差的尺寸和角度, 在车间正常精度保证的条件下一般可不测量, 代表经济加工精度。未注公差不需要在图样上进行标注, 这样可突出图样上注出公差的尺寸。

GB/T 1804—2000 对线性尺寸和角度尺寸的未注公差规定了四个公差等级, 即精密

f、中等 m、粗糙 c 和最粗 v，并制定了相应的极限偏差数值，见表 2－11 和表 2－12。未注公差在图样上不标注，而在加工控制时，线性尺寸的未注公差要求写在零件图上或技术文件中。例如，选取粗糙级时，标注为"未注公差尺寸按照 GB/T 1804—c"。

表 2－11　线性尺寸的极限偏差数值

（单位：mm）

公差等级	基本尺寸分段							
	0.5～3	>3～6	>6～30	>30～120	>120～400	>400～1000	>1000～2000	>2000～4000
精密 f	±0.05	±0.05	±0.1	±0.15	±0.2	±0.3	±0.5	—
中等 m	±0.1	±0.1	±0.2	±0.3	±0.5	±0.8	±1.2	±2
粗糙 c	±0.2	±0.3	±0.5	±0.8	±1.2	±2	±3	±4
最粗 v	—	±0.5	±1	±1.5	±2.5	±4	±6	±8

注：摘自 GB/T 1804—2000。

表 2－12　角度尺寸的极限偏差数值

（单位：mm）

公差等级	长度分段				
	≤10	>10～50	>50～120	>120～400	>400
精密 f	±1°	±30′	±20′	±10′	±5′
中等 m					
粗糙 c	±1°30′	±1°	±30′	±15′	±10′
最粗 v	±3°	±2°	±1°	±30′	±20′

注：摘自 GB/T 1804—2000。

2.4　公差与配合的选用

国家标准规定了优先和常用的公差带与配合后，该如何选择公差与配合，这其实就是尺寸精度设计的内容。它是机械设计与制造中的一个重要环节。公差与配合选用是否恰当，将直接影响产品的性能、质量、互换性、性价比及市场竞争力。公差与配合选用的内容包括基准制的选用、公差等级的选用和配合的选用。公差与配合选用的基本原则是在满足使用要求的前提下尽可能获得最佳的技术经济效益。

2.4.1　基准制的选用

基准制的选用主要考虑两个因素：①加工工艺性和经济性；②结构形式的合理性。

1．一般情况下优先选用基孔制

在机械制造中，从工艺和宏观经济效益角度考虑，正常情况下孔比轴难以加工，所以一般优先选用基孔制。这是因为加工孔用的刀具多是定值的，选用基孔制便于减少孔用定值刀具和量具的数目；而加工轴用的刀具大多不是定值的，因此，改变轴的尺寸不会增加刀具和量具的数目。

2. 特殊情况下选用基轴制

（1）冷拉钢轴与相配件的配合。直接使用的、按照基准轴的公差带制造的、有一定公差等级（一般为 IT8~IT11）而不再进行机械加工的冷拉钢材做轴，可以选择不同的孔的公差带位置来形成各种不同的配合需求。在农业机械和纺织机械中，这种情况比较多。

（2）轴形标准件与相配件的配合。加工尺寸小于 1 mm 的精密轴要比加工同级的孔困难得多，因此在仪器仪表制造、钟表生产、无线电和电子行业中，通常使用经过光轧成形的细钢丝直接做轴和一些精密宝石轴系，这时选用基轴制配合要比基孔制配合经济效益好。

（3）一轴配多孔且各处松紧要求不同的配合。如图 2－11（a）所示，内燃机中活塞销与活塞孔及连杆套孔的三处配合，实质是一轴配两孔的配合；图 2－11（b）表示采用基孔制配合的孔、轴公差带是不合理的；图 2－11（c）表示采用基轴制配合的孔、轴公差带是合理的。

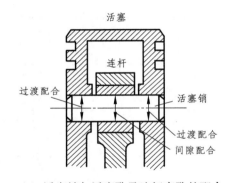

（a）活塞销与活塞孔及连杆套孔的配合

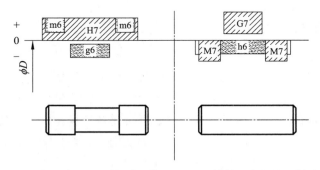

（b）基孔制配合的孔、轴公差带 　（c）基轴制配合的孔、轴公差带

图 2－11　活塞销与活塞孔及连杆套孔的配合及其孔、轴公差带

3. 与标准件（零件或部件）配合，应以标准件为基准件确定配合制

滚动轴承是标准件，其外圈与箱体孔的配合应采用基轴制，内圈与轴颈的配合应采用基孔制。滚动轴承的公差有特殊的国家标准，因此在装配图中不标注滚动轴承的公差带，仅标注箱体孔和轴颈的公差带，如图 2－12 所示。

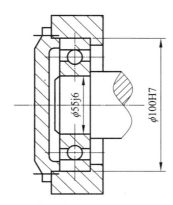

图 2-12　滚动轴承与箱体孔和轴颈的配合

4. 精度不高且需要经常装拆的情况允许采用非基准制

如滚动轴承端盖凸缘与箱体孔的配合、轴上用于轴向定位的轴套与轴的配合，综合考虑使用性能要求和加工经济性，采用非基准制，如图 2-13 所示。这样一来就可以先确定重要的配合制度，后确定精度不高的配合制度。

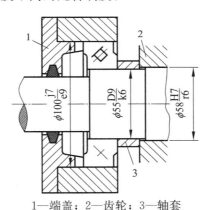

1—端盖；2—齿轮；3—轴套

图 2-13　端盖凸缘与箱体孔、轴套与轴的配合

2.4.2　公差等级的选用

公差等级的选择是一项重要的工作，因为公差等级的高低直接影响产品使用性能和加工经济性。公差等级过低，产品质量得不到保证；公差等级过高，制造成本会增加。所以，必须正确、合理地选用公差等级。

1. 基本原则

公差等级的选择应遵循两个原则：①满足使用条件；②经济性好。

2. 选择方法

（1）计算法。

通过计算、查表（表 2-3）进行选择，计算依据：$T_H + T_S \leqslant T_f$，计算后参考极限与配合的国家标准，确定孔、轴的公差等级。该不等式能保证我们正确处理使用要求、制造工艺和成本之间的关系。

（2）类比法。

类比法即经验法。这种方法就是找一些生产中验证过的同类产品的图样，将所设计的机械（机构）工作要求、使用条件、加工工艺装备等情况与其进行比较，从而定出合理的标准公差等级。

3. 用类比法确定公差等级应注意的问题

（1）了解各个公差等级的应用范围，参考表2-13。

（2）掌握配合尺寸公差等级的应用情况，参考表2-14。

（3）熟悉各种工艺方法的加工精度。公差等级与加工方法的关系见表2-15。要慎重选择使用高精度公差等级，否则会使加工成本急剧增加。

（4）注意与相配合零部件的精度协调。

①与齿轮孔相配合的轴的公差等级应以齿轮孔的公差等级为参照，而齿轮孔的公差等级是与齿轮精度要求密切相关的。

②与滚动轴承相配的轴颈公差等级、外壳孔公差等级都应以滚动轴承的精度等级为参考。

（5）注意相配合的孔、轴工艺等价性。相配合的孔、轴工艺等价性见表2-16。

（6）精度要求不高的配合允许孔、轴的公差等级相差2～3级，如图2-13所示。

表2-13　标准公差等级的应用范围

应用	公差等级																			
	01	0	1	2	3	4	5	6	7	8	9	10	11	12	13	14	15	16	17	18
量块	—	—	—																	
量规			—	—	—	—	—	—	—											
特精件配合				—	—	—	—													
一般配合							—	—	—	—	—	—	—	—						
原材料公差										—	—	—	—	—	—	—				
未注尺寸公差														—	—	—	—	—	—	—

表2-14　配合尺寸公差等级的应用

公差等级	重要处		常用处		次要处	
	孔	轴	孔	轴	孔	轴
精密机械	IT4	IT4	IT5	IT5	IT7	IT6
一般机械	IT5	IT5	IT7	IT6	IT8	IT9
较粗机械	IT7	IT6	IT8	IT9	IT10～IT12	

表 2－15　公差等级与加工方法的关系

加工方法	公差等级																		
	01	0	1	2	3	4	5	6	7	8	9	10	11	12	13	14	15	16	17	18
研磨	—	—	—	—	—	—	—													
珩磨					—	—	—													
圆磨							—	—	—											
平磨							—	—	—											
金刚石车							—	—	—											
金刚石镗							—	—	—											
拉削							—	—	—											
铰孔								—	—	—	—	—								

表 2－16　孔、轴工艺等价性

公差等级	相配合的孔与轴的公差等级
<IT8（IT7，IT6，IT5，…）	孔比轴的公差等级低一级
IT8	同级或孔比轴的公差等级低一级
>IT8（IT9，IT10，IT11，…）	同级

2.4.3　配合的选用

　　配合的选用就是在确定了配合制后，根据使用要求所允许的配合性质来确定非基准件的基本偏差代号，以保证机器设备能正常工作。

　　1. 根据使用要求确定配合的类别

　　若工作时孔、轴间有相对运动，则选用间隙配合。若工作时孔、轴间无相对运动，而有键、销或螺钉等外加紧固件使之固紧，也可选用间隙配合。若要求孔、轴间不产生相对运动，可选用过盈配合或较紧的过渡配合。受力大，则选用过盈配合；受力小或基本上不受力或主要要求是定心，便于拆卸，则可选用过渡配合。

　　2. 确定基本偏差代号

　　配合代号的确定就是在确定配合制和标准公差等级以后，根据使用要求确定与基准件配合的轴或孔的基本偏差代号。对于间隙配合，由于基本偏差的绝对值等于最小间隙，故可按最小间隙确定基本偏差代号；对于过盈配合，在确定基准件的公差等级后，即可按最小过盈选定配合件的基本偏差代号。

　　配合代号的确定方法通常有三种：计算法、试验法和类比法。

　　（1）计算法是根据一定的理论，用公式计算出所需的间隙或过盈，然后确定基本偏差代号。由于影响配合间隙和过盈量的因素有很多，所以通过理论模型的计算得到的间隙或过盈量是近似的。

（2）试验法是应用试验的方法确定满足产品工作性能的配合种类，主要用于航天、航空、国防、核工业以及铁路运输业的一些关键性机构中，对产品性能影响大而又缺乏经验的重要的、关键性的配合。该方法比较可靠，其缺点是需要进行试验，成本高、周期长，故较少应用。

（3）类比法就是以与设计任务同类型的机器或机构中经过生产经验验证的配合作为参考，并结合所设计产品的使用要求和应用条件的实际情况来确定配合。该方法应用最广，但要求设计人员掌握充分的参考资料并具有相当的经验。

3. 影响配合性质的其他因素

（1）热变形。

在选择公差与配合时，要注意温度条件。国家标准中规定的均为标准温度（＋20℃）时的数值。当工作温度不是＋20℃，特别是孔、轴温度相差较大，或其线膨胀系数相差较大时，应考虑热变形的影响。在常温装配时应合理调整间隙与过盈量，保证工作时的使用要求，这对于高温或低温下工作的机械尤其重要。

（2）装配变形。

在如图 2—14 所示的机械结构中，薄壁套筒件在装配后产生变形。由于套筒外表面与机座孔的配合为过盈配合，套筒内孔与轴的配合为间隙配合，在套筒压入机座孔后产生装配变形，使套筒内孔收缩，孔径变小，而使套筒内孔与轴的配合间隙变小或消失，不能满足具有间隙的使用要求。在选择套筒内孔与轴的配合时就应考虑装配变形的影响。为保证装配以后的变形不影响配合性质，方法有两种：一种是用工艺的方法，即套筒内孔未加工到最终尺寸就压入机座孔，待产生装配变形后，再按照配合尺寸加工套筒内孔；另一种是将套筒内孔的实际尺寸做大，以补偿装配变形。其中工艺方法简单易行。

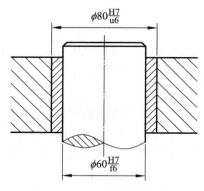

图 2—14　易装配变形结构

2.4.4　公差与配合的选用实例

为了使公差与配合的选用更加简单准确，确定和验算过程更加直观明了，多采用图解计算与查表相结合的方法。

例 2−3　查表确定孔 $\phi 60^{+0.005}_{-0.041}$ 的公差带代号。

解：公差带代号由两部分组成：基本偏差代号和公差等级。首先确定公差等级。

（1）由孔的公差带大小确定其公差等级。

$T_H = |ES - EI| = |+5 - (-41)| = 46\ \mu m$，查表 2−3 知，孔的公差等级为 IT8。

（2）绝对值较小的偏差为基本偏差，这里 $ES = +5\ \mu m$ 为基本偏差，需要注意还要确定 Δ 值。查表 2−7，得 $\Delta = 16\ \mu m$，最终确定孔的基本偏差代号为 M。

（3）孔的公差带代号为 $\phi 60M8$。

例 2−4　已知配合的公称尺寸为 $\phi 30\ mm$，最小间隙 $X_{min} = +0.020\ mm$，最大间隙 $X_{max} = +0.055\ mm$，试选择合适的配合代号。

解：（1）首先确定基准值。由题意可知，无特殊要求，采用基孔制，即孔的基本偏差为 H，基本偏差 $EI = 0$。

（2）确定孔、轴公差等级。由题意可知，这是一个间隙配合，要求的配合公差为

$$T_f = |X_{max} - X_{min}| = |+55 - (+20)| = 35\ \mu m$$

依据 $T_H + T_S \leqslant T_f = 35\ \mu m$，查表 2−3 可知 IT6 $= 13\ \mu m$，IT7 $= 21\ \mu m$，考虑工艺等价性原则和经济性原则，选取 $T_H = $ IT7 $= 21\ \mu m$，$T_S = $ IT6 $= 13\ \mu m$，$T_f' = $ IT7 + IT6 $= 34\ \mu m \leqslant T_f = 35\ \mu m$，满足要求。

于是基准孔的公差带代号应为 $\phi 30H7\left(^{+0.021}_{\quad 0}\right)$。

（3）确定配合代号，即确定轴的基本偏差代号。这是一个基孔制间隙配合，那么轴的基本偏差代号应为 a~h，其基本偏差为上极限偏差，并且小于零。有如下的关系式：

$$X_{min} = EI - es \quad \Rightarrow \quad es = EI - X_{min} = -20\ \mu m$$

查表 2−6，可确定轴的基本偏差代号为 f，轴的另外一个偏差（下极限偏差）$ei = es -$ IT6 $= -33\ \mu m$，所以轴的公差带代号为 $\phi 30f6\left(^{-0.020}_{-0.033}\right)$，所以孔、轴配合代号为 $\phi 30H7/f6$，查表 2−9 可知为基孔制常用配合。

（4）验算（如图 2−15 所示）。

$$\begin{cases} X'_{max} = ES - ei = [+21 - (-33)] = +54\ \mu m \\ X'_{min} = EI - es = [0 - (-20)] = +20\ \mu m \end{cases}$$

可知 $+20\ \mu m = X_{min} \leqslant X'_{min} < X'_{max} \leqslant X_{max} = +55\ \mu m$，实际形成的配合间隙在设计要求的极限间隙 $[X_{min}, X_{max}]$ 内，所选用的配合 $\phi 30H7/f6$ 满足要求。

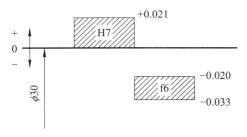

图 2−15　孔、轴配合公差带图

例 2-5　已知孔、轴的公称尺寸 $D=d=\phi40$ mm，工作要求 $X_{max}=+90~\mu m$，$X_{min}=+20~\mu m$，若采用基孔制，试利用基孔制与基轴制优先配合的极限间隙或极限过盈表确定孔、轴公差带与配合代号。

解：（1）由题意知采用基孔制配合，查表 2-17，其中的孔、轴配合代号 $\phi40H8/f7$ 满足使用要求：

$$+20~\mu m=X_{min}\leqslant+25~\mu m<+89~\mu m\leqslant X_{max}=+90~\mu m$$

表 2-17　基孔制与基轴制优先配合的极限间隙或极限过盈

（单位：μm）

基孔制		$\dfrac{H7}{g6}$	$\dfrac{H7}{h6}$	$\dfrac{H8}{f7}$	$\dfrac{H8}{h7}$	$\dfrac{H9}{d9}$	$\dfrac{H9}{h9}$	$\dfrac{H11}{c11}$	$\dfrac{H11}{h11}$	$\dfrac{H7}{k6}$	$\dfrac{H7}{n6}$	$\dfrac{H7}{p6}$	$\dfrac{H7}{s6}$	$\dfrac{H7}{u6}$
基轴制		$\dfrac{G7}{h6}$	$\dfrac{H7}{h6}$	$\dfrac{F8}{h7}$	$\dfrac{H8}{h7}$	$\dfrac{D9}{h9}$	$\dfrac{H9}{h9}$	$\dfrac{C11}{h11}$	$\dfrac{H11}{h11}$	$\dfrac{K7}{h6}$	$\dfrac{N7}{h6}$	$\dfrac{P7}{h6}$	$\dfrac{S7}{h6}$	$\dfrac{U7}{h6}$
公称尺寸 /mm	>24~30	+41 +7	+34 0	+74 +20	+54 0	+169 +65	+104 0	+370 110	+260 0	+19 −15	+6 −28	−1 −35	−14 −48	−27 −61
	>30~40	+50 +9	+41 0	+89 +25	+64 0	+24 +80	+124 0	+440 +120	+320 0	+23 −18	+8 −33	−1 −42	−18 −59	−35 −76
	>40~50							+450 +130						−45 −86
	>50~65	+59 +10	+49 0	+106 +30	+76 0	+248 +100	+148 0	+520 +140	+380 0	+28 −21	+10 −39	−2 −51	−23 −72	−57 −106
	>65~80							+530 +150					−29 −78	−72 −121
	>80~100	+69	+57	+125	+89	+294	+174	+610 +170	+440	+32	+12	−2	−36 −93	−89 −146

注：摘自 GB/T 1801—2009。

（2）再查表确定 $\phi40H8$ 和 $\phi40f7$ 的上、下极限偏差分别为

$$ES=+39~\mu m,~EI=0~\mu m;~es=-25~\mu m,~ei=-50~\mu m$$

（3）孔、轴公差带图如图 2-16 所示。

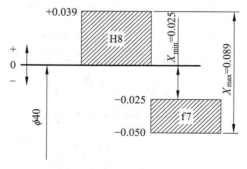

图 2-16　孔、轴公差带图

例 2-6 铝制活塞和钢制缸体配合，公称尺寸为 $\phi150$ mm，要求工作间隙为 $0.1\sim$ 0.3 mm，缸体工作温度 $t_H=110℃$，线膨胀系数 $\alpha_H=12\times10^{-6}/℃$，活塞工作温度 $t_S=$ 180℃，线膨胀系数 $\alpha_S=24\times10^{-6}/℃$。试确定常温下（20℃）装配时的间隙变动范围，并选择适当的配合。

解：分析和解题思路如下：

（1）这里就要考虑温度变化（热变形）对配合的影响。活塞和缸体的配合，活塞对应为轴，缸体对应为孔。根据题意和已知的数据，缸体工作时的膨胀量小于活塞工作时的膨胀量，所以，工作时的缸体-活塞间隙量要小于常温装配时的间隙量，其间隙的变化量由下式计算：

$$\Delta X = S_{公称尺寸}(\alpha_H\Delta t_H-\alpha_S\Delta t_S)$$

代入数据，得 $\Delta X = 150\times[12\times10^{-6}\times(110-20)-24\times10^{-6}\times(180-20)]=$ -0.414 mm。

再由公式 $X_{工作间隙}=X_{装配间隙}+\Delta X$，得装配时的 $X_{max}=0.714$ mm，装配时的 $X_{min}=$ 0.514 mm。

（2）选择基准制。

如果没有特殊情况，一般优先选用基孔制，所以缸体的基本偏差代号为 H，$EI=0$。

（3）确定孔、轴公差等级。由题意可知这是一个间隙配合，要求的配合公差为

$$T_f=|X_{max}-X_{min}|=|(+714)-(+514)|=200\ \mu m$$

依据 $T_H+T_S\leqslant T_f=200\ \mu m$，查表 2-3 可知，当公称尺寸为 $\phi150$ mm 时，IT8= 63 μm，IT9=100 μm，IT10=160 μm，考虑工艺等价性原则和经济性原则，选取 $T_H=$ IT9=100 μm，T_S=IT9=100 μm，T_f'=IT9+IT9=200 $\mu m\leqslant T_f$=200 μm，满足要求。

（4）确定配合代号。因为是基孔制，所以要确定轴的基本偏差，且轴的基本偏差代号为 es。要满足设计要求，所选择的配合代号实际形成的极限间隙（X_{min}' 和 X_{max}'）应该在设计要求的极限间隙 $[X_{min},X_{max}]$ 内，即

$$X_{min}\leqslant X_{min}'<X_{max}'\leqslant X_{max}$$

根据题意和已知条件，有

$$\begin{cases} X_{max}'=ES-ei\leqslant X_{max}=714 & (1)\\ X_{min}'=EI-es\geqslant X_{min}=514 & (2)\\ T_S=es-ei=100 & (3)\end{cases}$$

由式（2）得 $es\leqslant0-514=-514$，由式（1）和式（3）得 $es\geqslant-514$，于是 $-514\leqslant es\leqslant-514$，有 $es=-514$，查表 2-6 得轴的基本偏差代号为 a。其缸体和活塞的配合代号为

$$\phi150\frac{H9\binom{+0.100}{0}}{a9\binom{-0.520}{-0.620}}$$

（5）验算（如图 2−17 所示）。

$$\begin{cases} X'_{max} = ES - ei = [(+100)-(-620)] = +720\ \mu m \\ X'_{min} = EI - es = [0-(-520)] = +520\ \mu m \end{cases}$$

可知实际形成的配合间隙基本在设计要求的极限间隙 $[X_{min}, X_{max}]$ 内，所选用的配合 $\phi150H9/a9$ 满足设计使用要求。

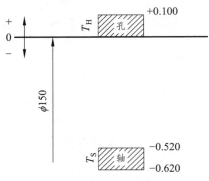

图 2−17　缸体、活塞公差带图

2.5　大尺寸、小尺寸公差与配合简介

2.5.1　大尺寸公差与配合

大尺寸通常指公称尺寸在 500 mm 以上的零件尺寸。大尺寸公差与配合的特点：①通常是单件或小批量生产；②大多采用配作或修配的制造方法即配制配合；③实际使用中，只要求保证配合的特性，不强调严格的公称尺寸；④不采用定值刀具加工，也很少采用量规检验；⑤大尺寸零件总的制造误差中几何（形位）误差和测量误差所占比重大，特别是温度引起的误差突出。这些特点使常用尺寸段公差与配合的经验不适合于大尺寸段。

GB/T 1800.2—2020 规定了大尺寸（>500～3150 mm）的标准公差值，原则上仍然有 18 级（IT1～IT18），但使用以 IT6～IT18 为宜。GB/T 1801—2009 规定了大尺寸常用的轴、孔公差带，如图 2−18 所示，且规定一般应采用同级的孔、轴配合。标注代号中的 H（h）表示先做孔（轴）。大尺寸公差与配合的标注代号和常用尺寸公差与配合的标注代号相比，代号后加写大写字母 MF（表示配制配合）。

		g6	h6	js6	k6	m6	n6	p6	r6	s6	t6	u6	G6	H6	JS6	K6	M6	N6
		f7	g7	h7	js7	k7	m7	n7	p7	r7	s7	t7	u7	F7	G7	H7	JS7	K7	M7	N7
d8	e8	f8		h8	js8								D8	E8	F8	H8	JS8
d9	e9	f9		h9	js9								D9	E9	F9	H9	JS9
d10				h10	js10								D10			H10	JS10
d11				h11	js11								D11			H11	JS11
				h12	js12											H12	JS12

图 2－18　公称尺寸＞500～3150 mm 常用轴和孔公差带

2.5.2　小尺寸公差与配合

小尺寸是一种简化说法，主要相对于中等尺寸及大尺寸而言。公称尺寸至 18 mm 的轴、孔公差带主要用于仪器仪表和钟表行业，如图 2－19 和图 2－20 所示。

								h1		js1										
								h1		js1										
			ef3	f3	fg3	g3	h3		js3	k3	m3	n3	p3	r3						
			ef4	f4	fg4	g4	h4		js4	k4	m4	n4	p4	r4						
	c5	cd5	d5	e5	ef5	f5	fg5	g5	h5	j5	js5	k5	m5	n5	p5	r5	s5	u5	v5	x5	z5
	c6	cd6	d6	e6	ef6	f6	fg6	g6	h6	j6	js6	k6	m6	n6	p6	r6	s6	u6	v6	x6	z6	za6
	c7	cd7	d7	e7	ef7	f7	fg7	g7	h7	j7	js7	k7	m7	n7	p7	r7	s7	u7	v7	x7	z7	za7	zb7
b8	c8	cd8	d8	e8	ef8	f8	fg8	g8	h8		js8	k8	m8	n8	p8	r8	s8	u8	v8	x8	z8	za8	zb8
a9	b9	c9	cd9	d9	e9	ef9	f9	fg9	g9	h9		js9	k9	m9	n9	p9	r9	s9	u9	v9	x9	z9	za9	zb9
a10	b10	c10	cd10	d10	e10	ef10			h10		js10	k10									
a11	b11	c11		d11					h11		js11										
a12	b12	c12							h12		js12										
a13	b13	c13							h13		js13										

图 2－19　公称尺寸至 18 mm 的轴公差带

                                    H1   JS1

                                    H1   JS2

              EF3 F3 FG3 G3 H3   JS3 K3 M3 N3 P3 R3

              EF4 F4 FG4 G4 H4   JS4 K4 M4 N4 P4 R4

          E5 EF5 F5 FG5 G5 H5   JS5 K5 M5 N5 P5 R5 S5

CD6 D6 E6 EF6 F6 FG6 G6 H6 J6 JS6 K6 M6 N6 P6 R6 S6 U6 V6 X6 Z6

CD7 D7 E7 EF7 F7 FG7 G7 H7 J7 JS7 K7 M7 N7 P7 R7 S7 U7 V7 X7 Z7 ZA7 ZB7 ZC7

B8 C8 CD8 D8 E8 EF8 F8 FG8 G8 H8 J8 JS8 K8 M8 N8 P8 R8 S8 U8 V8 X8 Z8 ZA8 ZB8 ZC8

A9 B9 C9 CD9 D9 E9 EF9 F9 FG9 G9 H9   JS9 K9 M9 N9 P9 R9 S9 U9   X9 Z9 ZA9 ZB9 ZC9

A10 B10 C10 CD10 D10 E10 EF10   H10   JS10   N10

A11 B11 C11   D11   H11   JS11

A12 B12 C12   H12   JS12

                    H13   JS13

图 2-20 公称尺寸至 18 mm 的孔公差带

2.6 尺寸精度设计实例

为了便于在实际工程设计中合理地确定配合，下面举例说明某些配合在实际工程中的应用，作为基于类比法设计尺寸精度的实例。

1. 间隙配合的选用

基孔制（或基轴制）与相应公差等级轴 a~h（或孔 A~H）形成间隙配合共 11 种。其中，H/a（或 A/h）组成的配合间隙最大，H/h 组成的配合间隙最小。

（1）H/a（或 A/h）、H/b（或 B/h）、H/c（或 C/h）配合。

这三种配合的间隙很大，较少使用。一般用在工作条件较差，要求灵活动作的机械上，或用于受力变形大，轴在高温下工作需要保证有较大间隙的场合。如起重机吊钩的铰链的配合为 H12/b12（图 2-21），带榫槽的法兰的配合为 H12/b12（图 2-22），内燃机的排气阀和导管的配合为 H7/c6（图 2-23）。

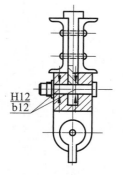

图 2-21 起重机吊钩的铰链

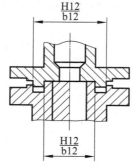

图 2-22 带榫槽的法兰

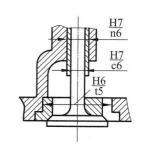

图 2-23 内燃机的排气阀和导管

（2）H/d（或 D/h）、H/e（E/h）配合。

这两种配合的间隙较大，用于要求不高、易于转动的支承。其中，H/d（或 D/h）适用于较松的传动配合，如密封盖、滑轮和空转带轮等与轴的配合；也适用于大直径滑动轴承的配合，如球磨机、轧钢机等重型机械的滑动轴承，适用于 IT7～IT11 级。

（3）H/f（或 F/h）配合。

这种配合的间隙适中，多用于 IT7～IT9 级的一般传动配合，如齿轮箱、小电动机、泵的转轴以及滑动支承的配合。图 2-24 为齿轮轴套与轴的配合（H7/f7）。

（4）H/g（或 G/h）配合。

这种配合的间隙很小，除很轻负荷的精密机构外，一般不用作转动配合，多用于 IT5～IT7 级，适用于往复摆动和滑动的精密配合。图 2-25 为钻套与衬套的配合（H7/g6）。有时也用于插销等定位配合，如精密连杆轴承、活塞及滑阀，以及精密的主轴与轴承、分度头轴颈与轴的配合等。

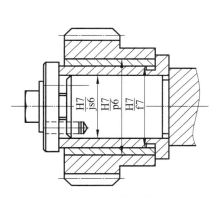

图 2-24　齿轮轴套与轴的配合

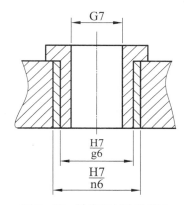

图 2-25　钻套与衬套的配合

（5）H/h 配合。

这种配合的间隙最小，用于 IT4～IT11 级，适用于无相对转动而有定心和导向要求的定位配合。若无温度、变形的影响，也可用于滑动配合。推荐配合有 H6/h5、H7/h6、H8/h7、H9/h9、H11/h11。图 2-26 为车床尾座顶尖套筒与尾座的配合（H6/h5）。

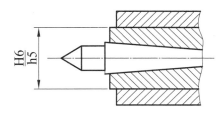

图 2-26　车床尾座的顶尖套筒与尾座的配合

2. 过渡配合的选用

基孔制与相应公差等级轴 j～n 形成过渡配合（n 与高精度的孔形成过盈配合）。

（1）H/j、H/js 配合。

这两种配合获得间隙的机会较多，多用于 IT4～IT7 级，适用于要求间隙比 h 小并允许略有过盈的定位配合，如联轴器、齿圈与钢制轮毂以及滚动轴承与箱体的配合等。

图 2-27 为带轮与轴的配合（H7/js6）。

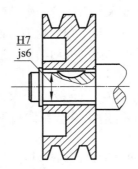

图 2-27 带轮与轴的配合

（2）H/k 配合。

这种配合获得的平均间隙接近于零，定心较好，装配后零件受到的接触应力较小，能够拆卸，适用于 IT4～IT7 级。图 2-28 为刚性联轴器的配合（H7/k6）。

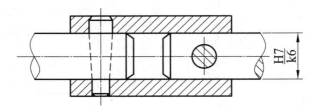

图 2-28 刚性联轴器的配合

（3）H/m、H/n 配合。

这两种配合获得过盈的机会多，定心好，装配较紧，适用于 IT4～IT7 级。图 2-29 为涡轮青铜轮缘与铸铁轮辐的配合（H7/n6 或 H7/m6）。

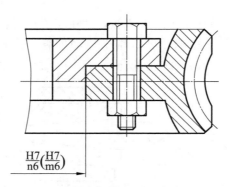

图 2-29 涡轮青铜轮缘与铸铁轮辐的配合

3. 过盈配合的选用

基孔制与相应公差等级轴 p～zc 形成过盈配合（p、r 与较低精度的孔形成过渡配合）。

（1）H/p、H/r 配合。

这两种配合在高公差等级时为过盈配合，可用锤打或压力机装配，只宜在大修时拆卸。主要用于定心精度很高、零件有足够的刚度、受冲击负载的定位配合，多用于 IT6～

IT8 级。图 2-24 中齿轮与衬套的配合为 H7/p6。图 2-30 为连杆小头孔与衬套的配合（$\phi40$H6/r5）。

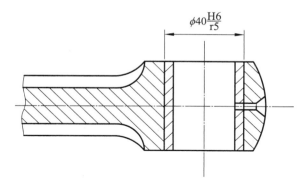

图 2-30　连杆小头孔与衬套的配合

（2）H/s、H/t 配合。

这两种配合属于中等过盈配合，多用于 IT6、IT7 级，钢铁件的永久或半永久结合。不用辅助件，依靠过盈产生的结合力可以直接传递中等负荷。一般采用压力法装配，也有采用冷轴法或热套法装配的。图 2-31 为联轴器与轴的配合，柱、销、轴、套等压入孔中的配合为 H7/t6。

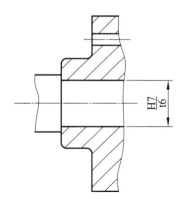

图 2-31　联轴器与轴的配合

（3）H/u、H/v、H/x、H/y、H/z 配合。

这五种配合属于大过盈配合，过盈量依次增大，过盈量与直径之比在 0.001 以上。它们适用于传递大的转矩或承受大的冲击载荷，完全依靠过盈产生的结合力保证牢固的连接，通常采用热套法或冷轴法装配。如图 2-32 所示的铸钢车轮与高锰钢箍要用 H7/u6、H6/u5 配合。由于过盈量大，要求零件材质好、强度高，否则会将零件挤裂，因此采用时要慎重，一般要经过试验才能投入生产。装配前往往还要进行挑选，使一批配件的过盈量趋于一致，比较适中。

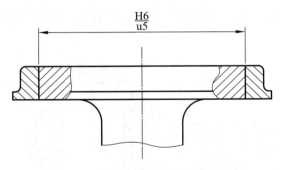

图 2-32 铸钢车轮与高锰钢箍的配合

总之，配合的选用应先根据使用要求确定配合的类别（间隙配合、过盈配合或过渡配合），然后按照工作条件选出具体的配合公差代号。

例 2-7 图 2-33 为某锥齿轮减速器。已知其所传递的功率为 120 kW，输入轴的转速为 850 r/min，稍有冲击，在中小型企业小批量生产。试选择以下几处配合的公差等级和配合代号：（1）联轴器 1 和输入端轴颈 2；（2）带轮 8 和输出端轴颈；（3）小锥齿轮 10 内孔和轴颈；（4）套杯 4 外径和箱体 6 座孔。

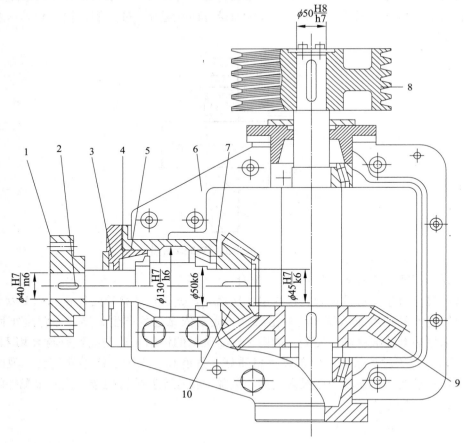

1—联轴器；2—输入端轴颈；3—端盖；4—套杯；5—轴承座；6—箱体；7—调整垫片；
8—带轮；9—大锥齿轮；10—小锥齿轮

图 2-33 锥齿轮减速器

解：由于上述配合均无特殊要求，因此优先选用基孔制。

（1）联轴器 1 是用精制螺栓联接的固定式刚性联轴器，为防止偏斜引起的附加载荷，要求对中性好。联轴器是中速轴上的重要配合件，无轴向附加定位装置，结构上要采取紧固件，故选用过渡配合 $\phi40H7/m6$ 或 $\phi40H7/n6$。

（2）带轮 8 和输出端轴颈配合与上述配合比较，因为是挠性件传动，故定心精度要求不高，且又有轴向定位件，为方便拆卸，可选用 $\phi50H8/h7$、$\phi50H8/h8$ 或 $\phi50H8/js7$。这里选用 $\phi50H8/h7$。

（3）小锥齿轮 10 内孔和轴颈的配合是影响齿轮传动的重要配合，内孔公差等级由齿轮精度决定。一般减速器齿轮精度为 7 级，故基准孔选用 7 级。对于传递载荷的齿轮和轴的配合，为了保证齿轮的工作精度和啮合性能，要求准确对中，一般选用过渡配合加紧件。可供选用的配合有 $\phi45H7/js6$、$\phi45H7/k6$、$\phi45H7/m6$、$\phi45H7/n6$，甚至 $\phi45H7/p6$、$\phi45H7/r6$。至于具体采用哪种配合，主要应结合装拆要求、载荷大小、有无冲击振动、转速高低、批量生产等因素综合考虑。此处为中速、中载、稍有冲击、小批量生产，故选用 $\phi45H7/k6$。

（4）套杯 4 外径和箱体 6 座孔的配合是影响齿轮传动性能的重要配合，该处的配合要求为能准确定心。考虑到为调整锥齿轮间隙而需要轴向移动的要求，为了方便调整，选用最小间隙为零的间隙定位配合 $\phi130H7/h6$。

2.7　本章学习要求

能解释极限与配合的基本术语及定义，配制配合、线性尺寸的未注公差，知道极限与配合的构成规则和特征；根据机械零部件的功能要求，能利用互换性的基本原理和极限与配合的国家标准对机械零部件进行尺寸精度分析和设计，完成公差与配合的选用与图样标注。

思考题和习题

2—1　什么是孔、轴的极限尺寸？什么是孔、轴的实际尺寸？二者的关系是什么？

2—2　什么是孔、轴的标准公差？什么是孔、轴的基本偏差？二者各自有什么作用？

2—3　尺寸公差与尺寸偏差有何联系和区别？

2—4　什么是配合？当公称尺寸相同时，如何判断孔、轴配合性质的异同？

2—5　间隙配合、过渡配合、过盈配合各适用于哪种场合？

2—6　如何根据图样标注或其他条件确定尺寸公差带图？

2—7　什么是配合制？国家标准中规定了几种配合制？如何正确选择配合制及进行基准制转换？

2—8　什么是公差因子、公差等级系数？如何判断某一尺寸公差值的等级高低？

2—9　国家标准规定了多少个公差等级？同一公称尺寸的公差值大小与公差等级高低有何关系？

2—10　国家标准对孔和轴各规定了多少种基本偏差？孔和轴的基本偏差是如何确定的？

2—11　选用公差等级的原则是什么？公差等级是不是越高越好？

2—12　在用类比法进行公差与配合的选择时，应注意哪些问题？

2—13　为什么要规定优先、常用和一般孔、轴公差带以及优先、常用配合？

2—14　如何根据给定的极限间隙或极限过盈进行公差与配合的选用？

2—15　什么是线性尺寸的一般公差（未注公差）？它分为哪几个公差等级？如何确定其极限偏差？

2—16 已知一孔、轴配合，图样上标注为孔 $\phi30^{+0.033}_{0}$、轴 $\phi30^{+0.029}_{+0.008}$。试绘出此配合的尺寸公差带图，并计算孔、轴极限尺寸及配合的极限间隙或极限过盈，判定配合性质。

2—17 已知某孔的图样标注为 $\phi50^{-0.003}_{-0.042}$，试给出此孔的实际尺寸 D_a 的合格条件。

2—18 已知某配合的公称尺寸为 $\phi60$ mm，配合公差 $T_f = 49$ μm，平均过盈 $Y_{av} = -35.5$ μm，孔、轴公差值之差 $\Delta = |Y_{min}| = +11$ μm，轴的下极限偏差 $ei = +41$ μm，试作出此配合的尺寸公差带图。

2—19 已知两轴图样上标注分别为 $d_1 = \phi30^{+0.054}_{+0.041}$、$d_2 = \phi30^{-0.040}_{-0.061}$，试比较两轴的加工难易程度。

2—20 试通过查阅标准公差数值表和基本偏差数值表确定下列孔、轴的公差带代号：

①轴 $\phi100^{+0.038}_{+0.003}$；②轴 $\phi70^{-0.030}_{-0.076}$；③孔 $\phi80^{+0.028}_{-0.018}$；④孔 $\phi120^{-0.079}_{-0.133}$。

2—21 已知 $\phi50M7\left(\begin{matrix}0\\-0.025\end{matrix}\right)$ 和 $\phi50r6\left(\begin{matrix}+0.050\\+0.034\end{matrix}\right)$，不查表，试确定 $\phi50\dfrac{H7}{m6}$、$\phi50\dfrac{R7}{h6}$ 的尺寸公差带图，并标出所有的极限偏差。

2—22 不查表，试直接判别下列各组配合的配合性质是否完全相同：

①$\phi18\dfrac{H6}{f5}$ 与 $\phi18\dfrac{F6}{h5}$；②$\phi30\dfrac{H7}{m6}$ 与 $\phi30\dfrac{M7}{h6}$；③$\phi50\dfrac{H8}{t7}$ 与 $\phi50\dfrac{T8}{h7}$；④$\phi80\dfrac{H8}{t8}$ 与 $\phi80\dfrac{T8}{h8}$；

⑤$\phi120\dfrac{H7}{js6}$ 与 $\phi120\dfrac{JS7}{h6}$。

2—23 已知下列三对孔、轴配合的公称尺寸及工作极限间隙或工作极限过盈，试分别按照基孔制及基轴制，选出所有满足使用要求且加工成本最低的配合，并画出它们的尺寸公差带图。

(1) $D=35$ mm，$X_{max} = +110$ μm，$X_{min} = +45$ μm；

(2) $D=60$ mm，$X_{max} = +25$ μm，$Y_{max} = -55$ μm；

(3) $D=80$ mm，$Y_{min} = -30$ μm，$Y_{max} = -120$ μm。

2—24 某发动机的铝制活塞与钢制气缸之间的工作间隙要求为 $80\sim220$ μm。工作时，活塞的温度 $t_S = 180$℃，气缸的温度 $t_H = 110$℃。已知活塞与气缸的公称尺寸为 $\phi80$ mm，活塞材料的线膨胀系数 $\alpha_S = 24\times10^{-6}/$℃，气缸材料的线膨胀系数 $\alpha_H = 12\times10^{-6}/$℃。试选择满足工作要求的配合，并画出此配合的尺寸公差带图。

第3章　测量技术基础

▶ 导读

本章学习的主要内容和要求：

能够解释测量的基本概念、常用术语、常用测量仪器；了解测量误差与数据的处理方法。

3.1　概述

本节主要介绍几何量测量技术方面的基础知识，包括测量与检验的概念、计量单位与长度基准、长度量值传递系统以及生产实际中作为标准量具的量块及其应用。

3.1.1　测量与检验的概念

测量就是以确定量值为目的的一组操作。在测量中，假设 L 为被测量值，E 为所采用的计量单位，那么它们的比值为

$$q = \frac{L}{E} \tag{3-1}$$

式（3-1）表明，在被测量值 L 一定的情况下，比值 q 的大小取决于所采用的计量单位 E，且成反比关系。同时也说明计量单位的选择取决于被测量值所要求的准确程度，这样经比较而得的被测量值为

$$L = qE \tag{3-2}$$

由前述可知，任何一个测量过程必须有被测量的对象（如长度、角度、表面粗糙度、形状和位置误差等）和所采用的计量单位；二者是怎样进行比较和比较后的准确程度，即测量方法和测量准确度问题。所以，测量过程包含测量对象、计量单位、测量方法和测量准确度评定四个要素。

测量对象：本书主要讨论几何量，包括长度、角度、表面粗糙度和几何误差等。

计量单位：国务院于 1977 年 5 月 27 日发布实施的《中华人民共和国计量管理条例（试行）》第三条规定中重申："我国的基本计量制度是米制（即'公制'），逐步采用国际单位制。"1984 年 2 月 27 日正式公布中华人民共和国法定计量单位，确定米制为我国的基本计量制度。在长度计量中单位为米（m），其他常用单位有毫米（mm）和微米

（μm）。在角度计量中以度（°）、分（′）、秒（″）为单位。

测量方法：进行测量时所用的，按类别叙述的一组操作逻辑次序。依据国家计量标准（JJF1001—2011），对几何量的测量而言，是根据被测参数的特点，如公差值、大小、轻重、数量等，分析研究该参数与其他参数的关系，最后确定对该参数如何进行测量的操作方法。

测量准确度：指测量结果与真值的一致程度。任何测量过程都不可避免地存在测量误差，误差大小反映了测量结果的准确程度。准确度和误差是两个相对的概念。测量的准确度可以用误差和测量不确定度来表示。由于存在测量误差，任何测量结果都以近似值来表示。

检验是和测量相近的一个概念。检验指通过确定被检几何量是否在规定的极限范围内，判定其是否合格的试验过程。通常用量规、样板等专用定值无刻度量具来判断被检对象的合格性，一般不能得到被测量的具体数值。

检定是指评定计量器具的精度指标是否合乎该计量器具规定规程的全部过程。

3.1.2 长度计量基准

1983 年 10 月在巴黎召开的第十七届国际计量大会上通过的米的定义为：1 m 是光在真空中（1/299792458）s 时间间隔内所经路径的长度。这是米的理论定义，使用时需要对米的定义进行复现。国际计量大会推荐用稳频激光辐射波长来复现它。

3.1.3 长度量值传递系统

在工程上，一般不能直接按照米的定义用光波来测量零件的几何参数，而是用各种计量器具。为了保证量值的准确和统一，必须建立从长度基准一直到被测零件的量值传递系统。

我国的长度量值传递的主要标准器是量块（端面量具）和线纹尺（刻度量具），其传递系统如图 3-1 所示。

3.1.4 量块及其应用

量块是一种端面长度标准。通过对计量仪器、量具和量规等示值误差检定等方式，使机械加工中各种制成品的尺寸溯源到长度基准。

量块多用铬锰合金钢制成，具有尺寸稳定、不易变形和耐磨性好等特点。量块应用广泛，除作为标准器具进行长度量值的传递外，还可用来调整仪器、机床和其他设备，也可用来测量零件。

量块通常制成长方体，如图 3-2（a）所示。其中，两个 $Rz \leqslant 0.08$ μm 的表面光洁且是平行度误差很小的平行平面称为工作面或测量面，精度极高。量块的尺寸规定为：把量块的一个工作面研合在平晶的工作平面上，另一个工作面的中心到平晶的垂直距离称为量块尺寸。量块标出的尺寸称为量块的标称尺寸。标称长度不大于 5.5 mm 的量块，代表其标称长度的数码刻印在上测量平面，与其相背的为下测量平面。标称长度大于 5.5 mm 的量块，代表其标称长度的数码刻印在面积较大的一个侧面上。当此侧面顺向面对观察者放置，其右边为上测量平面，左边为下测量平面，如图 3-3 所示。

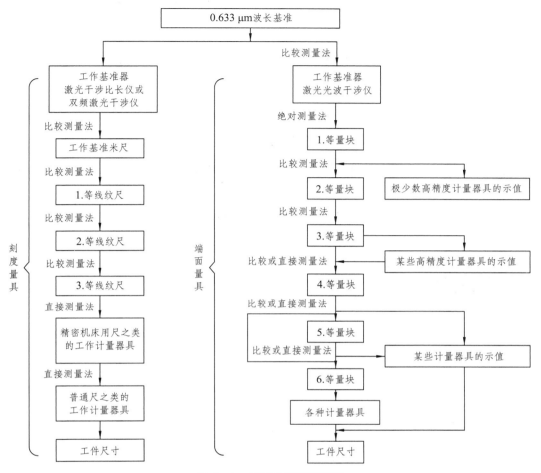

图 3-1　长度量值传递系统

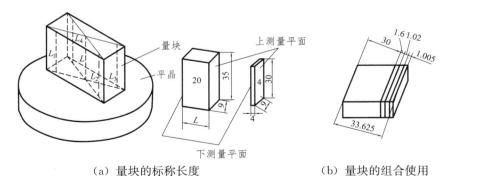

（a）量块的标称长度　　　（b）量块的组合使用

图 3-2　量块测量面及组合应用

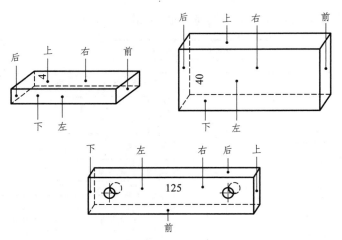

图 3—3　量块测量面的确定

　　为了满足不同生产需要，量块按制造精度分为 k 级、0 级、1 级、2 级和 3 级。其中，0 级精度最高，3 级精度最低，k 级为校准级。按级使用时各级量块的长度极限偏差和长度变动量允许值见表 3—1。

表 3—1　各级量块测量面上任意点的长度极限偏差和长度变动量允许值

标称长度 ln/mm	k 级		0 级		1 级		2 级		3 级	
	长度极限偏差	长度变动量	长度极限偏差	长度变动量	长度极限偏差	长度变动量	长度极限偏差	长度变动量	长度极限偏差	长度变动量
$ln \leqslant 10$	±0.20	0.05	±0.12	0.10	±0.20	0.16	±0.45	0.30	±1.0	0.50
$10 < ln \leqslant 25$	±0.30	0.05	±0.14	0.10	±0.30	0.16	±0.60	0.30	±1.2	0.50
$25 < ln \leqslant 50$	±0.40	0.06	±0.20	0.10	±0.40	0.18	±0.80	0.30	±1.6	0.55
$50 < ln \leqslant 75$	±0.60	0.07	±0.25	0.12	±0.50	0.18	±1.00	0.35	±2.0	0.55
$75 < ln \leqslant 100$	±0.80	0.08	±0.30	0.14	±0.60	0.20	±1.2	0.35	±2.5	0.60
$100 < ln \leqslant 150$	±0.80	0.08	±0.40	0.14	±0.80	0.20	±1.6	0.40	±3.0	0.65
$150 < ln \leqslant 200$	±1.00	0.09	±0.50	0.16	±1.00	0.25	±2.0	0.40	±4.0	0.70
⋮	⋮	⋮	⋮	⋮	⋮	⋮	⋮	⋮	⋮	⋮
$900 < ln \leqslant 1000$	±4.20	0.25	±2.00	0.40	±4.2	0.60	±8.0	1.00	±17.0	1.50

　　注：距离测量面边缘 0.8 mm 范围内不计。

　　量块按检定精度分为 1 等、2 等、3 等、4 等和 5 等，其中 1 等精度最高，5 等精度最低。按等使用时各等量块长度测量不确定度和长度变动量允许值见表 3—2。

表 3－2　各等量块长度测量不确定度和长度变动量允许值

标称长度 ln/mm	1 等		2 等		3 等		4 等		5 等	
	测量不确定度	长度变动量	测量不确定度	长度变动量	测量不确定度	长度变动量	测量不确定度	长度变动量	测量不确定度	长度变动量
ln≤10	0.022	0.05	0.06	0.10	0.11	0.16	0.22	0.30	0.6	0.50
10<ln≤25	0.025	0.05	0.07	0.10	0.12	0.16	0.25	0.30	0.6	0.50
25<ln≤50	0.030	0.06	0.08	0.10	0.15	0.18	0.30	0.30	0.8	0.55
50<ln≤75	0.035	0.06	0.09	0.12	0.18	0.18	0.35	0.35	0.9	0.55
75<ln≤100	0.040	0.07	0.10	0.14	0.20	0.20	0.40	0.35	1.0	0.60
100<ln≤150	0.05	0.08	0.12	0.14	0.25	0.20	0.5	0.40	1.2	0.65
150<ln≤200	0.06	0.09	0.15	0.16	0.30	0.25	0.6	0.40	1.5	0.70
⋮	⋮	⋮	⋮	⋮	⋮	⋮	⋮	⋮	⋮	⋮
900<ln≤1000	0.22	0.25	0.66	0.40	1.1	0.60	2.2	1.00	5.5	1.50

注：1. 距离测量面边缘 0.8 mm 范围内不计。2. 表内测量不确定度置信概率为 0.99。

量块按级使用时，应以量块的标称长度为工作尺寸，该尺寸包含了制造误差。量块按等使用时，应以检定所得的量块中心长度实际尺寸为工作尺寸，该尺寸不含制造误差，但含检定时的测量误差。一般来说，量块按等使用比按级使用的精度高。

为了能用较少数的量块组合成所需的尺寸，量块按一定的尺寸系列成套生产。量块系列有 91 块、46 块、38 块、10 块等 17 套。

由于量块测量面的平面度误差和表面粗糙度均很小，所以当测量面上有一层极薄的油膜时，两个量块的测量面相互接触，在不大的压力下做切向相对滑动，就能使两个量块黏附在一起，于是就可以用不同尺寸的量块组合成所需要的尺寸。为了减少量块的组合误差，保证测量精度，应尽量减少量块的数目，一般不应超过 4 块，并使各量块的中心长度在一条直线上。实际组合时，应从消去所需尺寸的最小尾数开始，每选一块量块应至少减少所需尺寸的一位小数。

例如：用 83 块一套的量块组成尺寸 33.625 mm，如图 3－2（b）所示，其组合方法如下：

量块组的尺寸	33.625	
第一块量块的尺寸	－ 1.005	（尺寸 1.005）
剩余尺寸	32.62	
第二块量块的尺寸	－ 1.02	（间隔 0.01）
剩余尺寸	31.6	
第三块量块的尺寸	－ 1.6	（间隔 0.5）
剩余尺寸（即第四块量块的尺寸）	30	（间隔 10）

3.1.5　计量器具和测量方法的分类

1. 计量器具的分类

计量器具按其测量原理、结构特点和用途可分为以下四类：

（1）基准器具。

基准器具是用来调整和校对一些计量器具或作为标准尺寸进行比较测量的器具，又分为定值基准器具（如量块和角度块等）和变值基准器具（如线纹尺等）。

（2）极限量规。

极限量规是一种没有刻度的用于检验零件尺寸和几何误差的专用计量器具。它只能用来判断被测几何量是否合格，不能得到被测几何量的具体数值。如光滑极限量规、螺纹量规等。

（3）检验夹具。

检验夹具也是一种专用计量器具，它与有关计量器具配合使用，可方便、快速地测得零件的几个几何参数。如检验滚动轴承的专用检验夹具可同时测量内、外圈尺寸和径向与端面圆跳动误差等。

（4）通用计量器具。

通用计量器具是指能将被测几何量的量值转换成可直接观测的指示值或等效信息的器具。按工作原理不同，通用计量器具可分为以下类别：

①游标器具：如游标卡尺；

②微动螺旋量具：如外径千分尺和内径千分尺等；

③机械比较仪：用机械传动方法实现信息转换的量仪，如齿轮杠杆比较仪、扭簧比较仪等；

④光学量仪：用光学方法实现信息转换的量仪，如光学比较仪、工具显微镜、投影仪和光波干涉仪等；

⑤电动量仪：将原始信息转换成电路参数的量仪，如电感测微仪、电容测微仪和轮廓仪等；

⑥气动量仪：通过气动系统流量或压力的变化来实现原始信息转换的量仪，如游标式气动量仪、薄膜式气动量仪和波纹管式气动量仪等。

⑦微机化量仪：在微机系统控制下可实现数据的自动采集、自动处理、自动显示和打印测量结果的机电一体化量仪，如电脑圆度仪、电脑形位误差测量仪和电脑表面粗糙度测量仪等。

2. 计量器具的技术性能指标

（1）刻度间距：刻度尺或刻度盘上相邻两刻线中心线间的距离。为便于目力估读一个分度值的小数部分，一般将刻度间距取为 1~2.5 mm。

（2）分度值：又称为刻度值，是指刻度尺或刻度盘上每一刻度间距所代表的量值。几何量计量器具的常用分度值有 0.1 mm、0.05 mm、0.02 mm、0.01 mm、0.002 mm 和 0.001 mm。

（3）示值范围：由计量器具所显示或指示的最低值到最高值的范围。例如，机械比较仪的示值范围为±0.1 mm。

（4）测量范围：在允许误差限内计量器具所能测量的最小和最大被测量值的范围。例如，某千分尺的测量范围为 50～75 mm。

（5）灵敏度和放大比：计量器具对被测量变化的反应能力。对于一般长度计量器具，灵敏度又称为放大比。对于具有等分刻度的刻度尺或刻度盘的量仪，放大比 K 等于刻度间距 a 与分度值 i 之比，即

$$K = \frac{a}{i} \tag{3-3}$$

（6）灵敏限：引起计量器具示值可察觉变化的被测量的最小变化值。它表示量仪反映被测量微小变化的能力。

（7）测量力：在测量过程中计量器具与被测表面之间的接触力。在接触测量时，测量力可保证接触可靠，但过大的测量力会使量仪和被测零件变形和磨损，而测量力的变化会使示值不稳定，影响测量精度。

（8）示值误差：测量仪器的示值与被测量真值之差。

（9）示值变动：在测量条件不变的情况下，对同一被测量进行多次重复测量（一般 5～10 次）时，各测得值的最大差值。

（10）回程误差：在相同条件下对同一被测量进行往、返两个方向测量时，测量示值的变化范围。

（11）修正值：为了消除或减少系统误差，用代数法加到未修正测量结果上的数值。修正值等于示值误差的负值。例如，若示值误差为−0.003 mm，则修正值为+0.003 mm。

（12）测量不确定度：由于测量误差的影响而使测量结果不能肯定的程度。不确定度用误差界限来表示。

3. 测量方法的种类及特点

测量方法是指测量原理、测量器具、测量条件的总和。但在实际工作中，往往从获得测量结果的方式来划分测量方法的种类。

（1）按计量器具的示值是否是被测量的全值，可分为绝对测量和相对测量。

①绝对测量：计量器具的示值就是被测量的全值。例如，用游标卡尺、千分尺测量轴、孔的直径就属于绝对测量。

②相对测量：又称为比较测量，指计量器具的示值只表示被测量相对于已知标准量的偏差值，而被测量为已知标准量与该偏差值的代数和。例如，用比较仪测量轴的直径尺寸，首先用与被测轴径的公称尺寸相同的量块将比较仪调零，然后换上被测轴，测得被测直径相对于量块的偏差值，该偏差值与量块尺寸的代数和就是被测轴直径的实际尺寸。

（2）按实测量是否是被测量，可分为直接测量和间接测量。

①直接测量：无须对被测量与其他实测量进行函数关系的辅助计算，而直接测得被测量值的测量方法。例如，用外径千分尺测量轴的直径就属于直接测量。

②间接测量：实测量与被测量之间有已知函数关系，由实测量值经过计算求得被测量值的测量方法。例如，采用弓高弦长法间接测量圆弧样板半径 R，只要测得弓高 h 和弦长 b 的量值，然后按照有关公式［式（3-4）］进行计算，就可获得圆弧样板半径 R 的量

值，如图 3-4 所示。这种方法属于间接测量。

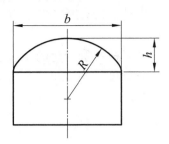

图 3-4　弓高弦长法测量圆弧样板半径

$$R = \frac{b^2}{8h} + \frac{h}{2} \qquad\qquad (3-4)$$

（3）按零件上是否同时测量多个被测量，分为单项测量和综合测量。

①单项测量：对被测量分别进行的测量。例如，在工具显微镜上分别测量中径、螺距和牙型半角的实际值。

②综合测量：对零件上一些相关联的几何参数误差的综合结果进行测量。例如齿轮的综合偏差的测量。

（4）按被测工件表面与计量器具的测头之间是否接触，可分为接触测量和非接触测量。

①接触测量：计量器具的测头与被测表面相接触，并有机械作用的测量力的测量。例如，用比较仪测量轴径。

②非接触测量：计量器具的测头与被测表面不接触，因而不存在机械作用的测量力的测量。例如，用光切显微镜测量表面粗糙度。

（5）按测量结果对工艺过程所起的作用，可分为被动测量和主动测量。

①被动测量：对完工零件进行的测量。测量结果用于发现并剔除不合格品。

②主动测量：在零件加工过程中所进行的测量。此时测量结果可直接用来控制加工过程，以防止废品的产生。例如，在磨削滚动轴承内、外圈的外、内滚道过程中，测量头测量磨削直径尺寸。当达到尺寸合格范围时，则停止磨削。

（6）按被测零件在测量中所处的状态，可分为静态测量和动态测量。

①静态测量：在测量时，被测表面与测头相对静止的测量。例如，用千分尺测量零件的直径。

②动态测量：在测量时，被测表面与测头之间有相对运动的测量。它能反映被测参数的变化过程。例如，用电动轮廓仪测量表面粗糙度。

主动测量和动态测量是测量技术的主要发展方向：前者能将加工和测量紧密结合起来，从根本上改变测量技术的被动局面；后者能较大地提高测量效率和保证零件的质量。

3.1.6　前沿测量技术简介

1. 超分辨率荧光显微技术

超分辨率荧光显微技术从原理上打破了原有的光学远场衍射极限对光学系统分辨率的限制，在荧光分子帮助下能够超过光学分辨率的极限，达到纳米级分辨率，在生命科学、化学和医学等多个学科领域有广泛的应用。

（1）什么是超分辨率荧光显微技术？

人眼一般能看见直径最小约为 0.1 mm 的物体，而生物细胞的直径平均约为 0.02 mm，所以对生物微观世界的观察需要使用光学显微镜。光学显微技术有很多优点，不但能放大微观世界，而且对样品没有损害，并且可以特异地观察目标对象。然而，光学显微镜的分辨率是有限的。由于光的衍射，即使一个无限小的光点在通过透镜成像时也会形成一个弥散图案，称为艾里斑。这样当两个物点相距较近时，其弥散斑可能很近，以致无法区分。1873 年，德国科学家恩斯特·阿贝（Ernst Abbe）提出，光学显微镜存在分辨率极限，并给出计算公式，即阿贝极限公式。根据阿贝极限公式，光学显微镜的分辨率约为检测光波长的一半（200～350 nm）。超分辨率荧光显微技术通过一系列物理原理和化学机制"打破"了这一极限，把光学显微镜的分辨率提高了几十倍，能让我们以前所未有的视角观察生物微观世界。这种特性一般是通过荧光显微技术实现的。

（2）为什么生物学研究需要超分辨率荧光显微技术？

很多亚细胞结构都在微米到纳米尺度，衍射极限的存在限制了我们使用光学显微镜观察这些生物样品。比如细胞的骨架蛋白微丝非常密集，在荧光显微镜下其图像非常模糊，无法看到细节，而电子显微镜的分辨率可以达到 1 nm 左右，可以非常清楚地呈现细胞骨架的细节。然而电子显微镜几乎不能做活的样品，特异性也没有荧光显微镜好。因此，发展超分辨率荧光显微技术对生物学研究意义非常重大。

目前，超分辨率荧光显微技术可以分为三类：受激发射损耗技术、单荧光分子技术和结构光照明技术。

① 受激发射损耗（stimulated emission depletion，STED）技术，其工作原理如图 3－5 所示。该技术利用了类似于产生激光的受激辐射原理，将一束形似于面包圈的激光光斑套在用于激发荧光的激光光斑外，这个面包圈激光可以抑制其区域内荧光分子发出荧光，这样通过不断缩小面包圈的孔径就可以获得小于衍射极限的荧光发光点，并通过扫描实现超分辨率的图像，将光学显微镜的分辨率提高 10 倍左右。

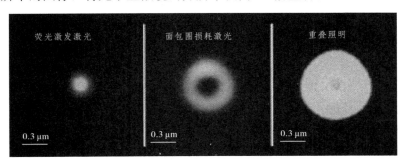

图 3－5　受激发射损耗技术工作原理

② 单荧光分子技术是用受控的激光脉冲去照射荧光分子使其发光，由于激光脉冲很微弱，仅有一部分荧光分子发光，而且这些荧光分子的数量少，单个荧光分子成像后也是一个 $0.2\ \mu m$ 的艾里斑，它们之间的间距都大于 $0.2\ \mu m$ 的阿贝极限，艾里斑的中心位置可以被精确地确定下来，这就好比一座山峰直径很大，但是峰顶的位置却能轻松地测量。在一定条件下，单个荧光分子的定位精度能达到 $1\ nm$，这是超分辨率显微镜的基础。这样，控制激光脉冲再"点亮"其他位置新的荧光分子，同样，只有一小部分荧光分子发光，从而得到一幅新的图像。如此重复下去，把多张图片叠加在一起形成一幅超高分辨率图像。这种"以时间换空间"的思路非常巧妙，把荧光成像的分辨率提高了 20 倍左右，如图 3—6 所示。图 3—7 是溶酶体膜在不同显微镜下的成像结果。单荧光分子显微成像较传统光学显微成像分辨率显著提高，可以看清楚溶酶体膜的细节。

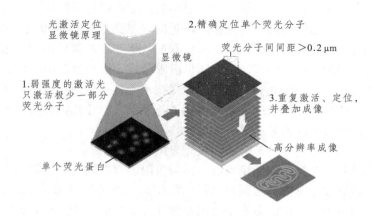

图 3—6　单荧光分子技术工作原理

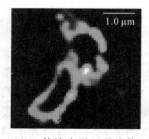 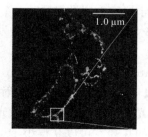 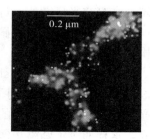

（a）传统光学显微成像　　（b）单荧光分子显微成像　　（c）放大的单荧光分子显微成像
图 3—7　溶酶体膜在不同显微镜下的成像结果

③基于结构光照明原理的超高分辨率技术是美国科学家麦茨·古塔弗森（Mats Gustafsson）在 2000 年发明的，非常适合于细胞研究，但分辨率只提高了一倍。这个技术基于两个高空间频率的图案重叠可以形成低频莫尔条纹的原理，通过解析莫尔条纹实现超高分辨率成像。

2. 激光干涉引力波天文台

激光干涉引力波天文台（laser interferometer gravitational-wave observatory，LIGO）是借助激光干涉仪来"聆听"来自宇宙深处引力波的大型研究仪器，是当今全世界最大、最灵敏的激光干涉仪。

（1）什么是引力波？

引力波的实质是物体加速运动时给时空带来的扰动，是空间弯曲的动态传播。做一个比喻：就如平静的水面突然掉进了一块石头，水波会一层层荡漾开去，水面的变化以波动的形式传向四方。类似的，相互绕转天体造成的空间变化也会向各个方向传播开来，这种由引力场变化造成的空间波动就是引力波。

（2）研究引力波有什么实际意义？

利用引力波我们可以看到宇宙的最早期宇宙大爆炸之后的 1.0×10^{-36} s 开始的宇宙形成过程，而对于电磁波而言，它最早只能看到宇宙大爆炸大约 30 万年之后的宇宙历史，在此之前的时间历程电磁波是不能提供的，所以引力波是我们了解宇宙形成最好的工具。

黑洞合并、脉冲星和中子星自转以及超新星爆发和坍缩等都可以产生引力波，因此，引力波可以成为研究黑洞的手段，黑洞性质的研究对于我们认识宇宙有着深刻的意义。

引力波的本质是时空的涟漪，引力波的强度由无量纲量 h 表示，其物理意义是引力波引起的时空畸变与平直时空度规之比，引力波的强度又称为应变。说得通俗一点，这个应变就是长度的变化除以长度，它在任何给定时刻是一个常数，它在扩张方向上是正的，在收缩方向上是负的。宇宙中最强大的物理过程（黑洞融合），到达地球时的 h 为 10^{-21}，要测量这么微小的一个空间畸变，用一个直观形象的数据来解释：这样一个测量精度等同于要在地球到比邻星（距地球 3.2 光年）的距离上测出小于头发丝直径的距离变化，这需要人类历史上最精密、最灵敏的探测装置——激光干涉引力波天文台。

（3）引力波的探测。

探测引力波的基本原理是迈克尔逊干涉仪原理。20 世纪 70 年代，美国麻省理工学院的韦斯和马里布休斯实验室的佛瓦德分别建造了引力波激光干涉仪。引力波激光干涉仪的工作原理如图 3-8 所示。

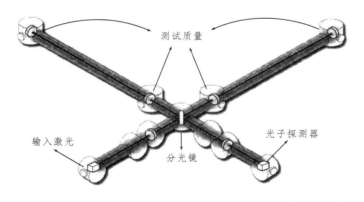

图 3-8　引力波激光干涉仪的工作原理

引力波激光干涉仪的基本思想如下：

四个测试质量被悬挂在天花板上，一束单色、频率稳定的激光从激光器发出，在分光镜上被分为强度相等的两束，一束经分光镜反射进入干涉仪的 X 臂，另一束透过分光镜进入与其垂直的 Y 臂。经过末端测试质量反射，两束光返回，并在分光镜上重新相遇，产生干涉。我们可以通过调整 X 臂和 Y 臂的长度，控制两束光是相消的，此时光子探测器上没有光信号。当有引力波从垂直于天花板的方向进入后，会对两臂中的一臂拉伸，另一臂压缩，从而两束光的光程差发生了变化，原先相干相消的条件被破坏，探测器端的光强就会有变化，以此得到引力波信号。激光干涉仪可以探测一定频率范围内的引力波信号，其臂长可以做得很长，地面引力波干涉仪的臂长一般在千米量级。比如，位于美国路易斯安那州利文斯顿臂长为 4 km 的 LIGO（如图 3-9 所示），位于美国华盛顿州汉福德臂长为 4 km 的 LIGO（如图 3-10 所示），位于意大利比萨附近臂长为 3 km 的 VIRGO，位于德国汉诺威臂长为 600 m 的 GEO，日本东京国家天文台臂长为 300 m 的 TAMA300 等。

图 3-9　美国路易斯安那州利文斯顿的 LIGO

图 3-10　美国华盛顿州汉福德的 LIGO

3.2　测量误差及数据处理

本节介绍测量误差的基本概念、测量误差的来源、测量误差的种类及特性和测量数据的处理等内容。

3.2.1　概述

1. 测量误差的基本概念

测量误差是指测得值与被测量的真值之差。受计量器具本身误差以及测量方法和测量条件的限制，任何一次测量结果都不可能是被测量的真值。由于测量真值不可知，故在实际测量中，常用相对真值或不存在系统误差情况下的算术平均值来代替真值。例如，用量块检定千分尺时，对千分尺的示值来说，量块的尺寸就可作为约定真值。

测量误差可用绝对误差和相对误差来表示。

（1）绝对误差。

绝对误差 δ 是指被测量的实际值 x 与其真值 x_0 之差，即

$$\delta = x - x_0 \tag{3-5}$$

绝对误差是代数值，即它可能是正值、负值或零。

例如，用外径千分尺测量某轴的直径，若测得的实际直径为 35.025 mm，而用高精度量仪测得的结果为 35.022 mm（可看作是测量值的算术平均值或约定真值），则用千分

尺测得的实际直径值的绝对误差为

$$\delta = (35.025 - 35.022)\ \text{mm} = 0.003\ \text{mm}$$

（2）相对误差。

相对误差 ε 是指绝对误差的绝对值 $|\delta|$ 与被测量的真值 x_0（或用测量值的算术平均值 $\bar{x}$ 代替真值）之比，即

$$\varepsilon = \frac{|\delta|}{x_0} \times 100\% \approx \frac{|\delta|}{\bar{x}} \times 100\% \qquad (3-6)$$

上例中相对误差为

$$\varepsilon = \frac{0.003}{35.022} \times 100\% = 0.0086\%$$

当被测量的大小相同时，可用绝对误差的大小来比较测量精度的高低。而当被测量的大小不同时，则用相对误差的大小来比较测量精度的高低。例如，有 (100 ± 0.008) mm 和 (80 ± 0.007) mm 两个测量结果。倘若用绝对误差进行比较，则无法判断测量精度高低，这就需用相对误差来比较。

$$\varepsilon_1 = \frac{0.008}{100} \times 100\% = 0.008\%$$

$$\varepsilon_2 = \frac{0.007}{80} \times 100\% = 0.00875\%$$

可见，前者的测量精度较后者高。

在长度测量中，相对误差应用较少，通常所说的测量误差指绝对误差。

2. 测量误差的来源

测量误差主要是由计量器具误差、测量方法误差、环境条件误差和人为误差等造成的。测量误差不可避免，但可根据产生的原因和影响规律，设法消除或减小误差对测量结果的影响。

（1）计量器具误差。

计量器具误差是指计量器具本身所具有的误差。计量器具误差的来源十分复杂，它与计量器具的结构设计、制造和安装调试等许多因素有关，其主要来源如下：

①基准件误差：任何计量器具都有用于比较的基准，而作为基准的已知量也不可避免地存在误差，这种误差称为基准件误差。例如，线纹尺的刻线误差、分度盘的分度误差、量块长度的极限偏差等。

显然，基准件误差将直接反映到测量结果中，它是计量器具的主要误差来源。例如，在立式光学比较仪上用 2 级量块作基准测量 $\phi25$ mm 的零件时，由于量块制造误差（$\pm0.6\ \mu m$），测得值中就有可能带入 $\pm0.6\ \mu m$ 的测量误差。

②原理误差：在设计计量器具时，为了简化结构，有时采用近似设计，用近似机构代替理论要求的机构而产生测量误差，或者设计的器具在结构布置上未能保证将被测长度与标准长度安置在同一直线上，不符合阿贝原则而引起阿贝误差，这些都会产生测量误差。再如，在机械杠杆比较仪中，测杆的直线位移与指针的角位移不成正比，但表盘标尺却采

用等分间距,会引起测量误差等。在这种情况下,即使计量器具制造得绝对正确,仍然会有测量误差,故称为原理误差。当然,这种设计带来的固有误差通常是较小的,否则这种设计便不能采用。

在几何量计量中有两个重要的测量原则,即长度测量中的阿贝原则和圆周分度测量中的圆周封闭原则。

a. 阿贝原则是指在长度测量中,使测量误差最小应将标准量安放在被测量的延长线上。也就是说,量具或仪器的标准量系统和被测尺寸应按串联的形式排列。

例如:游标卡尺的结构不符合阿贝原则,如图 3−11 所示,用游标卡尺测量轴的直径时,被测长度与卡尺刻线上的基准长度平行相距 S,在测量过程中,若卡尺活动爪倾斜角度 ϕ,则产生的测量误差 δ 按下式计算:

$$\delta = x - x' = S\tan\phi \approx S\phi \qquad (3-7)$$

式中:x—应测量的长度;x'—实际测量的长度。

假设 $S = 30$ mm,$\phi = 1' \approx 0.0003$ rad,由于卡尺结构不符合阿贝原则所产生的测量误差 $\delta = 30$ mm $\times 0.0003 = 0.009$ mm $= 9$ μm。

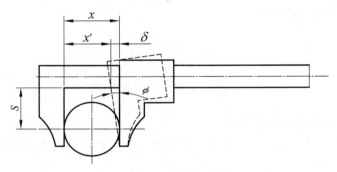

图 3−11 游标卡尺测量轴径

b. 圆周封闭原则是指对于圆周分度器件(如刻度盘、圆柱齿轮等)的测量,利用"在同一圆周上所有夹角之和等于 360°,亦即所有夹角误差之和等于零"的这一自然封闭特性。

③制造误差:计量器具在制造过程中必然产生误差。例如,传递系统零件制造不准确引起的放大比误差;线纹尺划线不准引起的刻线误差;机构间隙引起的误差;千分尺测微螺杆的螺距制造误差,使千分表刻度盘的刻度中心与指针回转中心不重合而引起的偏心误差。

④测量力引起的误差:在接触测量中,测量力的存在使被测零件和量仪产生弹性变形(包括接触变形、结构变形、支承变形),这种变形量虽不大,但在精密测量中就需要加以考虑。由于测头形状、零件表面形状和材料不同,因测量力而引起的压陷量也不同。

(2)测量方法误差。

测量方法误差是指采用近似测量方法或测量方法不当而引起的测量误差。

例如,用 π 尺测量大型零件的外径,是先测量圆周长 S,然后按 $d = S/\pi$ 计算出直径,按此式算得的是平均直径,当被测截面轮廓存在较大的椭圆形状误差时,可能出现最大和最小实际直径已超差但平均直径仍合格的情况,从而做出错误的判断;而由于无理数

π 选取近似值的不同，也会引入一个相应的测量误差。再如，测量圆柱表面的素线直线度误差代替测量轴线直线度误差等。

（3）环境条件误差。

环境条件误差是指测量时的环境条件不符合标准条件而引起的测量误差。测量环境的温度、湿度、气压、振动和灰尘等都会引起测量误差。在影响测量误差的诸因素中，温度的影响是主要的，其余因素一般在精密测量时才予以考虑。

在长度测量中，特别是在测量大尺寸零件时，温度的影响尤为明显。当温度变化时，由于被测件、量仪和基准件的材料不同，其线膨胀系数也不同，测量时的温度偏离标准温度（20℃）所引起的测量误差 ΔL 可按下式计算：

$$\Delta L = L\left[\alpha_2(t_2-20)-\alpha_1(t_1-20)\right] \tag{3-8}$$

式中：L—被测长度尺寸，mm；α_1—标准件的线膨胀系数，$10^{-6}/℃$；α_2—被测件的线膨胀系数，$10^{-6}/℃$；t_1—标准件的实际温度，℃；t_2—被测件的实际温度，℃。

式（3-8）也可变换为

$$\Delta L = L\left[(\alpha_2-\alpha_1)(t_2-20)+\alpha_1(t_2-t_1)\right] \tag{3-9}$$

式（3-9）表明，当标准件和被测件的线膨胀系数相同时，只要使两者在测量时的实际温度相同，即使偏离标准温度，也不存在温度引起的测量误差。

由温度变化和被测零件与测量器具的温差引起的未定系统误差可按随机误差处理，由下式计算：

$$\Delta_{\lim} = L\sqrt{(\alpha_2-\alpha_1)^2\Delta t_2^2+\alpha_1^2(t_2-t_1)^2} \tag{3-10}$$

式中：L—被测长度尺寸，mm；α_1—标准件的线膨胀系数，$10^{-6}/℃$；α_2—被测件的线膨胀系数，$10^{-6}/℃$；Δt_2—测量温度（环境温度）的最大变化量，℃；t_2-t_1—被测件与标准件的极限温度差，℃。

为了减少温度引起的测量误差，应尽量使测量时的实际温度接近标准温度，或进行等精度处理，也可按式（3-8）的计算结果，对测得值进行修正。

（4）人为误差。

人为误差常指测量者的估计判断误差、眼睛分辨能力误差、斜视误差等。

3.2.2　测量误差的种类及特性

为了提高测量精度、减少测量误差，必须了解和掌握测量误差的性质及其规律。根据误差的性质和出现的规律，可以将测量误差分为系统误差、随机误差和粗大误差。

1. 系统误差及其消除方法

系统误差是指在一定的测量条件下，对同一被测量进行多次重复测量时，误差的绝对值和符号保持不变或按一定规律变化的测量误差。前者称为定值（已定）系统误差，后者称为变值（未定）系统误差。例如，在光学比较仪上用相对测量法测量轴的直径时，按量块的标称尺寸调整光学比较仪的零点，由量块的制造误差引起的测量误差就是定值系统误差。千分表指针的回转中心与刻度盘上各条刻线的中心之间的偏心所引起的按正弦规律周期变化的示值误差，以及长度测量中温度的均匀变化所引起的按线性规律变化的测量误差，都是变值系统误差。

对于定值系统误差，可用不等精度测量法来发现。

对于变值系统误差，可根据它对测得值残差的影响，用残差观察法来发现。即将各测得值的残差按测量顺序排列，若各残差大体上正、负相间，又无显著变化［图 3－12（a）］，则可认为不存在变值系统误差；若各残差大体上按线性规律递增或递减［图 3－12（b）］，则可认为存在线性变值系统误差；若各残差的变化基本上呈周期性［图 3－12（c）］，则可认为存在周期性变值系统误差。图中，n 表示样本序号，v 表示样本对应的残差。

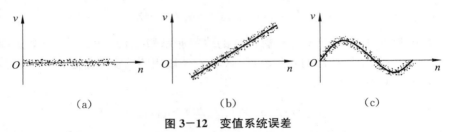

（a）   （b）   （c）

图 3－12　变值系统误差

在测量过程中应尽量消除或减小系统误差，以提高测量结果的准确度。消除系统误差有以下方法：

（1）从产生误差的根源上消除系统误差。要求测量人员对测量过程中可能产生系统误差的各个环节做仔细的分析，并在测量前将系统误差从产生根源上加以消除。

（2）用修正法消除系统误差。预先将计量器具的系统误差检定或计算出来，然后用测得值减去系统误差，即可得到不包含系统误差的测量结果。

（3）用抵消法消除定值系统误差。在对称位置上分别测量一次，使这两次测量中读数出现的系统误差大小相等、符号相反，取两次测量的平均值作为测量结果，即可消除定值系统误差。

（4）用半周期法消除周期性系统误差。周期性系统误差可每隔半个周期测量一次，以两次测量的平均值作为一个测得值，即可有效消除周期性系统误差。

2．随机误差的特性与评定

随机误差是指在一定的测量条件下，对同一被测量连续多次测量时，绝对值和符号以不可预知的方式变化的误差。对于随机误差，虽然每一次测量所产生的误差的绝对值和符号不能预料，但是以足够多的次数重复测量，随机误差的总体服从一定的统计规律。

随机误差是由测量过程中未加控制又不起显著作用的多种随机因素引起的。这些随机因素包括温度的波动、测量力的变动、量仪中油膜的变化、传动件的摩擦力变化以及读数时的视差等。

随机误差是难以消除的，但可用概率论和数理统计的方法估算随机误差对测量结果的影响程度，并通过对测量数据的适当处理减小其对测量结果的影响。

如进行以下实验，在某一条件下对某个工件的同一部位用同一方法进行 150 次重复测量，得到 150 个测得值，这一系列测得值通常称为测量列。为了描述随机误差的分布规律，假设测得值中的系统误差已消除，同时也不存在粗大误差。然后将 150 个测得值按尺寸的大小分为 11 组，每组间隔 $\Delta x = 0.001$ mm，统计出每组的频数（工件尺寸出现的次数）n_i，计算出每组的频率 n_i/n（频数 n_i 与测量次数 n 之比），列于表 3-3。

表 3-3　测量数据统计表

组号	测得值分组区间/mm	区间中心值/mm	频数 n_i	频率 n_i/n
1	7.1305~7.1315	$x_1 = 7.131$	$n_1 = 1$	0.007
2	>7.1315~7.1325	$x_2 = 7.132$	$n_2 = 3$	0.020
3	>7.1325~7.1335	$x_3 = 7.133$	$n_3 = 8$	0.053
4	>7.1335~7.1345	$x_4 = 7.134$	$n_4 = 18$	0.120
5	>7.1345~7.1355	$x_5 = 7.135$	$n_5 = 28$	0.187
6	>7.1355~7.1365	$x_6 = 7.136$	$n_6 = 34$	0.227
7	>7.1365~7.1375	$x_7 = 7.137$	$n_7 = 29$	0.193
8	>7.1375~7.1385	$x_8 = 7.138$	$n_8 = 17$	0.113
9	>7.1385~7.1395	$x_9 = 7.139$	$n_9 = 9$	0.060
10	>7.1395~7.1405	$x_{10} = 7.140$	$n_{10} = 2$	0.013
11	>7.1405~7.1415	$x_{11} = 7.141$	$n_{11} = 1$	0.007
测得值的平均值：7.136		$n = \sum n_i = 150$	$\sum (n_i/n) = 1$	

再以测得值 x 为横坐标，以频率 n_i/n 为纵坐标，画出频率直方图。连接每个直方图上部中点，得到一条折线，称为实际分布曲线，如图 3-13（a）所示。若将上述测量次数 n 无限增大，而分组间隔 Δx 区间趋于无限小，则该折线就变成一条光滑的曲线，称为理论分布曲线。

如果横坐标用测量的随机误差 δ 代替测得尺寸 x，纵坐标用表示对应各随机误差的概率密度 y 代替频率 n_i/n，就得到随机误差的正态分布曲线，如图 3-13（b）所示。

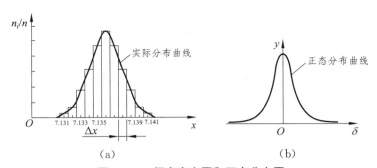

图 3-13　频率直方图和正态分布图

大量的观测实践表明，测量时的随机误差通常服从正态分布规律。正态分布的随机误差具有下列四个基本特性：

（1）单峰性：绝对值越小的误差出现的概率越大，反之出现的概率越小。

（2）离散性（或分散性）：误差的绝对值有大有小，误差有正有负，误差呈离散型分布。

（3）对称性：绝对值相等的正、负误差出现的概率相等，即 $\sum\limits_{i=1}^{\infty}\delta_i = 0$。

（4）有界性：在一定的测量条件下，随机误差的绝对值不会超出一定的界限。

随机误差除按正态分布外，也可能按其他规律分布，如等概率分布、三角形分布等。本章讨论的随机误差为服从正态分布的随机误差。

评定随机误差的特性时，通常以服从正态分布曲线的标准差作为评定指标。根据概率论，正态分布曲线的数学表达式为

$$y = \frac{1}{\sigma\sqrt{2\pi}}\mathrm{e}^{\frac{\delta^2}{2\sigma^2}} \tag{3-11}$$

式中：y—概率密度；σ—标准差；δ—随机误差。

由式（3-11）可知，概率密度 y 与随机误差 δ 及标准差 σ 有关。当 $\delta=0$ 时，概率密度最大，且有 $y_{max} = \frac{1}{\sigma\sqrt{2\pi}}$。概率密度的最大值 y_{max} 与标准差 σ 成反比。在图 3-14 中有三条不同标准差的正态分布曲线，即 $\sigma_1 < \sigma_2 < \sigma_3$，$y_{1max} > y_{2max} > y_{3max}$。标准差 σ 表示随机误差的离散（或分散）程度。可见，σ 越小，y_{max} 越大，分布曲线越陡峭，测得值越集中，即测量精度越高；反之，σ 越大，y_{max} 越小，分布曲线越平坦，测得值越分散，即测量精度越低。

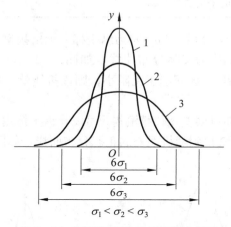

$$\sigma_1 < \sigma_2 < \sigma_3$$

图 3-14 不同标准差的正态分布曲线

按照误差理论，随机误差的标准差 σ 的计算公式为

$$\sigma = \sqrt{\frac{\sum\limits_{i=1}^{n}\delta_i^2}{n}} \tag{3-12}$$

式中：δ_i—各测得值的随机误差，$i=1,2,\cdots,n$；n—测量次数。

由概率论可知，全部随机误差的概率之和为 1，即

$$P = \int_{-\infty}^{+\infty}y\mathrm{d}\delta = \frac{1}{\sigma\sqrt{2\pi}}\int_{-\infty}^{+\infty}\mathrm{e}^{\frac{\delta^2}{2\sigma^2}}\mathrm{d}\delta = 1$$

随机误差出现在区间 $(-\delta, +\delta)$ 内的概率为

$$P = \frac{1}{\sigma\sqrt{2\pi}} \int_{-\delta}^{+\delta} \mathrm{e}^{-\frac{\delta^2}{2\sigma^2}} \mathrm{d}\delta$$

若令 $t = \dfrac{\delta}{\sigma}$，则 $\mathrm{d}t = \dfrac{\mathrm{d}\delta}{\sigma}$，于是有

$$P = \frac{1}{\sqrt{2\pi}} \int_{-t}^{+t} \mathrm{e}^{-\frac{t^2}{2}} \mathrm{d}t = \frac{2}{\sqrt{2\pi}} \int_{0}^{+t} \mathrm{e}^{-\frac{t^2}{2}} \mathrm{d}t = 2\varphi(t)$$

式中：$\varphi(t) = \dfrac{1}{\sqrt{2\pi}} \displaystyle\int_{0}^{+t} \mathrm{e}^{-\frac{t^2}{2}} \mathrm{d}t$，称为拉普拉斯函数。

当已知 t 时，在拉普拉斯函数表中可查得函数 $\varphi(t)$ 的值。例如：

当 $t = 1$，即 $\delta = \pm\sigma$ 时，$2\varphi(t) = 68.27\%$；

当 $t = 2$，即 $\delta = \pm 2\sigma$ 时，$2\varphi(t) = 95.44\%$；

当 $t = 3$，即 $\delta = \pm 3\sigma$ 时，$2\varphi(t) = 99.73\%$。

由于超出 $\pm 3\sigma$ 范围的随机误差的概率仅为 0.27%，因此，可将随机误差的极限值取作 $\pm 3\sigma$，并记为 $\Delta_{\lim} = \pm 3\sigma$，如图 3-15 所示。

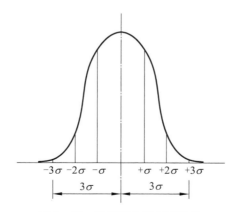

图 3-15　随机误差的极限误差

在式（3-12）中，随机误差 δ_i 是指消除系统误差后的各测得值 x_i 与其真值 x_0 之差，即

$$\delta_i = x_i - x_0, \ i = 1, 2, \cdots, n \tag{3-13}$$

但在实际测量工作中，被测量的真值 x_0 是未知的，当然 δ_i 也是未知的，因此无法根据式（3-12）求得标准差 σ。

在消除系统误差的条件下对被测量进行等精度、有限次的测量，若测量列为 x_1，$x_2, \cdots, x_n$，则其算术平均值为

$$\bar{x} = \frac{1}{n} \sum_{i=1}^{n} x_i \tag{3-14}$$

式中：$\bar{x}$——被测量真值 x_0 的最佳估计值。

测得值 x_i 与算术平均值 $\bar{x}$ 之差称为残余误差（简称残差），并记作

$$v_i = x_i - \bar{x}, \ i = 1, 2, \cdots, n \tag{3-15}$$

由于随机误差 δ_i 是未知的，所以在实际应用中，采用贝塞尔（Bessel）公式计算标准差的估计值，即

$$\sigma = \sqrt{\dfrac{\sum\limits_{i=1}^{n} v_i^2}{n-1}} \tag{3-16}$$

按式（3-16）估计出 σ 后，若只考虑随机误差的影响，则单次测量结果可表示为

$$x = x_i \pm 3\sigma \tag{3-17}$$

这表明，单次测量值在 $[x_i - 3\sigma, x_i + 3\sigma]$ 内的概率为 99.73%。

若在相同条件下对同一被测量值重复进行若干组的 n 次测量，虽然每组 n 次测量的算术平均值也不会完全相同，但这些算术平均值的分布范围要比单次测量值（一组 n 次测量）的分布范围小得多。算术平均值 $\bar{x}$ 的分散程度可用算术平均值的标准差 $\sigma_{\bar{x}}$ 来表示，$\sigma_{\bar{x}}$ 与单次测量的标准差 σ 存在下列关系：

$$\sigma_{\bar{x}} = \dfrac{\sigma}{\sqrt{n}} \tag{3-18}$$

在正态分布情况下，测量列算术平均值的极限偏差可取作

$$\delta_{\lim\bar{x}} = \pm 3\sigma_{\bar{x}} \tag{3-19}$$

对应的置信概率为 99.73%。

3. 粗大误差及其剔除方法

粗大误差（简称粗差）又称为过失误差，指超出规定条件下预计的误差。粗大误差是由某些不正常的原因造成的。例如，测量者的粗心大意所造成的读数错误或记录错误，被测零件或计量器具的突然振动等。粗大误差会对测量结果产生严重的歪曲，因此要从测量数据中剔除。

判断是否存在粗大误差，可以随机误差的分布范围为依据，凡超出规定范围的误差，就可视为粗大误差。例如，对于服从正态分布的等精度多次测量结果，测得值的残差的绝对值超出 3σ 的概率仅为 0.27%，因此可按 3σ 准则剔除粗大误差。

3σ 准则又称为拉依达准则。对于服从正态分布的误差，应按公式（3-16）计算出标准差 σ 的估计值，然后用 3σ 作为准则来检查所有的残余误差 v_i。若 $v_i > 3\sigma$，则该残差为粗大误差，相对应的测量值应从测量列中剔除。然后将剔除了粗大误差的测量列重新按式（3-14）、式（3-15）和式（3-16）计算 σ，再用新计算出的残余误差进行判断，直到无粗大误差为止。

3.2.3　测量数据的处理

1. 直接测量数据的处理

在测得值中可能含有系统误差、随机误差和粗大误差，为了获得可靠的测量结果，应对这些测量数据进行处理。数据处理时应注意以下几方面：

①对于粗大误差应剔除。

②对于定值系统误差按代数和合成，即

$$\Delta_{\text{总,系}} = \sum_{i=1}^{n} \Delta_{i,\text{系}} \tag{3-20}$$

式中：$\Delta_{\text{总,系}}$——测量结果中的系统误差；$\Delta_{i,\text{系}}$——各误差来源的系统误差。

③对于服从正态分布、彼此独立的随机误差和未定系统误差按方和根法合成，即

$$\Delta_{\text{总,lim}} = \sqrt{\sum_{i=1}^{n} \Delta_{i,\text{lim}}^{2}} \tag{3-21}$$

式中：$\Delta_{\text{总,lim}}$——测量结果总的极限误差；$\Delta_{i,\text{lim}}$——各误差来源的极限误差。

（1）单次测量数据的处理。

例 3-1　用外径千分尺测量黄铜材料轴的直径，测得实际直径 $d_a = 40.115$ mm，千分尺的极限误差$\Delta_{1,\text{lim}} = 4$ μm，车间温度为（23±2.5）℃，测量时被测零件与千分尺的温度差不超过1℃，千分尺未调零，有+0.005 mm 的误差。已知千分尺材料的线膨胀系数$\alpha_1 = 11.5 \times 10^{-6}$/℃，被测零件黄铜的线膨胀系数 $\alpha_2 = 18 \times 10^{-6}$/℃，试求单次测量结果。

解：①确定各种误差。

已定系统误差（千分尺未调零而引起的误差）$\Delta_{1,\text{系}} = +5$ μm，温度引起的误差（偏离标准温度引起的误差）按式（3-8）计算，即

$$\begin{aligned}
\Delta_{2,\text{系}} &= L[\alpha_2(t_2 - 20) - \alpha_1(t_1 - 20)] \\
&= 40.115 \times [18 \times (23 - 20) - 11.5 \times (23 - 20)] \times 10^{-6} \\
&= +0.00078 \text{ mm} \approx +0.8 \text{ μm}
\end{aligned}$$

随机误差（千分尺的极限误差）$\Delta_{1,\text{lim}} = \pm 4$ μm。

未定系统误差（车间温度变化、被测零件与千分尺的温度差引起的误差）按式（3-10）计算，即

$$\begin{aligned}
\Delta_{2,\text{lim}} &= L\sqrt{(\alpha_2 - \alpha_1)^2 \Delta t_2^2 + \alpha_1^2 (t_2 - t_1)^2} \\
&= 40.115 \times \sqrt{(18 - 11.5)^2 \times 5^2 + 11.5^2 \times 1^2} \times 10^{-6} \\
&= +0.0014 \text{ mm} = +1.4 \text{ μm}
\end{aligned}$$

②将以上各项误差分别合成，得

$$\Delta_{\text{总,系}} = \Delta_{1,\text{系}} + \Delta_{2,\text{系}} = +5 + (+0.8) = +5.8 \text{ μm}$$

$$\Delta_{\text{总,lim}} = \sqrt{\Delta_{1,\text{lim}}^2 + \Delta_{2,\text{lim}}^2} = \sqrt{4^2 + 1.4^2} \approx 4.2 \text{ μm}$$

③计算单次测量结果。

$$d = (d_a - \Delta_{\text{总,系}}) \pm \Delta_{\text{总,lim}} = (40.115 - 0.0058) \pm 0.0042 \approx (40.109 \pm 0.004) \text{ mm}$$

即单次实测值位于区间 $[40.105, 40.113]$ 内的概率为 99.73%。

（2）多次测量数据的处理。

例 3-2　对某一零件同一部位进行多次重复测量，测量顺序和相应的测得值见表 3-4 的第 1 列和第 2 列，试求测得结果。

表 3-4　测量数据及其处理

测量顺序	x_i/mm	残差 $v_i/\mu\text{m}$	$v_i^2/\mu\text{m}^2$
1	29.955	−2	4
2	29.958	+1	1
3	29.957	0	0
4	29.958	+1	1
5	29.956	−1	1
6	29.957	0	0
7	29.958	+1	1
8	29.955	−2	4
9	29.957	0	0
10	29.959	+2	4
	$\bar{x} = \dfrac{1}{10}\sum\limits_{i=1}^{10} x_i = 29.957$	$\sum\limits_{i=1}^{10} v_i = 0$	$\sum\limits_{i=1}^{10} v_i^2 = 16$

解：①判断定值系统误差。

根据发现系统误差的有关方法判断（假设已经过不等精度测量），测量列中不存在定值系统误差。

②计算测得值的算术平均值。

$$\bar{x} = \frac{1}{n}\sum_{i=1}^{n} x_i = \frac{1}{10}\sum_{i=1}^{10} x_i = \frac{299.57}{10} = 29.957$$

③计算残差。

按式（3-15）计算各测量数据的残差为

$$v_i = x_i - \bar{x} = x_i - 29.957$$

计算结果列于表 3-4 的第 3 列。

④判断变值系统误差。

按残差观察法，本例中各测量数据的残差符号大体上正、负相间，但不是周期变化，因此可以判断该测量列中不存在变值系统误差。

⑤计算单次测得值的标准差。

按式（3-16）计算测量列单次测得值的标准差的估计值。

$$\sigma = \sqrt{\frac{\sum_{i=1}^{n} v_i^2}{n-1}} = \sqrt{\frac{16}{10-1}} \approx 1.3 \ \mu\mathrm{m}$$

⑥判断粗大误差。

根据 3σ 准则，测量列中没有出现绝对值大于 3σ（3.9 $\mu\mathrm{m}$）的残差，因此判定测量列中不存在粗大误差。

⑦计算测量列算术平均值的标准差。

$$\sigma_{\bar{x}} = \frac{\sigma}{\sqrt{n}} = \frac{1.3}{\sqrt{10}} \approx 0.41 \ \mu\mathrm{m}$$

⑧计算测量列算术平均值的测量极限误差。

$$\delta_{\lim \bar{x}} = \pm 3\sigma_{\bar{x}} = \pm 3 \times 0.41 = \pm 1.23 \ \mu\mathrm{m}$$

⑨确定测量结果。

$$x = \bar{x} \pm \delta_{\lim \bar{x}} = 29.957 \pm 0.0012 \ \mathrm{mm}$$

即零件该处的实际测量值位于区间 $[29.9558, 29.9582]$ 内的概率为 99.73%。

2. 间接测量数据的处理

间接测量是指测量与被测量有确定函数关系的其他量，并按照这种确定的函数关系通过计算求得被测量。

若令被测量 y 与实际测量的其他有关量 $x_1, x_2, \cdots, x_n$ 的函数表达式为 $y = f(x_1, x_2, \cdots, x_n)$，则被测量 y 的已定系统误差为

$$\Delta y = \sum_{i=1}^{n} C_i \Delta x_i \qquad (3-22)$$

式中：Δx_i——各实测量的系统误差；C_i——被测量对各实测量 x_i 的偏导数，称为误差传递系数，即

$$C_i = \frac{\partial f}{\partial x_i} \qquad (3-23)$$

若各实测量 x_i 的随机误差服从正态分布，则被测量 y 的极限误差为

$$\Delta_{y,\lim} = \sqrt{\sum_{i=1}^{n} C_i^2 \Delta_{i,\lim}^2} \qquad (3-24)$$

式中：$\Delta_{i,\lim}$——各实测量的极限误差。

间接测量数据的处理步骤如下：

（1）确定被测量与各实测量的函数关系及其表达式；

（2）把各实测量的测得值代入表达式，求出被测量；

（3）按式（3-22）～式（3-24）分别计算被测量的系统误差 Δy、被测量对各实测量的偏导数 C_i 和被测量的极限误差 $\Delta_{y,\lim}$；

（4）确定测量结果。

例 3-3 在万能工具显微镜上用弓高弦长法间接测量某样板的圆弧半径，测得弓高 $h=6$ mm，弦长 $L=36$ mm。若 $\Delta_{h,\lim}=\pm 3\ \mu m$，$\Delta_{L,\lim}=\pm 4\ \mu m$，求圆弧半径 R 的测量结果。

解：(1) 确定圆弧半径 R 与弓高 h 和弦长 L 的几何关系。

$$R = \frac{L^2}{8h} + \frac{h}{2}$$

(2) 把实测量 h、L 的测得值代入表达式，求出被测量 R。

$$R = \frac{L^2}{8h} + \frac{h}{2} = \frac{36^2}{8 \times 6} + \frac{6}{2} = 30\ \text{mm}$$

(3) 按式 (3-23) 计算被测量对各实测量的偏导数。

$$C_L = \frac{\partial R}{\partial L} = \frac{L}{4h} = \frac{36}{4 \times 6} = 1.5$$

$$C_h = \frac{\partial R}{\partial h} = -\frac{L^2}{8h^2} + \frac{1}{2} = -\frac{36^2}{8 \times 6^2} + \frac{1}{2} = -4$$

(4) 按式 (3-24) 计算被测量 R 的极限误差。

$$\Delta_{R,\lim} = \sqrt{C_L^2\,\Delta_{L,\lim}^2 + C_h^2\,\Delta_{h,\lim}^2} = \sqrt{1.5^2 \times 4^2 + (-4)^2 \times 3^2} = 13.4\ \mu m$$

(5) 确定测量结果。

$$R = 30 \pm 0.0134\ \text{mm}$$

即被测量值位于区间 $[29.9866, 30.0134]$ 内的概率为 99.73%。

3.3 本章学习要求

理解测量的基本概念、常用术语、常用测量仪器；掌握测量误差与数据的处理方法。

思考题和习题

3-1 测量的实质是什么？一个测量过程包括哪些要素？我国长度测量的基本单位是什么？它是如何定义的？

3-2 量块的作用是什么？其结构上有何特点？量块的"等"和"级"有何区别？说明按"等"和"级"使用时，各自的测量精度如何。

3-3 用 83 块套的量块组成尺寸 59.98 mm，用 46 块套的量块组成尺寸 23.987 mm。

3-4 以光学比较仪为例，说明计量器具有哪些基本计量指标。

3-5 说明分度值、分度间距有何区别。

3-6 测量误差分为哪几类？产生各类测量误差的主要因素有哪些？

3-7 说明系统误差、随机误差和粗大误差的特性和不同。

3-8 为什么要用多次重复测量的算术平均值表示测量结果？这样表示测量结果可减少哪一类测量误差对测量结果的影响？

3—9　在立式光学计上对一轴类零件进行比较测量，共重复测量 12 次，测得值为 20.015 mm、20.013 mm、20.016 mm、20.012 mm、20.015 mm、20.014 mm、20.017 mm、20.018 mm、20.014 mm、20.016 mm、20.014 mm、20.015 mm。试求出该零件的测量结果。

3—10　若用一块 4 等量块在立式光学计上对一轴类零件进行比较测量，共重复测量 12 次，测得值为 20.015 mm、20.013 mm、20.016 mm、20.012 mm、20.015 mm、20.014 mm、20.017 mm、20.018 mm、20.014 mm、20.016 mm、20.014 mm、20.015 mm。在已知量块的中心长度实际偏差为 $+0.2$ μm，其长度的测量不确定度的允许值为 ± 0.25 μm 的情况下，不考虑温度的影响，试确定该零件的测量结果。

3—11　设有一厚度为 1 mm 的圆弧样板，如下图所示。在万能工具显微镜上测得 $S = 23.664$ mm，$\Delta S = -0.004$ mm；$h = 10.000$ mm，$\Delta h = +0.002$ mm。已知在万能工具显微镜上用影像法测量平面工件时的测量极限误差公式如下：

$$纵向：\Delta_{\lim} = \pm \left(3 + \frac{L}{30} + \frac{HL}{4000} \right) \mu m, \quad 横向：\Delta_{\lim} = \pm \left(3 + \frac{L}{50} + \frac{HL}{2500} \right) \mu m$$

式中：L—被测件长度；H—工件上表面到玻璃台面的距离。

求 R 的测量结果。

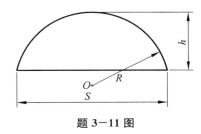

题 3—11 图

第4章 几何公差及检测

▶ 导读

本章学习的主要内容和要求:

1. 能解释几何公差相关的术语、定义和概念,知道几何公差特征项目和公差带的特点;

2. 根据零件的使用要求,能正确选用几何公差项目和几何公差数值,以及合理应用公差原则;

3. 能解释几何公差的检测原则,能利用最小区域法对零件进行几何误差的评估。

零件在加工过程中由于受到机床工艺系统和环境等各种因素的影响,其几何要素不可避免地会产生形状、方向和位置误差(简称几何误差),它们对零件的使用寿命和性能有很大的影响。为了保证机械产品的质量和机械零件的互换性,必须在零件图上给出几何公差,即规定零件加工时产生的几何误差的允许变动范围。正确给定形状和位置公差是机械零件精度设计的重要内容。现行的国家标准主要有:

(1)《产品几何技术规范(GPS) 几何公差 形状、方向、位置和跳动公差标注》(GB/T 1182—2018);

(2)《形状和位置公差 未注公差值》(GB/T 1184—1996);

(3)《产品几何技术规范(GPS) 几何公差 最大实体要求(MMR)、最小实体要求(LMR)和可逆要求(RPR)》(GB/T 16671—2018);

(4)《产品几何技术规范(GPS) 公差原则》(GB/T 4249—2009);

(5)《产品几何技术规范(GPS) 几何公差 成组(要素)与组合几何规范》(GB/T 13319—2020)。

它们是确定几何公差的一系列标准。在几何误差检测方面也有一系列国家标准和行业标准,如《产品几何技术规范(GPS) 几何公差 检测与验证》(GB/T 1958—2017),以便按照零件图上给出的几何公差来检测零件加工后的几何误差是否符合设计要求。

几何误差对零件机械性能有以下影响:

(1)影响配合性质。如零件圆柱表面存在形状误差,在间隙配合(有相对运动)时,会加快零件局部磨损,降低零件的工作寿命和运动精度,对于过盈配合,则会影响连接强度。

(2)影响零部件的可装配性。如轴承盖上各螺钉孔的位置有误差,会影响其自由装配性。

（3）影响零件的功能要求。如导轨表面的形状误差将影响沿导轨移动的运动部件的运动精度，冲模、锻模、凸轮等的形状误差将直接影响零件的加工精度。

4.1　概述

4.1.1　几何要素及其分类

几何公差的研究对象是零件的几何要素。几何要素是指构成零件几何特征的点（圆心、球心、中心点、交点）、线（素线、轴线、中心线、引线、曲线）、面（平面、中心平面、圆柱面、圆锥面、球面、曲面），如图 4－1 所示。

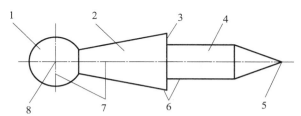

1—球面；2—圆锥面；3—平面；4—圆柱面；5—顶点；
6—素线；7—中心线；8—球心

图 4－1　零件的几何要素

对零件进行几何误差的控制就是对几何要素形状和位置的控制。几何要素的分类如下：

1. 按照结构特征分为轮廓要素和中心要素

轮廓要素是零件外表轮廓上的点、线、面，即可触及的要素，如图 4－1 所示的素线、顶点、球面、圆锥面、圆柱面、平面。中心要素是实际上不便触及但客观存在，一般由轮廓要素导出的要素，如球心、轴线、中心线、中心平面等。

2. 按照存在的状态分为理想要素和实际要素

理想要素是指没有任何误差的几何要素，可分为理想轮廓要素和理想中心要素。实际要素是零件上实际存在的几何要素，测量时由所测得的要素替代，可分为实际轮廓要素和实际中心要素。

3. 按照功能关系分为单一要素和关联要素

单一要素是对其给出形状公差要求的要素，是独立的，与基准不相关。关联要素是对其给出位置公差要求，相对其他要素（基准）有位置关系的要素，不是独立的，与基准相关。

4. 按照所处地位分为被测要素和基准要素

被测要素是有几何公差要求的要素，即被控制的要素。基准要素是用来确定被测要素方向和位置的参照要素，一般应为理想要素。

4.1.2　几何公差特征项目名称及符号

几何公差的特征项目名称及符号见表 4-1。几何公差的特征项目共有 14 个，其中形状公差 4 个，它们是对单一要素提出的要求，因此无基准要求；位置公差 8 个，它们是对关联要素提出的要求，所以在大多数情况下有基准要求；形状或位置公差 2 个，若无基准要求，则为形状公差，若有基准要求，则为位置公差。

表 4-1　几何公差的特征项目名称及符号

公差类型	几何特征	符号	有无基准
形状公差	直线度	—	无
	平面度	▱	无
	圆度	○	无
	圆柱度	⌯	无
	线轮廓度	⌒	无
	面轮廓度	⌓	无
方向公差	平行度	∥	有
	垂直度	⊥	有
	倾斜度	∠	有
	线轮廓度	⌒	有
	面轮廓度	⌓	有
位置公差	位置度	⊕	有或无
	同心度（用于中心点）	◎	有
	同轴度（用于轴线）	◎	有
	对称度	⩵	有
	线轮廓度	⌒	有
	面轮廓度	⌓	有
跳动公差	圆跳动	↗	有
	全跳动	⌖↗	有

4.1.3　几何公差带的概念

1. 形状公差及公差带

形状公差是指单一实际要素的形状相对于理想要素的形状所允许的变动全量。形状公差带是指限制被测单一实际要素形状变动的区域。

2．位置公差及公差带

位置公差是指关联实际要素的方向或位置相对于基准所允许的变动全量。位置公差带是指限制被测关联实际要素相对于基准要素的方向或位置变动的区域。

3．跳动公差及公差带

跳动公差是指关联实际要素绕基准轴线旋转时所允许的最大跳动量。由于跳动公差是相对于基准规定的，所以广义的位置公差包括跳动公差。跳动公差带是指关联实际要素绕基准轴线旋转时所允许的变动区域。

4．几何公差及公差带

几何公差是形状公差、位置公差和跳动公差的统称，是指实际要素相对于理想要素和基准要素的形状、方向和位置所允许的变动全量。几何公差带是指限制被测要素形状、方向和位置变动的区域。

5．几何公差带三要素

几何公差带的大小、形状、方位（方向和位置）称为几何公差带的三要素。几何公差带的形状由被测要素的特征及设计要求来确定；几何公差带的宽度或直径即几何公差带的大小，由所给定的几何公差值决定；几何公差带的方位由几何公差项目和基准来确定。几何公差带的形状有 11 种（图 4－2），可以归纳为以下四类：

（1）两等距线之间的区域：①两平行直线之间；②两等距曲线之间；③两同心圆之间。

（2）两等距面之间的区域：①两平行平面之间；②两等距曲面之间；③两同轴圆柱面之间。

（3）一个回转体内的区域：①一个圆柱体内；②一个圆周内；③一个球体内。

（4）一段回转体表面的区域：①一段圆柱体表面；②一段圆锥体表面。

几何公差带必须包含实际被测要素，而且实际被测要素在几何公差带内可以具有任何形状。一般来说，几何公差带适用于整个被测要素。

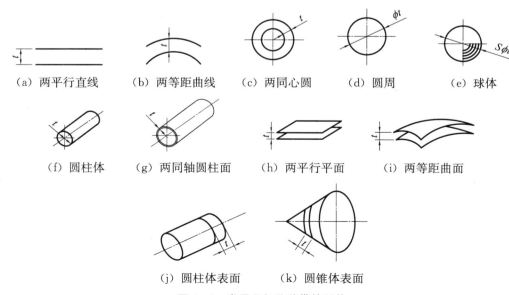

（a）两平行直线　（b）两等距曲线　（c）两同心圆　（d）圆周　（e）球体
（f）圆柱体　（g）两同轴圆柱面　（h）两平行平面　（i）两等距曲面
（j）圆柱体表面　（k）圆锥体表面

图 4－2　常用几何公差带的形状

4.1.4　最小条件及最小包容区域

最小条件是指被测实际要素相对于理想要素的最大变动量为最小。如图 4－3 中，平面内实际轮廓线相对于理想直线 A_1B_1、A_2B_2、A_3B_3 的最大变动量分别为 f_1、f_2、f_3。其中 f_1 为最小，即 A_1B_1 是满足最小条件的理想要素。最小包容区域是指包容被测实际要素并具有最小宽度或直径的区域，也就是满足最小条件的包容区域。在图 4－3 中，f_1 为最小包容区域。

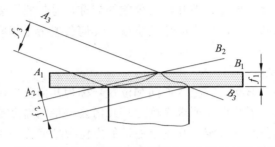

图 4－3　平面内实际轮廓线相对于理想直线变动量的最小包容区域

对于有定向位置公差要求的被测要素的最小包容区域，其构成要素与基准应保持图 4－4 中给定的方向：

（1）当实际要素 S 的最小包容区域 U 相对于基准 A 平行时，f_U 为其平行度误差，如图4－4（a）所示；

（2）当实际要素 S 的最小包容区域 U 相对于基准 A 垂直时，f_U 为其垂直度误差，如图4－4（b）所示；

（3）当实际要素 S 的最小包容区域 U 相对于基准 A 有夹角时，f_U 为其倾斜度误差，如图4－4（c）所示。

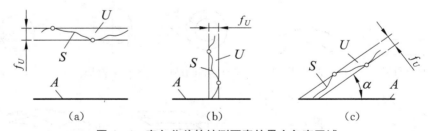

图 4－4　定向公差的被测要素的最小包容区域

对于有定位位置公差要求的被测要素的最小包容区域，其构成要素与基准除保持图样上给定的方向外，还应保持图样上给定的由理论正确尺寸确定的理想位置。

最小包容区域与几何公差带都具有大小、形状和方位三要素，但二者是有区别的。最小包容区域与几何公差带的形状和方位是一致的，但是"大小"这一要素不同。几何公差带的大小是设计时根据零件的功能和互换性要求确定的，属于公差问题；最小包容区域的大小是由被测实际要素的实际状态决定的，属于误差问题。几何精度符合要求是指几何误差（最小包容区域的大小）不超过几何公差（几何公差带的大小）。

4.1.5　理论正确尺寸及几何框图

1. 理论正确尺寸

理论正确尺寸是用来确定被测要素的理想形状和方位的尺寸，不附带公差。理论正确尺寸的标注应围以框格。

2. 几何框图

用理论正确尺寸确定的一组理想要素之间，或者一组理想要素和基准之间具有正确几何关系的图形称为几何框图。在几何框图中，由理论正确尺寸定位之处即为几何公差带的中心，如图 4-5 所示。

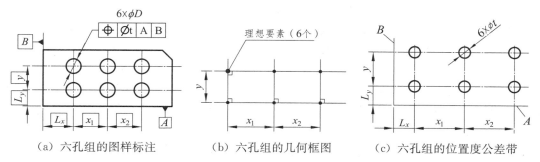

(a) 六孔组的图样标注　　　　(b) 六孔组的几何框图　　　　(c) 六孔组的位置度公差带

图 4-5　位置度的定位用理论正确尺寸和公差带的几何框图

4.1.6　基准

基准有三种：单一基准、公共基准（组合基准）和三基面体系。单一基准是指以一个平面或一条直线（或轴线）作为基准；公共基准是指由两个平面或两条直线（或两条轴线）组合成一个公共平面或一条公共直线（或公共轴线）作为基准；三基面体系是由三个互相垂直的基准平面组成的基准体系，它的三个平面是确定和测量零件上各要素几何关系的起点。在建立基准体系时，基准有顺序之分。首先建立的基准称为第一基准平面，它应有三点与第一基准要素接触；其次为第二基准平面，它应有两点与第二基准要素接触；再次为第三基准平面，它应有一点与第三基准要素接触。在图样上，基准的优先顺序用基准代号字母以从左至右的顺序注写在公差框格的基准格内，如图 4-6 所示。

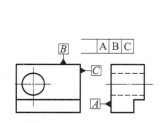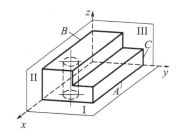

(a) 三基面体系的基准符号及框格字母标注　　　(b) 三基面体系的坐标解释

图 4-6　三基面体系

4.2 几何公差的标注

在技术图样中标注几何公差时，一般应采用代号标注。进行几何公差标注时应绘制公差框图，注明几何公差值及有关符号。只有当图样上无法采用代号标注时才允许采用文字说明，但应做到内容完整清晰，不产生歧义。

4.2.1 公差框格与基准符号

公差框格为矩形方框，由两格或多格组成，在图样中只能水平绘制。框格中的内容以从左到右或从上到下的次序填写。公差特征项目符号和公差值是必填项，如图 4—7（a）和（b）所示。若公差带形状是圆形或圆柱形，则需在公差值前加"ϕ"，如图 4—7（c）所示；若公差带形状是球形，则加"$S\phi$"，如图 4—7（d）所示。如果需要基准代号，则用一个或多个字母表示基准要素或基准体系。若有一个以上要素为被测要素，应在框格上方标明数量，如图 4—7（e）所示。如果对同一个要素有一个以上的公差特征项目要求，应将一个框格放在另一个框格的下面，如图 4—7（f）所示。如果要求在公差带内进一步限定被测要素的形状，则应在公差值后面加注有关符号，可以参照有关标准规定，如图 4—7（g）和（h）所示。

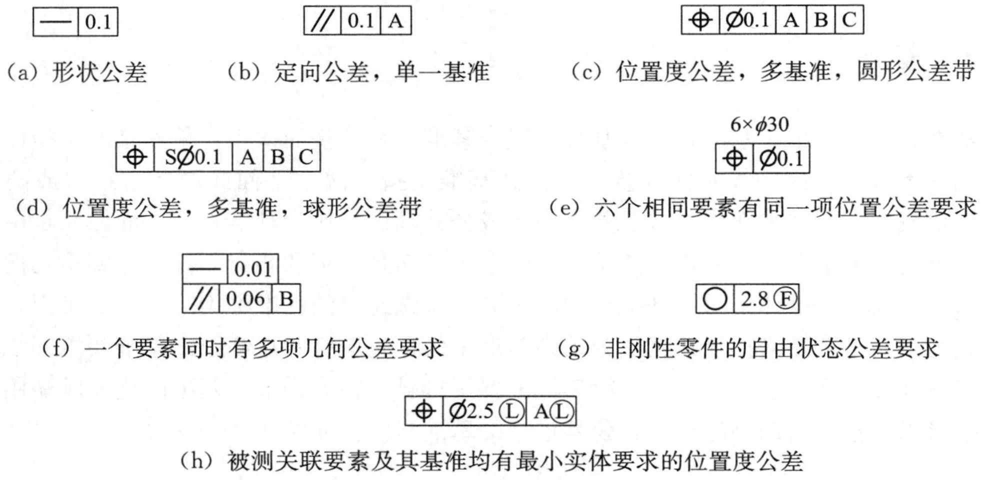

—	0.1

(a) 形状公差

//	0.1	A

(b) 定向公差，单一基准

⊕	∅0.1	A	B	C

(c) 位置度公差，多基准，圆形公差带

⊕	S∅0.1	A	B	C

(d) 位置度公差，多基准，球形公差带

6×ϕ30

⊕	∅0.1

(e) 六个相同要素有同一项位置公差要求

—	0.01
//	0.06	B

(f) 一个要素同时有多项几何公差要求

○	2.8 Ⓕ

(g) 非刚性零件的自由状态公差要求

⊕	∅2.5 Ⓛ	A Ⓛ

（h）被测关联要素及其基准均有最小实体要求的位置度公差

图 4—7　几何公差框格

基准符号由带矩形方框的大写字母和涂黑的三角形并用细实线连接而成，如图 4—8所示。应注意矩形方框内的大写字母必须水平方向书写。为避免引起误解，表示基准要素的大写字母不采用 E、F、I、J、L、M、O、P、R。E、F、L、M、P、R 在几何公差的标注中另有含义，见表 4—2。

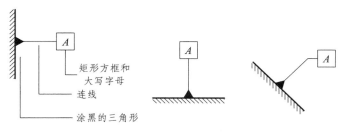

图 4-8　基准符号

表 4-2　几何公差标注中的部分附加符号及其含义

标注的大写字母	含义	标注的大写字母	含义
E	包容要求	M	最大实体要求
L	最小实体要求	R	可逆要求
P	延伸公差带	F	自由状态条件（非刚性零件）

4.2.2　被测要素的标注方法

采用带箭头的指引线连接框格与被测要素，具体的标注方法如下：

（1）当被测要素是轮廓要素时，箭头应指向要素的轮廓线或轮廓线的延长线，但必须与尺寸线明显错开，如图 4-9 所示。应注意：圆度标注的指引线箭头必须垂直指向回转体轴线。

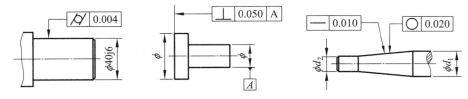

图 4-9　被测要素为轮廓要素时的标注

（2）当被测要素是中心要素时，箭头应对准尺寸线，即与尺寸线的延长线重合。被测要素指引线的箭头可兼做一个尺寸箭头，如图 4-10 所示。需要注意：指引线只能从框格的一端垂直引出，指到所注位置之前最多弯折两次。

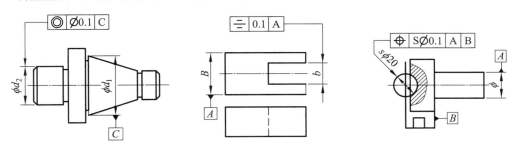

图 4-10　被测要素为中心要素时的标注

89

4.2.3　基准要素的标注方法

基准要素是作为被测要素的方位参照的，基准要素的标注用基准符号表示。基准要素的标注应注意以下几点：

（1）当基准要素是轮廓要素时，基准符号的短横线应靠近基准要素的轮廓线或轮廓面，也可靠近轮廓线的延长线，但连线必须与尺寸线明显分开，如图 4-11 所示。

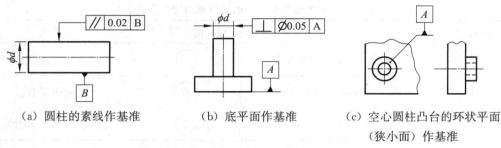

（a）圆柱的素线作基准　　　（b）底平面作基准　　　（c）空心圆柱凸台的环状平面
（狭小面）作基准

图 4-11　基准要素为轮廓要素时的标注

（2）当基准要素是中心要素时，基准符号中的连线（细实线）应对准尺寸线，基准符号中的短横线也可以代替尺寸线的一个箭头，如图 4-12 所示。

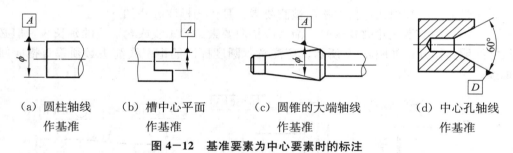

（a）圆柱轴线　　　（b）槽中心平面　　　（c）圆锥的大端轴线　　　（d）中心孔轴线
作基准　　　　　作基准　　　　　　作基准　　　　　　作基准

图 4-12　基准要素为中心要素时的标注

（3）对于由两个要素组成的公共基准，在公差框格的第三格及以后格中用由横线隔开的两个大写字母表示，如图 4-13（a）所示。对于由两个或三个要素组成的多基准体系，表示基准的大写字母应按基准的优先次序从左至右分别置于公差框格的第三及其以后格中，如图 4-13（b）所示。任选基准的标注方法如图 4-13（c）所示。

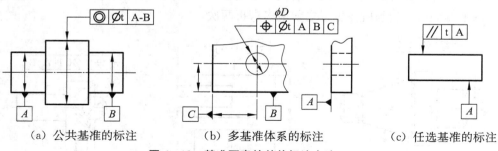

（a）公共基准的标注　　　（b）多基准体系的标注　　　（c）任选基准的标注

图 4-13　基准要素的其他标注方法

需要注意：有些标注方法是不允许使用的，如图 4-14 所示。

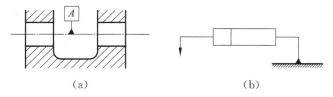

（a）　　　　　　　　　　　　　（b）

图 4－14　不允许使用的基准要素标注方法

4.2.4　常用的简化标注方法

（1）一个要素具有多项公差要求，可以将多个公差框格叠放一起，使用一条指引线，如图 4－15 所示。这里需要说明：$t_{形状} < t_{定向} < t_{定位}$ 是由几何公差特点决定的，将在后面的章节分析叙述。

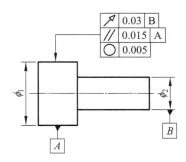

图 4－15　一个要素具有多项公差要求的简化标注

（2）一项公差要求适用于多个要素，可使用一个公差框格，在一条指引线上分出多个带箭头的线分别指向多个要素，如图 4－16 所示。当不便于分别指向多个要素时，还可以采用无引线框格加 T 尾箭头的方式标注，如图 4－17 所示，但要注意在公差框格上方写明相应要素的数量标记。

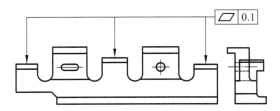

图 4－16　多个箭头分别指向多个要素的简化标注

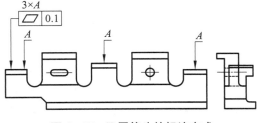

图 4－17　T 尾箭头的标注方式

　　（3）多个成一组的同类要素（简称成组要素）具有同一项公差要求，可以只标注一个要素，同时在公差框格的上方写明成组要素的数量标记。如图 4－18 所示，图样中标注的位置度公差框格，其上方的 $6 \times \phi 8H8$ EQS 表示六个小孔在理论正确直径 $\phi 40$ mm 的圆周上均匀分布；理论正确角度 30°表示六个小孔在 $\phi 40$ mm 的圆周上均匀分布的角度位置（方位）受控于基准面 C（槽的中心平面）。

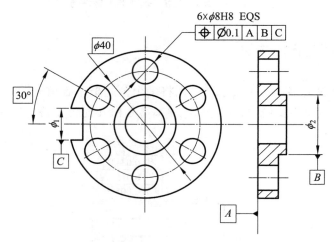

图 4－18　成组要素具有同一项公差要求的简化标注

4.2.5　其他标注方法

　　1. 延伸公差带

　　为了保证相配零件配合时能顺利装入，将被测要素的公差带延伸到工件实体外以控制工件外部的公差带称为延伸公差带。延伸公差带的标注用符号 Ⓟ 表示，并要求注出其延伸公差范围，如图 4－19 所示。

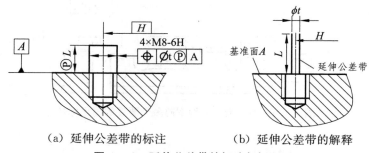

（a）延伸公差带的标注　　　　　（b）延伸公差带的解释

图 4－19　延伸公差带的标注与解释

　　2. 复合位置度

　　成组要素的位置度，若要求组内各个要素之间相对位置更严格，可以给出更小的位置度公差值，这种成组要素同时给出两种位置度公差的情况称为复合位置度，如图 4－20（a）所示。图 4－20（a）所标注的复合位置度公差带的几何框图如图 4－20（b）和（c）所示。显然，位置度公差值小的自由度更多，图 4－20（c）所示的 $\phi 0.01$ mm 位置度公差带的几何框图只要求垂直于基准面 Z，对基准面 B 和 A 没有位置要求；而位置度公差值大的自由度更少，图 4－20（b）所示的 φ0.2 mm 位置度公差带的几何框图不仅要求垂直于基准面 Z，还要求相对于基准面 B 和 A 按照理论正确尺寸 20 mm、30 mm 和 25 mm、45 mm 确定公差带的位置。

需要注意的是，标注复合位置度公差的要素必须同时满足由两种位置度公差值所限制的区域要求。

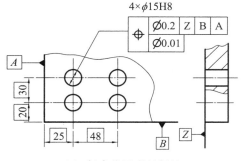

（a）复合位置度的标注

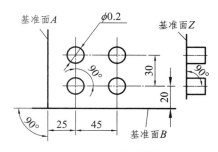

（b）φ0.2 mm 位置度公差带的几何框图

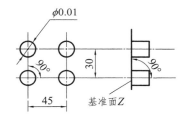

（c）φ0.01 mm 位置度公差带的几何框图

图 4－20　复合位置度的标注与公差带的几何框图

4.3　几何公差带的特点分析

几何公差带与尺寸公差带相比，形状多样，方位各异，理解起来有难度。通过本章的学习，能够根据图样上标注的几何公差要求画出几何公差带的形状、方位和标出公差带的大小，即绘制几何框图。能够准确无误地判定几何公差带的大小和方位是学习和使用几何公差的基本要领。几何公差的特征项目较多，而每个项目的具体要求不同，几何公差带的形状也就有各种不同的形式。所以对几何公差带的特点进行分析，对于正确理解和掌握几何公差的基本内容是非常重要的。

4.3.1　形状公差带的特点

形状公差有四个项目：直线度、平面度、圆度和圆柱度。被测要素有直线、平面、圆柱面和圆锥面。形状公差不涉及基准，形状公差带的方位可以浮动。形状公差带只能控制被测要素的形状误差。表 4-3 给出了形状公差带的定义、标注和解释。

表 4-3　形状公差带的定义、标注和解释

项目符号	公差带的定义	标注和解释
一	在给定平面内，公差带是距离为公差值 t 的两平行直线之间的区域	被测表面的素线必须位于平行于图样所示投影面且距离为公差值 0.1 mm 的两平行直线内
	在给定方向上，公差带是距离为公差值 t 的两平行平面之间的区域	被测圆柱面的任一素线必须位于距离为公差值 0.1 mm 的两平行平面内
	若在公差值前加注 ϕ，则公差带是直径为 t 的圆柱面内的区域	被测圆柱面的轴线必须位于直径为公差值 0.08 mm 的圆柱面内
▱	公差带是距离为公差值 t 的两平行平面之间的区域	被测表面必须位于距离为公差值 0.08 mm 的两平行平面内
○	公差带是在同一正截面上，半径差为公差值 t 的两同心圆之间的区域	被测圆柱面任一正截面的圆周必须位于半径差为公差值 0.03 mm 的两同心圆之间
		被测圆锥面任一正截面上的圆周必须位于半径差为公差值 0.1 mm 的两同心圆之间
⌀	公差带是半径差为公差值 t 的两同心轴圆柱面之间的区域	被测圆柱面必须位于半径差为公差值 0.1 mm 的两同轴圆柱之间

4.3.2　轮廓度公差带的特点

轮廓度公差有两个项目：线轮廓度和面轮廓度。被测要素有曲线和曲面。轮廓度公差有的不涉及基准，其公差带的方位可以浮动；有的涉及基准，基准要素有直线和平面，其公差带的方位固定。不涉及基准的轮廓度公差带只能控制被测要素的轮廓形状。涉及基准的轮廓度公差带在控制被测要素相对于基准方位误差的同时，自然控制被测要素的轮廓形状误差。表 4-4 给出了轮廓度公差带的定义、标注和解释。

表 4-4　轮廓度公差带的定义、标注和解释

项目符号	公差带的定义	标注和解释
⌒	公差带是包络一系列直径为公差值 t 的圆的两包络线之间的区域。诸圆的圆心位于具有理论正确几何形状的线上 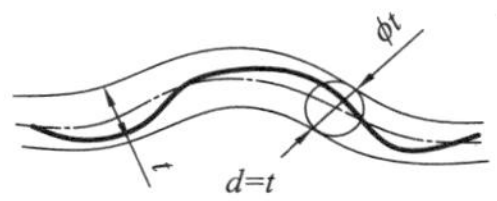 无基准要求的线轮廓度公差如图（a）所示，有基准要求的线轮廓度公差如图（b）所示	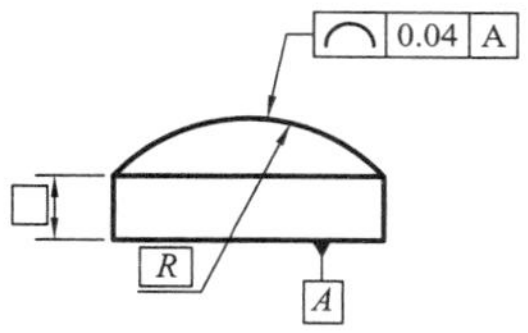 在平行于图样所示投影面的任一截面上，被测轮廓线必须位于包络一系列直径为公差值 0.04 mm 且圆心位于具有理论正确几何形状的线上的包络线之间 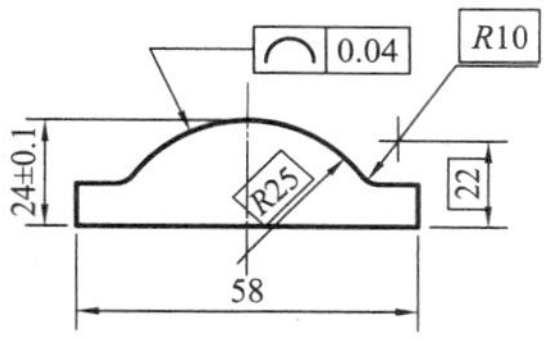
⌓	公差带是包络一系列直径为公差值 t 的球的两包络面之间的区域，诸球的球心应该位于具有理论正确几何形状的面上 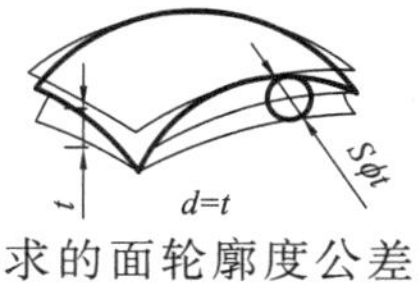 无基准要求的面轮廓度公差如图（a）所示，有基准要求的面轮廓度公差如图（b）所示	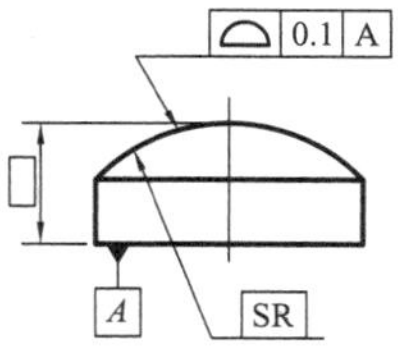 被测轮廓面必须位于包络一系列球的两包络面之间，诸球的直径为公差值 0.02 mm，且球心位于具有理论正确几何形状的面上的两包络面之间 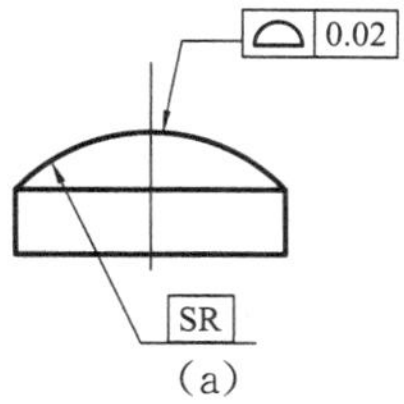

4.3.3 定向公差带的特点

定向公差带有三个项目：平行度、垂直度和倾斜度。被测要素有直线和平面，基准要素也有直线和平面。按照被测要素相对于基准要素，有线对线、线对面、面对线和面对面四种情况。定向公差涉及基准，被测要素相对于基准要素必须保持图样给定的平行、垂直和倾斜所夹角度的方向关系，被测要素相对于基准的方向关系要求由理论正确角度来确定。定向公差带的方向是固定的，定向公差带在控制被测要素相对于基准平行、垂直和倾斜所夹角度方向误差的同时，能够自然控制被测要素的形状误差。表4-5给出了定向公差带的定义、标注和解释。

表4-5 定向公差带的定义、标注和解释

项目符号	公差带的定义	标注和解释
//	公差带是两对相互垂直的距离分别为 t_1 和 t_2 且平行于基准线的两平行平面之间的区域	被测轴线必须位于距离为公差值 0.2 mm 和 0.1 mm，在给定的互相垂直方向上且平行于基准轴线的两组平行平面之间
	若在公差值前加注 ϕ，则公差带是直径为公差值 t 且平行于基准线的圆柱面内的区域	被测轴线必须位于直径为公差值 0.3 mm 且平行于基准轴线的圆柱面内

项目符号	公差带的定义	标注和解释
//	公差带是距离为公差值 t 且平行于基准面的两平行平面之间的区域	被测轴线必须位于距离为公差值 0.01 mm 且平行于基准面 B（基准面）的两平行平面之间
	公差带是距离为公差值 t 且平行于基准线的两平行平面之间的区域	被测表面必须位于距离为公差值 0.1 mm 且平行于基准线 C（基准轴线）的两平行平面之间
	公差带是距离为公差值 t 且平行于基准面的两平行平面之间的区域	被测表面必须位于距离为公差值 0.01 mm 且平行于基准面 D（基准面）的两平行平面之间
⊥	公差带是距离为公差值 t 且垂直于基准线的两平行平面之间的区域	被测轴线必须位于距离为公差值 0.06 mm 且垂直于基准线 A（基准轴线）的两平行平面之间
	在给定方向上，公差带是距离为公差值 t 且垂直于基准面的两平行平面之间的区域	在给定方向上，被测轴线必须位于距离为公差值 0.1 mm 且垂直于基准面 A 的两平行平面之间

项目符号	公差带的定义	标注和解释
⊥	若在公差值前加注 ϕ，则公差带是直径为公差值 t 且垂直于基准面的圆柱面内的区域 基准面	被测轴线必须位于直径为公差值 0.01 mm 且垂直于基准面 A（基准面）的圆柱面内 ⊥ | $\varnothing 0.01$ | A A
	公差带是距离为公差值 t 且垂直于基准面的两平行平面之间的区域 基准面	被测面必须位于距离为公差值 0.08 mm 且垂直于基准面 A 的两平行平面之间 ⊥ | 0.08 | A A
∠	被测线和基准线在同一平面内；公差带是距离为公差值 t 且与基准线成一给定角度的两平行平面之间的区域 基准线	被测轴线必须位于距离为公差值 0.08 mm 且与公共基准线成理论正确角度 60° 的两平行平面之间 ∠ | 0.08 | A-B A B 60°
	公差带是距离为公差值 t 且与基准面成一给定角度的两平行平面之间的区域 基准面	被测轴线必须位于距离为公差值 0.08 mm 且与基准面 A（基准面）成理论正确角度 60° 的两平行平面之间 ∠ | 0.08 | A 60° A

项目符号	公差带的定义	标注和解释
∠	公差带是距离为公差值 t 且与基准面成一给定角度的两平行平面之间的区域 	被测表面必须位于距离为公差值 0.08 mm 且与基准面 A（基准面）成理论正确角度 40° 的两平行平面之间

4.3.4 定位公差带的特点

定位公差有三个项目：位置度、同轴度和对称度。

位置度的被测要素有点、直线和平面，基准要素主要有直线和平面，给定位置度的被测要素相对于基准要素必须保持图样给定的正确位置关系，被测要素相对于基准的正确位置关系应由理论正确尺寸和基准来确定。

同轴度的被测要素主要是回转体的轴线，基准要素也是轴线，且被测要素的理想位置与基准要素重合（定位尺寸为零），实质是回转体的被测轴线相对于基准轴线的位置度要求。

对称度的被测要素主要是槽类的中心平面，基准要素也是中心平面（或轴线），且被测要素的理想位置与基准要素重合（定位尺寸为零），实质是被测槽类的中心平面相对于基准中心平面（或轴线）的位置度要求。

定位公差涉及基准，公差带的方位是固定的。定位公差带在控制被测要素相对于基准位置误差的同时，能够自然地控制被测要素相对于基准的方向误差和被测要素的形状误差。表 4—6 给出了定位公差带的定义、标注和解释。

表 4—6 定位公差带的定义、标注和解释

项目符号	公差带的定义	标注和解释
⊕	若在公差值前加注 ϕ，则公差带是直径为公差值 t 的圆内的区域。圆公差带中心点的位置由相对于基准 A 和 B 的理论正确尺寸确定 	两个中心点的交点必须位于直径为公差值 0.3 mm 的圆内，该圆的圆心位于由相对基准 A 和 B（基准直线）的理论正确尺寸所确定的点的理想位置上

项目符号	公差带的定义	标注和解释
	若在公差值前加注 $S\phi$，则公差带是直径为公差值 t 的球内的区域。球公差带中心点的位置由相对于基准面 A、B 和 C 的理论正确尺寸确定 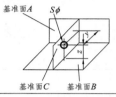	被测球的球心必须位于直径为公差值 0.3 mm 的球内，该球的球心位于由相对基准 A、B、C 的理论正确尺寸所确定的理想位置上 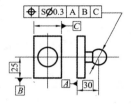
	公差带是距离为公差值 t 且以线的理想位置为中心线对称配置的两平行直线之间的区域。中心线的位置由相对于基准 A 的理论正确尺寸确定，此位置度公差仅给定一个方向 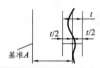	每根刻线的中心线必须位于直径为公差值 0.05 mm 且由相对基准 A 的理论正确尺寸所确定的理想位置对称的两平行直线之间 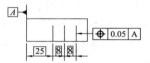
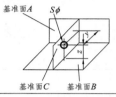	若在公差值前加注 ϕ，则公差带是直径为公差值 t 的圆柱内的区域。圆柱公差带的中心轴线位置由相对于基准 B 和 C 的理论正确尺寸确定 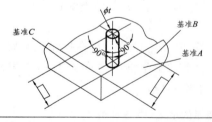	被测要素 ϕD 孔的轴线必须位于直径为公差值 0.1 mm 的圆柱面内，该圆柱面的中心轴线位置由相对于基准 B 和 C 的理论正确尺寸 30 mm 和 40 mm 确定 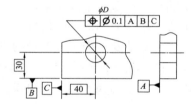
	公差带是距离为公差值 t 且以被测斜平面的理想位置为中心面对称配置的两平行平面之间的区域。中心面的位置由基准轴线 A 和相对于基准面 B 的理论正确尺寸确定 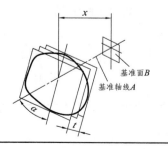	被测要素斜平面必须位于距离为公差值 0.05 mm 的两平行平面之间，该两平行平面的对称中心平面位置由基准轴线 A 及理论正确角度 60° 和相对于基准面 B 的理论正确尺寸 50 mm 确定 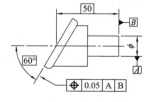

项目符号	公差带的定义	标注和解释
◎	公差带是直径为公差值 t 且与基准圆心同心的圆内的区域 	外圆的圆心必须位于直径为公差值 0.01 mm 且与基准圆心同心的圆内
	公差带是直径为公差值 t 的圆柱面的区域，该圆柱面的轴线与基准轴线同轴 	大圆柱面的轴线必须位于直径为公差值 0.08 mm 且与公共基准线 $A\text{-}B$（公共基准轴线）同轴的圆柱面内
═	公差带是直径为公差值 t 且相对基准中心平面对称配置的两平行平面之间的区域 	被测中心平面轴线必须位于距离为公差值 0.08 mm 且与公共基准线中心平面 $A\text{-}B$ 对称配置的两平行平面之间

4.3.5　跳动公差带的特点

　　跳动公差带有两个项目：圆跳动和全跳动。圆跳动的被测要素有圆柱面、圆锥面和端面，基准要素为轴线，被测要素相对于基准要素回转一周，同时测头相对于基准不动。全跳动的被测要素有圆柱面和端面，基准要素为轴线，被测要素相对于基准要素回转多周，同时测头相对于基准移动。

　　跳动公差涉及基准，跳动公差带的方位是固定的。跳动公差带在控制被测要素相对于基准位置误差的同时，能够自然控制被测要素相对于基准的方向误差和被测要素的形状误差。表 4—7 给出了跳动公差带的定义、标注和解释。

表 4-7　跳动公差带的定义、标注和解释

项目符号	公差带的定义	标注和解释
	公差带是垂直于基准轴线任一测量平面内，半径差为公差值 t 且圆心在基准轴线上两同心圆之间的区域  跳动通常是围绕轴线旋转一整周，也可对部分圆周进行限制	当被测要素围绕基准线 A（基准轴线）并同时受基准面 B（基准面）的约束旋转一周时，在任一测量平面内的径向圆跳动量均不得大于 0.1 mm 当被测要素围绕基准线 A（基准轴线）旋转一个给定的部分圆周时，在任一测量平面内的径向圆跳动量均不得大于 0.2 mm 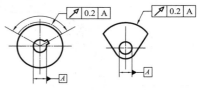 当被测要素围绕公共基准线 A-B（公共基准轴线）旋转一周时，在任一测量平面内的径向圆跳动量均不得大于 0.1 mm 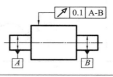
	公差带是与基准同轴的任一半径位置的测量圆柱面上距离为 t 的两圆之间的区域 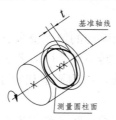	当被测面围绕基准线 D（基准轴线）旋转一周时，在任一测量圆柱面的轴向圆跳动量均不得大于 0.1 mm 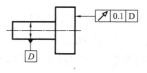
	公差带是与基准同轴的任一测量圆锥面上距离为 t 的两圆之间的区域。除另有规定外，其测量方向应与被测面垂直 	当被测面围绕基准线 C（基准轴线）旋转一周时，在任一测量圆锥面上的圆跳动量均不得大于 0.1 mm 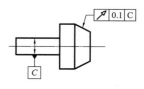

项目符号	公差带的定义	标注和解释
↗	公差带是半径差为公差值 t 且与基准同轴的两圆柱面之间的区域 	被测要素围绕公共基准线 A-B 作若干次旋转，并在测量仪器与工件间同时作轴向的相对移动时，被测要素上各点间的示值差均不得大于 0.1 mm。测量仪器或工件必须沿着基准轴线方向并相对于公共基准线 A-B 移动
	公差带是距离为公差值 t 且与基准垂直的两平行平面之间的区域 	被测要素围绕基准轴线 D 作若干次旋转，并在测量仪器与工件间同时作径向相对移动时，在被测要素上各点间的示值差均不得大于 0.1 mm。测量仪器或工件必须沿着轮廓具有理想正确形状的线和相对于基准轴线 D 的正确方向移动

4.3.6　形状、轮廓度、定向、定位和跳动公差带的特点总结

形状、轮廓度、定向、定位和跳动公差带之间既有联系又有区别。同一被测要素不同公差项目的公差带形状是相同的。如轴线的直线度、轴线的同轴度、轴线对端面的垂直度、组孔轴线的位置度等，这四个项目的公差带形状都是直径为 t 的圆柱体；同一公差项目有不同的形状，如直线度公差带有间距为 t 的两平行直线、间距为 t 的两平行平面、横截面为 $t_1 \times t_2$ 的四棱柱和直径为 t 的圆柱体四种不同的形状，又如位置度公差带有直径为 t 的圆、直径为 t 的球、间距为 t 的平行直线、直径为 t 的圆柱体、间距为 t 的两平行平面和横截面为 $t_1 \times t_2$ 的四棱柱六种不同的形状。要仔细阅读表 4—3～表 4—7，从被测要素的种类、有无相对基准及方位的要求、能够控制误差的功能等方面，分析各类形状、位置公差的特点以及相互之间的关系。

一般来说，公差带形状主要是根据被测要素的种类来确定的，公差带的方位主要是根据被测要素相对于基准的方位来确定的，公差带的大小是根据被测要素的功能和精度要求来确定的。

4.4　公差原则

由于机械零件功能的要求，机械零件的同一被测要素既有尺寸公差要求，又有几何公差要求，处理两者之间关系的原则称为公差原则。公差原则是处理几何公差与尺寸公差的基本原则。公差原则分为独立原则和相关原则，相关原则又可分为包容要求、最大实体要求（及其可逆要求）和最小实体要求（及其可逆要求）。

4.4.1　有关公差原则的术语和定义

1. 体外作用尺寸

在被测要素的给定长度上，与实际轴体外相接的最小理想孔的直径称为轴的体外作用尺寸 d_{fe}，与实际孔体外相接的最大理想轴的直径称为孔的体外作用尺寸 D_{fe}，如图 4-21 所示。对于关联实际要素，该体外相接的理想孔（轴）的轴线或中心平面必须与基准保持图样给定的几何关系。

2. 体内作用尺寸

在被测要素的给定长度上，与实际轴体内相接的最大理想孔的直径称为轴的体内作用尺寸 d_{fi}，与实际孔体内相接的最小理想轴的直径称为孔的体内作用尺寸 D_{fi}，如图 4-21 所示。对于关联实际要素，该体内相接的理想孔（轴）的轴线或中心平面必须与基准保持图样给定的几何关系。

需要注意：作用尺寸是局部实际尺寸与几何误差综合形成的结果，是存在于实际孔、轴上的，表示其装配状态的尺寸。

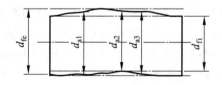

（a）轴的实际尺寸和体内、体外作用尺寸　　（b）孔的实际尺寸和体内、体外作用尺寸

图 4-21　实际尺寸和作用尺寸

3. 最大实体状态和最大实体尺寸

最大实体状态（maximum material condition，MMC）是实际要素在给定长度上，处处位于极限尺寸之间并且实体最大（占有材料量最多）时的状态。最大实体状态对应的极限尺寸称为最大实体尺寸（maximum material size，MMS）。显然，轴的最大实体尺寸 d_M 就是轴的最大极限尺寸 d_{max}，即

$$d_M = d_{max}$$

孔的最大实体尺寸 D_M 就是孔的最小极限尺寸 D_{min}，即

$$D_M = D_{min}$$

4. 最小实体状态和最小实体尺寸

最小实体状态（least material condition，LMC）是实际要素在给定长度上，处处位于极限尺寸之间并且实体最小（占有材料量最少）时的状态。最小实体状态对应的极限尺寸称为最小实体尺寸（least material size，LMS）。显然，轴的最小实体尺寸 d_L 就是轴的最小极限尺寸 d_{min}，即

$$d_L = d_{min}$$

孔的最小实体尺寸 D_L 就是孔的最大极限尺寸 D_{max}，即

$$D_L = D_{max}$$

5. 最大实体实效状态和最大实体实效尺寸

最大实体实效状态（maximum material virtual condition，MMVC）是在给定长度上，实际要素处于最大实体状态，并且其中心要素的形状或位置误差等于给定公差值时的综合极限状态。最大实体实效状态对应的体外作用尺寸称为最大实体实效尺寸（maximum material virtual size，MMVS）。对于轴，它等于最大实体尺寸 d_M 加上带有 Ⓜ 的几何公差 t，即

$$d_{MV} = d_M + t\ Ⓜ \tag{4-1}$$

对于孔，它等于最大实体尺寸 D_M 减去带有 Ⓜ 的几何公差 t，即

$$D_{MV} = D_M - t\ Ⓜ \tag{4-2}$$

6. 最小实体实效状态和最小实体实效尺寸

最小实体实效状态（least material virtual condition，LMVC）是在给定长度上，实际要素处于最小实体状态，并且其中心要素的形状或位置误差等于给定公差值时的综合极限状态。最小实体实效状态对应的体内作用尺寸称为最小实体实效尺寸（least material virtual size，LMVS）。对于轴，它等于最小实体尺寸 d_L 减去带有 Ⓛ 的几何公差 t，即

$$d_{LV} = d_L - t\ Ⓛ \tag{4-3}$$

对于孔，它等于最小实体尺寸 D_L 加上带有 Ⓛ 的几何公差 t，即

$$D_{LV} = D_L + t\ Ⓛ \tag{4-4}$$

需要注意：最大实体状态和最小实体状态只要求具有极限状态的尺寸，不要求具有理想形状。最大实体实效状态和最小实体实效状态只要求具有实效状态的尺寸，不要求具有理想形状。

7. 边界

边界是设计所给定的具有理想形状的极限包容面。孔的理想边界是一个理想轴，轴的理想边界是一个理想孔。根据极限包容面的尺寸，理想边界有最大实体边界（MMB）、最小实体边界（LMB）、最大实体实效边界（MMVB）和最小实体实效边界（LMVB），如

图 4-22 所示。为了方便记忆，将有关公差原则的术语及对应的表示符号和公式列于表 4-8。

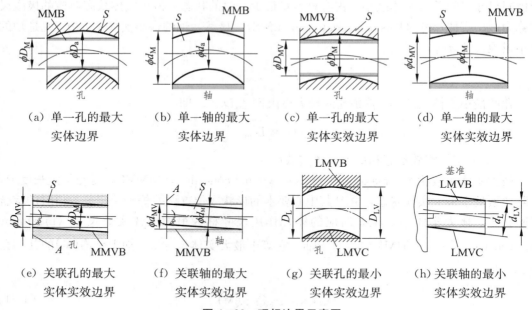

(a) 单一孔的最大实体边界   (b) 单一轴的最大实体边界   (c) 单一孔的最大实体实效边界   (d) 单一轴的最大实体实效边界

(e) 关联孔的最大实体实效边界   (f) 关联轴的最大实体实效边界   (g) 关联孔的最小实体实效边界   (h) 关联轴的最小实体实效边界

图 4-22 理想边界示意图

表 4-8 有关公差原则的术语及对应的表示符号和公式

术　语	符号和公式	术　语	符号和公式
孔的体外作用尺寸	$D_{fe}=D_a-f$	最大实体尺寸	MMS
轴的体外作用尺寸	$d_{fe}=d_a+f$	孔的最大实体尺寸	$D_M=D_{min}$
孔的体内作用尺寸	$D_{fi}=D_a+f$	轴的最大实体尺寸	$d_M=d_{max}$
轴的体内作用尺寸	$d_{fi}=d_a-f$	最小实体尺寸	LMS
最大实体状态	MMC	孔的最小实体尺寸	$D_L=D_{max}$
最大实体实效状态	MMVC	轴的最小实体尺寸	$d_L=d_{min}$
最小实体状态	LMC	最大实体实效尺寸	MMVS
最小实体实效状态	LMVC	孔的最大实体实效尺寸	$D_{MV}=D_M-t$ Ⓜ
最大实体边界	MMB	轴的最大实体实效尺寸	$d_{MV}=d_M+t$ Ⓜ
最大实体实效边界	MMVB	最小实体实效尺寸	LMVS
最小实体边界	LMB	孔的最小实体实效尺寸	$D_{LV}=D_L+t$ Ⓛ
最小实体实效边界	LMVB	轴的最小实体实效尺寸	$d_{LV}=d_L-t$ Ⓛ

4.4.2　独立原则

独立原则是几何公差和尺寸公差不相干的公差原则，或者说几何公差和尺寸公差要求是各自独立的。大多数机械零件的几何精度都遵循独立原则，尺寸公差控制尺寸误差，几何公差控制几何误差，图样上不需任何附加标注。独立原则的适用范围较广，在尺寸公差、几何公差二者要求都严、一严一松、二者要求都松的情况下，使用独立原则都能满足要求。如印刷机滚筒几何公差要求严、尺寸公差要求松，通油孔几何公差要求松、尺寸公差要求严，连杆的小头孔尺寸公差和几何公差要求都严，使用独立原则均能满足要求，如图 4−23 所示。

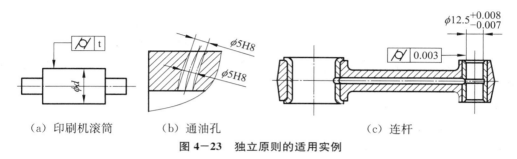

（a）印刷机滚筒　　　（b）通油孔　　　　　　　（c）连杆

图 4−23　独立原则的适用实例

4.4.3　包容要求

1. 包容要求的公差解释

包容要求是相关原则中的三种要求之一，适用于包容要求的被测实际单一要素的实体（体外作用尺寸）应遵守最大实体边界；被测实际要素的局部实际尺寸受最小实体尺寸所限；形状公差 t 与尺寸公差 t_H（t_S）有关，在最大实体状态下形状公差的给定值为零；当被测实际要素偏离最大实体状态时，形状公差获得补偿，补偿量来自尺寸公差（被测实际要素偏离最大实体状态的量，相当于尺寸公差富余的量，可作补偿量），补偿量的一般计算公式为 $t_2 = |MMS - D_a (d_a)|$；当被测实际要素为最小实体状态时，形状公差获得补偿最多，即 $t_{2max} = T_H$（T_S），这种情况下允许形状公差的最大值为

$$t_{max} = t_{2max} = T_H （T_S）$$

形状公差 t 与尺寸公差 T_H（T_S）的关系可以用动态公差图来表示，如图 4−24（b）所示。由于给定形状公差 t_1 为零，故动态公差图的图形一般为直角三角形。

2. 包容要求的标注标记、应用与合格性判定

包容要求主要用于需要保证配合性质的孔、轴单一要素的中心轴线的直线度。包容要求在零件图上的标注标记是在尺寸公差带代号后面加写 Ⓔ，如图 4−24（a）所示。符合包容要求的被测实体（D_{fe}、d_{fe}）不得超越最大实体边界，被测要素的局部实际尺寸（D_a、d_a）不得超越最小实体尺寸。生产中采用光滑极限量规检验符合包容要求的被测实际要素，通规检验体外作用尺寸（D_{fe}、d_{fe}）是否超越最大实体边界，即通规测头模拟最大实体边界，通规测头通过为合格；止规检验局部实际尺寸（D_a、d_a）是否超越最小实

体尺寸，即止规测头给出最小实体尺寸，止规测头止住（不通过）为合格。符合包容要求的被测实际要素的合格条件为

对于孔：$\qquad D_{fe} \geqslant D_M = D_{min}, \ D_a < D_L = D_{max}$

对于轴：$\qquad d_{fe} \leqslant d_M = d_{max}, \ d_a > d_L = d_{min}$

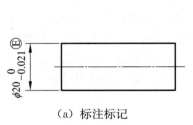
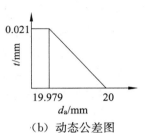

（a）标注标记　　　　　（b）动态公差图

图 4-24　包容要求的标注标记与动态公差图

综上所述，在使用包容要求的情况下，图样上所标注的尺寸公差具有双重职能，即控制尺寸误差和控制形状误差。

3. 包容要求的实例分析

例 4-1　对图 4-24（a）作出公差解释。

解：（1）T、t 标注解释。

被测轴的尺寸公差 $T_S = 0.021$ mm，$d_M = d_{max} = \phi20$ mm，$d_L = d_{min} = \phi19.979$ mm。在最大实体状态下（$\phi20$ mm）给定形状公差（轴线的直线度）$t = 0$，当被测要素尺寸偏离最大实体状态的尺寸时，形状公差获得补偿。当被测要素为最小实体状态的尺寸 $\phi19.979$ mm 时，形状公差（直线度）获得补偿最多，此时形状公差的最大值等于尺寸公差 T_S，即 $t_{max} = 0.021$ mm。

（2）动态公差图。

T、t 的动态公差图如图 4-24（b）所示，图形形状为直角三角形。

（3）遵守边界。

遵守最大实体边界，其边界尺寸为

$$d_M = \phi20 \text{ mm}$$

（4）检验与合格条件。

对于大批量生产，可采用光滑极限量规检验（用孔型的通规测头——模拟被测轴的最大实体边界）。其合格条件为

$$d_{fe} \leqslant \phi20 \text{ mm}, \ d_a > \phi19.979 \text{ mm}$$

4.4.4　最大实体要求

1. 最大实体要求的公差解释

最大实体要求也是相关原则中的三种要求之一，适用于最大实体要求的被测实际要素（多为关联要素）的实体（体外作用尺寸）应遵守最大实体实效边界；被测实际要素的局部实际尺寸同时受最大实体尺寸和最小实体尺寸所限；几何公差 t 与尺寸公差 T_H（T_S）

有关，在最大实体状态下给定的几何公差（多为位置公差）t_1 不为零（一定大于零）；当被测实际要素偏离最大实体状态时，几何公差获得补偿，补偿量来自尺寸公差，补偿量的一般计算公式为

$$t_2 = |MMS - D_a\ (d_a)|$$

当被测实际要素为最小实体状态时，几何公差获得补偿最多，即 $t_{2\max} = T_H\ (T_S)$，这种情况下允许几何公差的最大值为

$$t_{\max} = t_{2\max} + t_1 = T_H\ (T_S)\ + t_1$$

几何公差 t 与尺寸公差 $T_H\ (T_S)$ 的关系可以用动态公差图来表示，如图 4-25（b）所示。由于给定几何公差 t_1 不为零，故动态公差图的图形一般为直角梯形。

2. 最大实体要求的应用与检测

最大实体要求主要用于需保证装配成功率的螺栓或螺钉连接处（即法兰盘上的连接用孔组或轴承盖上的连接用孔组）的中心要素，一般是孔组轴线的位置度，还有槽类的对称度和同轴度。最大实体要求在零件图样上的标注是在几何公差框格内的几何公差给定值 t_1 后面加写 Ⓜ，如图 4-25（a）所示。当基准（轴线）也适用最大实体要求时，则在几何公差框格内的基准字母后面加写 Ⓜ，如图 4-26（a）所示。符合最大实体要求的被测实体（D_{fe}、d_{fe}）不得超越最大实体实效边界；被测要素的局部实际尺寸（D_a、d_a）不得超越最大实体尺寸和最小实体尺寸。生产中采用位置量规（只有通规）检验使用最大实体要求的被测实际要素的实体，位置量规检验体外作用尺寸（D_{fe}、d_{fe}）是否超越最大实体实效边界，即位置量规测头模拟最大实体实效边界，位置量规测头通过为合格；被测实际要素的局部实际尺寸（D_a、d_a）采用通用量具按照两点法测量，以判定是否超越最大实体尺寸和最小实体尺寸，局部实际尺寸落入极限尺寸内为合格。符合最大实体要求的被测实际要素的合格条件为

对于孔（内表面）：

$$D_{fe} \geqslant D_{MV} = D_{\min} - t_1,\ D_{\min} = D_M < D_a < D_L = D_{\max}$$

对于轴（外表面）：

$$d_{fe} \leqslant d_{MV} = d_{\max} + t_1,\ d_{\max} = d_M > d_a > d_L = d_{\min}$$

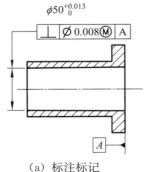

（a）标注标记

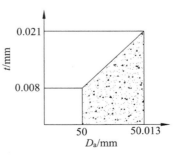

（b）动态公差图

图 4-25　最大实体要求

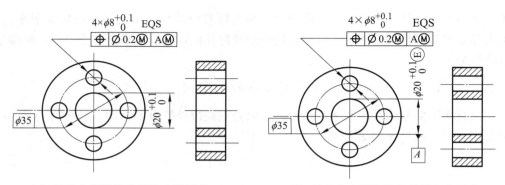

（a）基准自身形状公差按未注要求　　　　（b）基准自身形状公差采用包容要求

图 4-26　基准（中心要素）适用最大实体要求

3. 最大实体要求的零几何公差

这是最大实体要求的特殊情况，在零件图上标注的位置是在公差框格的第二格内，即位置公差值的格内写 0Ⓜ（ϕ0Ⓜ），如图 4-27（a）所示。在这种情况下，被测要素的最大实体实效边界就变成了最大实体边界。显然，最大实体要求的零几何公差比最大实体要求更加严格。由于零几何公差的缘故，动态公差图的形状由直角梯形（最大实体要求）变为直角三角形，如图 4-27（b）所示。

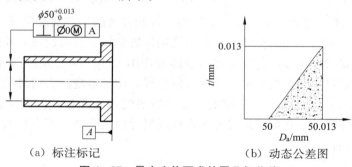

（a）标注标记　　　　　　　　（b）动态公差图

图 4-27　最大实体要求的零几何公差

另外，需要限制几何公差的最大值，可以采用如图 4-28（a）所示的双格几何公差的标注方法，一般将几何公差最大值写在双格的下格内。需要注意：在几何公差最大值的后面不再加写Ⓜ。此时，由于几何公差最大值的缘故，动态公差图的形状由直角梯形变为具有三个直角的五边形，如图 4-28（b）所示。

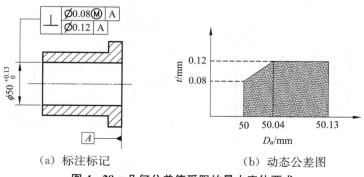

（a）标注标记　　　　　　　　（b）动态公差图

图 4-28　几何公差值受限的最大实体要求

4. 可逆要求用于最大实体要求

在不影响零件功能的前提下，位置公差可以反过来补偿尺寸公差，即位置公差有富余的情况下，允许尺寸误差超过给定的尺寸公差，这显然在一定程度上能够降低工件的废品率。在零件图样上，可逆要求用于最大实体要求的标注标记是在位置公差框格的第二格内位置公差值后面加写 Ⓜ Ⓡ，如图 4-29（a）所示。此时，尺寸公差有双重职能：①控制尺寸误差；②协助控制几何误差。而位置公差也有双重职能：①控制几何误差；②协助控制尺寸误差。可逆要求用于最大实体要求的动态公差图，由于尺寸误差可以超差的缘故，其图形形状由直角梯形变为直角三角形，如图 4-29（b）所示。

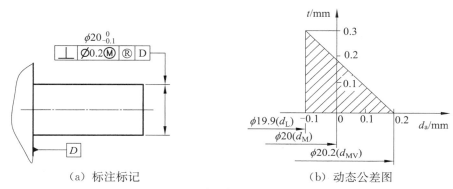

（a）标注标记　　　　　　　　（b）动态公差图

图 4-29　可逆要求用于最大实体要求

5. 最大实体要求的实例分析

例 4-2　对图 4-25（a）作出公差解释。

解：（1）T、t 标注解释。

被测孔的尺寸公差 $T_H = 0.013$ mm，$D_M = D_{min} = \phi 50$ mm，$D_L = D_{max} = \phi 50.013$ mm。在最大实体状态（$\phi 50$ mm）下给定的几何公差（垂直度公差）$t_1 = 0.008$ mm。当被测要素尺寸偏离最大实体状态的尺寸时，几何公差获得补偿；当被测要素尺寸为最小实体状态的尺寸 $\phi 50.013$ mm 时，几何公差获得补偿最多，此时几何公差的最大值可以等于给定几何公差 t_1 与尺寸公差 T_H 的和，即 $t_{max} = (0.008 + 0.013)$ mm $= 0.021$ mm。

（2）动态公差图。

T、t 的动态公差图如图 4-25（b）所示，图形形状为直角梯形。

（3）遵守边界。

遵守最大实体实效边界，其边界尺寸为

$$D_{MV} = D_{min} - t_1 = (\phi 50 - \phi 0.008) \text{ mm} = \phi 49.992 \text{ mm}$$

（4）检验与合格条件。

采用位置量规检验被测要素的体外作用尺寸 D_{fe}，采用两点法检验被测要素的局部实际尺寸 D_a。其合格条件为

$$D_{fe} \geqslant \phi 49.992 \text{ mm}, \quad \phi 50 \text{ mm} < D_a < \phi 50.013 \text{ mm}$$

例 4-3　对图 4-29（a）作出公差解释。

解：（1）T、t 标注解释。

图 4-29（a）为可逆要求用于最大实体要求的轴线问题。轴的尺寸公差 $T_s=0.1$ mm，即 $d_M=d_{max}=\phi20$ mm，$d_L=d_{min}=\phi19.9$ mm。在最大实体状态（$\phi20$ mm）下给定形位公差 $t_1=0.2$ mm。当被测要素偏离最大实体状态的尺寸时，几何公差获得补偿；当被测要素尺寸为最小实体状态的尺寸 $\phi19.9$ mm 时，几何公差获得补偿最多，此时几何公差的最大值等于给定几何公差 t_1 与尺寸公差 T_s 的和，即 $t_{max}=(0.2+0.1)$ mm$=0.3$ mm。

（2）可逆解释。

在被测要素的几何公差（轴线垂直度）小于给定几何公差的条件下，即当 $f_{\perp}<0.2$ mm 时，被测要素的尺寸误差可以超差，即被测要素轴的实际尺寸可以超出极限尺寸 $\phi20$ mm，但是不可以超出所遵守的边界（最大实体实效边界）尺寸 $\phi20.2$ mm。图 4-29（b）中横轴的 $\phi20$ mm~$\phi20.2$ mm 为尺寸误差可以超差的范围（称为可逆范围）。

（3）动态公差图。

T、t 的动态公差图如图 4-29（b）所示，图形形状为三角形。

（4）遵守边界。

遵守最大实体实效边界，其边界尺寸为

$$d_{MV}=d_{max}+t_1=(\phi20+\phi0.2)\text{ mm}=\phi20.2\text{ mm}$$

（5）检验与合格条件。

采用位置量规检验被测要素的体外作用尺寸 d_{fe}，采用两点法检验被测要素的局部实际尺寸 d_a。其合格条件为

$$d_{fe}\leqslant\phi20.2\text{ mm}, \quad \phi19.9\text{ mm}<d_a<\phi20\text{ mm}$$

$$当 f_{\perp}<0.2\text{ mm 时}, \quad \phi19.9\text{ mm}<d_a<\phi20.2\text{ mm}$$

4.4.5 最小实体要求

1. 最小实体要求的公差解释

最小实体要求是相关原则中的三种要求之一，被测实际要素（关联要素）的实体（体内作用尺寸）遵循最小实体实效边界。被测实际要素的局部实际尺寸同时受最大实体尺寸和最小实体尺寸所限；几何公差 t 与尺寸公差 T_H（T_s）有关，在最小实体状态下给定的几何公差（多为位置公差）t_1 不为零（一定大于零，当 t_1 为零时，是一种特殊情况——最小实体要求的零几何公差）；当被测实际要素偏离最小实体状态时，几何公差获得补偿，补偿量来自尺寸公差，补偿量的一般计算公式为

$$t_2=|LMS-D_a(d_a)|$$

当被测实际要素为最大实体状态时，几何公差获得补偿最多，即 $t_{2max}=T_H$（T_s），这种情况下允许几何公差的最大值为

$$t_{max}=t_{2max}+t_1=T_H（T_s）+t_1$$

几何公差 t 与尺寸公差 T_H（T_s）的关系可以用动态公差图来表示，如图 4-30（b）所示。由于给定的几何公差 t_1 不为零，故动态公差图的图形一般为直角梯形。

2. 最小实体要求的应用与检测

最小实体要求主要用于需保证最小壁厚处（如空心的圆柱凸台、带孔的小垫圈等）的中心要素，一般是中心轴线的位置度、同轴度等。最小实体要求在零件图样上的标注是在几何公差框格内的几何公差给定值 t_1 后面加写 ⓛ，如图 4-30（a）所示。

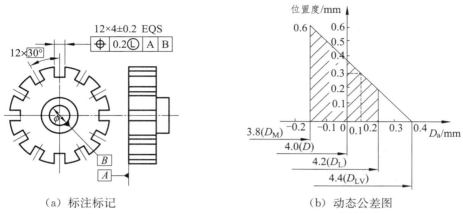

（a）标注标记　　　　　　　　　（b）动态公差图

图 4-30　最小实体要求

符合最小实体要求的被测实体（D_{fi}、d_{fi}）不得超越最小实体实效边界；被测要素的局部实际尺寸（D_a、d_a）不得超越最大实体尺寸和最小实体尺寸。生产中一般采用通用量具检验被测实际要素的体内作用尺寸（D_{fi}、d_{fi}）是否超越最小实体实效边界，即测量足够多的数据，采用绘图法求得被测要素的体内作用尺寸（D_{fi}、d_{fi}），再判定其是否超越最小实体实效边界，不超越为合格。被测实际要素的局部实际尺寸（D_a、d_a）按照两点法测量，以判定是否超越最大实体尺寸和最小实体尺寸，局部实际尺寸落入极限尺寸内为合格。符合最小实体要求的被测实际要素的合格条件为

对于孔（内表面）：

$$D_{fi} \leqslant D_{LV} = D_{max} + t_1, \ D_{min} = D_M < D_a < D_L = D_{max}$$

对于轴（外表面）：

$$d_{fi} \geqslant d_{LV} = d_{min} - t_1, \ d_{max} = d_M > d_a > d_L = d_{min}$$

3. 可逆要求用于最小实体要求

在不影响零件功能的前提下，位置公差可以反过来补偿尺寸公差，即位置公差有富余的情况下，允许尺寸误差超过给定的尺寸公差，这显然在一定程度上能够降低工件的废品率。在零件图样上，可逆要求用于最小实体要求的标注标记是在位置公差框格的第二格内位置公差值后面加写 ⓛ ⓡ，如图 4-31（a）所示。此时，尺寸公差有双重职能：①控制尺寸误差；②协助控制几何误差。而位置公差也有双重职能：①控制几何误差；②协助控制尺寸误差。图 4-31（a）所示的槽位置度，其可逆要求用于最小实体要求的动态公差图如图 4-31（b）所示，图中横轴上 4.2~4.4 mm 即为槽宽尺寸可以超差的范围（注意：只有当位置度误差小于 0.2 mm 时有效）。可逆要求用于最小实体要求的动态公差图，其形状由直角梯形变为直角三角形。

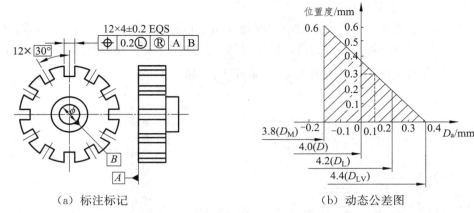

（a）标注标记　　　　　　　　　（b）动态公差图

图 4-31　可逆要求用于最小实体要求

4. 最小实体要求的实例分析

例 4-4　对图 4-30（a）作出公差解释。

解：（1）T、t 标注解释。

被测槽宽的尺寸公差 $T_H=0.4$ mm，$D_M=D_{min}=3.8$ mm，$D_L=D_{max}=4.2$ mm；在最小实体状态（4.2 mm）下给定的几何公差（位置度公差）$t_1=0.2$ mm。当被测要素尺寸偏离最小实体状态的尺寸 4.2 mm 时，几何公差获得补偿；当被测要素尺寸为最大实体状态的尺寸 3.8 mm 时，几何公差获得补偿最多，此时几何公差的最大值等于给定几何公差 t_1 与尺寸公差 T_H 的和，即 $t_{max}=（0.2+0.4）$ mm $=0.6$ mm。

（2）动态公差图。

T、t 的动态公差图如图 4-30（b）所示，图形形状为直角梯形。

（3）遵守边界。

遵守最小实体实效边界，其边界尺寸为

$$D_{LV}=D_{max}+t_1=（4.2+0.2）\text{mm}=4.4\text{ mm}$$

（4）合格条件。

被测要素的体内作用尺寸（D_{fi}）和局部实际尺寸（D_a）的合格条件为

$$D_{fi}\leqslant 4.4\text{ mm},\ 3.8\text{ mm}<D_a<4.2\text{ mm}$$

例 4-5　对图 4-31（a）作出公差解释。

解：（1）T、t 标注解释。

图 4-31（a）为可逆要求用于最小实体要求的槽的位置度问题。槽宽的尺寸公差 $T_H=$ 0.4 mm，即 $D_M=D_{min}=3.8$ mm，$D_L=D_{max}=4.2$ mm；在最小实体状态（4.2 mm）下给定位置度公差 $t_1=0.2$ mm。当被测要素偏离最小实体状态的尺寸时，位置度公差获得补偿；当被测要素尺寸为最大实体状态的尺寸 3.8 mm 时，位置度公差获得补偿最多，此时位置度公差的最大值等于给定位置度公差 t_1 与尺寸公差 T_H 的和，即 $t_{max}=（0.2+0.4）$ mm$=$ 0.6 mm。

（2）可逆解释。

在被测要素槽的位置度误差小于给定位置度公差的条件下，即当 $f_⊕<0.2$ mm 时，被

测要素槽的尺寸误差可以超差，即被测要素的实际尺寸可以超出极限尺寸 4.2 mm，但不可以超出所遵守的边界尺寸 4.4 mm。图 4-31（b）中横轴的 4.2～4.4 mm 为槽的尺寸误差可以超出的范围（称为可逆范围）。

（3）动态公差图。

T、t 的动态公差图如图 4-31（b）所示，图形形状为直角三角形。

（4）遵守边界。

遵守最小实体实效边界，其边界尺寸为

$$D_{LV} = D_{max} + t_1 = (4.2 + 0.2) \text{ mm} = 4.4 \text{ mm}$$

（5）合格条件。

被测要素的体内作用尺寸（D_{fi}）和局部实际尺寸（D_a）的合格条件为

$$D_{fi} \leqslant 4.4 \text{ mm}, \quad 3.8 \text{ mm} < D_a < 4.2 \text{ mm}$$

$$\text{当 } f_\phi < 0.2 \text{ mm 时}, \quad 3.8 \text{ mm} < D_a < 4.4 \text{ mm}$$

综上所述，公差原则是解决生产第一线中尺寸误差与几何误差关系等实际问题的常用规则。但由于相关原则的术语、概念较多，各种要求适用范围迥然不同，补偿、可逆、零公差、动态公差图等内容较抽象，再加上几何公差问题本来就较尺寸公差问题复杂，不免难以学透、不易用好。既然相关，不妨比较，有比较便可得以鉴别。以下把相关原则的三种要求做个详细比较，列在表 4-9 中，以供参考。

表 4-9　相关原则三种要求的比较

相关原则			包容要求	最大实体要求	最小实体要求
标注标记			Ⓔ	Ⓜ，可逆要求为 ⓂⓇ	Ⓛ，可逆要求为 ⓁⓇ
形位公差的给定状态及 t_1			最大实体状态下给定 $t_1 = 0$	最大实体状态下给定 $t_1 > 0$	最小实体状态下给定 $t_1 > 0$
特殊情况			无	$t_1 = 0$ 时，称为最大实体要求的零形位公差	$t_1 = 0$ 时，称为最小实体要求的零形位公差
遵守的理想边界	边界名称		最大实体边界	最大实体实效边界	最小实体实效边界
	边界尺寸计算公式	孔	$D_M = D_{min}$	$D_{MV} = D_{min} - t_1$	$D_{LV} = D_{max} + t_1$
		轴	$d_M = d_{max}$	$d_{MV} = d_{max} + t_1$	$d_{LV} = d_{min} - t_1$
几何公差 t 与尺寸公差 $T_H(T_S)$ 的关系	最大实体状态		$t_1 = 0$	$t_1 > 0$	$t_{max} = T_H(T_S) + t_1$
	最小实体状态		$t_{max} = T_H(T_S)$	$t_{max} = T_H(T_S) + t_1$	$t_1 > 0$
几何公差获得尺寸公差补偿量的一般计算公式			$t_2 = |MMS - D_a(d_a)|$	$t_2 = |MMS - D_a(d_a)|$	$t_2 = |LMS - D_a(d_a)|$
检验方法及量具			采用光滑极限量规，通规检测 $D_{fe}(d_{fe})$，止规检测 $D_a(d_a)$	$D_{fe}(d_{fe})$ 采用位置量规，$D_a(d_a)$ 采用两点法测量	尚无量规，$D_{fi}(d_{fi})$ 采用通用量具，$D_a(d_a)$ 采用两点法测量

相关原则		包容要求	最大实体要求	最小实体要求
合格条件	孔	$D_{fe} \geqslant D_M$，$D_a < D_L$	$D_{fe} \geqslant D_{MV}$，$D_M < D_a < D_L$	$D_{fi} \leqslant D_{LV}$，$D_M < D_a < D_L$
	轴	$d_{fe} \leqslant d_M$，$d_a > d_L$	$d_{fe} \leqslant d_{MV}$，$d_L < d_a < d_M$	$d_{fi} \geqslant d_{LV}$，$d_L < d_a < d_M$
适用范围		保证配合性质的单一要素	保证容易装配的关联中心要素	保证最小壁厚的关联中心要素
可逆要求		不适用，尺寸公差只能补给几何公差	适用，不仅尺寸公差能补给几何公差，在一定条件下尺寸公差也可以获得来自几何公差的补偿	适用，不仅尺寸公差能补给几何公差，在一定条件下尺寸公差也可以获得来自几何公差的补偿
动态公差图形状		一般为直角三角形，限制几何公差最大值则为直角梯形	一般为直角梯形，限制几何公差最大值则为具有三个直角的五边形，适用可逆要求时（不限制几何公差最大值）则为直角三角形，零几何公差时也为直角三角形	一般为直角梯形，限制几何公差最大值则为具有三个直角的五边形，适用可逆要求时（不限制几何公差最大值）则为直角三角形，零几何公差时也为直角三角形，与最大实体要求的动态公差图形状呈现镜像关系（关于镜面对称）

4.5　几何精度的设计

零件几何精度的设计方法和选用对保证产品质量和降低制造成本具有十分重要的意义。几何精度的设计主要包括几何公差特征项目的选择、几何公差值的选择、公差原则和公差要求的选择。

4.5.1　几何公差特征项目的选择

总原则：在保证零件功能要求的前提下，应尽量使几何公差项目减少，检测方便简便，以获得较好的经济效益。几何公差特征项目的设计和选用取决于零件的几何特征、功能要求和检测方便性等方面。

1. 零件的几何特征

形状公差项目的设计主要是按照要素的几何形状特征制定的，这是设计单一要素公差项目的基本依据。如控制平面的形状误差应选择平面度，控制导轨导向面的形状误差应选择直线度，控制圆柱面的形状误差应选择圆度和圆柱度。

方向和位置公差项目的设计主要是按照要素间的几何方位关系制定的，所以设计关联要素的公差项目以它与基准间的几何方位关系为基本依据，如对线（中心线）、面可规定方向和位置公差，对点只能规定位置度公差，对回转零件规定同轴度公差和跳动公差。

2. 零件的功能要求

零件的功能不同，对几何公差设计应提出不同的公差要求。应分析几何误差对零件使用性能的影响，如平面的形状误差将影响支承面的稳定性和定位可靠性，影响贴合面的密封性和滑动面的磨损；导轨面的形状误差将影响导向精度；圆柱面的形状误差将影响连接强度和可靠性，影响转动配合的间隙均匀性和运动平稳性；轮廓表面或中心要素的方向或位置误差将直接决定机器的装配精度和运动精度，如齿轮箱体上两孔中心线不平行将影响齿轮副的接触精度，并降低承载能力；滚动轴承的定位轴肩和轴线不垂直将影响轴承的旋转精度等。

3. 检测方便性

从检测是否方便考虑，有时可将所需的公差项目用控制效果相同或相近的公差项目来代替。例如，不能测要素为圆柱面时，因为跳动公差检测方便，可用径向跳动来代替圆柱度或圆度；用轴向全跳动代替端面对中心线的垂直度等。

4.5.2　几何公差值的选择

机器零部件的几何误差对机器或仪器的正常工作有很大的影响，因此，合理、正确地确定几何公差值，对保证机器与仪器的功能要求、提高经济效益是十分重要的。几何公差值的选用原则与尺寸公差值的选用原则相同，即在满足零件功能要求的前提下，尽量选用最经济的公差值（较低的公差等级，即较大的公差值）。

GB/T 1184—1996 规定图样中标注的几何公差有两种形式：未注公差和注出公差。未注公差是各类工厂中常用设备能保证的精度。零件大部分要素的几何公差值均应遵循未注公差的要求，图样上不必注出。只有当零件要素的几何公差值要求较高（小于未注公差值）时，加工后必须经过检验，或者当零件要素的几何公差值大于未注公差值，能给工厂带来经济效益时，才需要在几何公差框格中给出公差要求。

1. 几何公差的未注公差值

线轮廓度、面轮廓度、倾斜度、位置度和全跳动的未注公差，均由各要素的注出或未注出线性尺寸公差或角度公差控制，在图样上不用值作特殊标注。

圆度的未注公差等于极限与配合标准中规定的直径公差值，但不可大于表 4-17 中规定的圆跳动公差值。

对圆柱度的未注公差值不做单独规定，圆柱度误差由圆度、直线度和相对素线的平行度误差组成，其中每一项误差均由它们的注出公差或未注公差控制。

平行度的未注公差等于给出的尺寸公差值，或者取直线度和平面度未注公差值中的较大者；同轴度的未注公差可与表 4-10 中规定的圆跳动的未注公差值相等。

GB/T 1184—1996 对圆跳动、对称度、垂直度、直线度和平面度的未注公差规定了 H、K、L 三个公差等级，选用时应在技术要求中注出标准号和公差等级代号，如：未注几何公差按 GB/T 1184—L。常见的未注几何公差的等级和数值见表 4-10～表 4-13。

表 4－10　圆跳动的未注公差值

（单位：mm）

公差等级	圆跳动公差值
H	0.1
K	0.2
L	0.5

注：摘自 GB/T 1184—1996。

表 4－11　对称度的未注公差值

（单位：mm）

公差等级	基本长度范围			
	≤100	>100～300	>300～1000	>1000～3000
H	0.5			
K	0.6		0.8	1
L	0.6	1	1.5	2

注：摘自 GB/T 1184—1996。

表 4－12　垂直度的未注公差值

（单位：mm）

公差等级	基本长度范围			
	≤100	>100～300	>300～1000	>1000～3000
H	0.2	0.3	0.4	0.5
K	0.4	0.6	0.8	1
L	0.6	1	1.5	2

注：摘自 GB/T 1184—1996。

表 4－13　直线度和平面度的未注公差值

（单位：mm）

公差等级	基本长度范围					
	≤10	>10～30	>30～100	>100～300	>300～1000	>1000～3000
H	0.02	0.05	0.1	0.2	0.3	0.4
K	0.05	0.1	0.2	0.4	0.6	0.8
L	0.1	0.2	0.4	0.8	1.2	1.6

注：摘自 GB/T 1184—1996。

2. 几何公差的注出公差值

注出几何公差的精度高低是用公差等级表示的。按照 GB/T 1184—1996 的规定，除线轮廓度、面轮廓度和位置度未规定公差等级外，其余项目均有规定，各项目的各级公差值见表 4－14～表 4－17。

对位置度，国家标准只规定了公差值数系，而未规定公差等级，见表 4－18。

表 4－14 直线度和平面度的公差值

主参数 L/mm	公差等级											
	1	2	3	4	5	6	7	8	9	10	11	12
	公差值/μm											
≤10	0.2	0.4	0.8	1.2	2	3	5	8	12	20	30	60
>10~16	0.25	0.5	1	1.5	2.5	4	6	10	15	25	40	80
>16~25	0.3	0.6	1.2	2	3	5	8	12	20	30	50	100
>25~40	0.4	0.8	1.5	2.5	4	6	10	15	25	40	60	120
>40~63	0.5	1	2	3	5	8	12	20	30	50	80	150
>63~100	0.6	1.2	2.5	4	6	10	15	25	40	60	100	200
>100~160	0.8	1.5	3	5	8	12	20	30	50	80	120	250
>160~250	1	2	4	6	10	15	25	40	60	100	150	300
>250~400	1.2	2.5	5	8	12	20	30	50	80	120	200	400
>400~630	1.5	3	6	10	15	25	40	60	100	150	250	500
>630~1000	2	4	8	12	20	30	50	80	120	200	300	600

注：1. 摘自 GB/T 1184—1996。2. 主参数 L 为轴、直线、平面的长度。

表 4－15 圆度和圆柱度的公差值

主参数 d（D）/mm	公差等级												
	0	1	2	3	4	5	6	7	8	9	10	11	12
	公差值/μm												
≤3	0.1	0.2	0.3	0.5	0.8	1.2	2	3	4	6	10	14	25
>3~6	0.1	0.2	0.4	0.6	1	1.5	2.5	4	5	8	12	18	30
>6~10	0.12	0.25	0.4	0.6	1	1.5	2.5	4	6	9	15	22	36
>10~18	0.15	0.25	0.5	0.8	1.2	2	3	5	8	11	18	27	43
>18~30	0.2	0.3	0.6	1	1.5	2.5	4	6	9	13	21	33	52
>30~50	0.25	0.4	0.6	1	1.5	2.5	4	7	11	16	25	39	62
>50~80	0.3	0.5	0.8	1.2	2	3	5	8	13	19	30	46	74
>80~120	0.4	0.6	1	1.5	2.5	4	6	10	15	22	35	54	87
>120~180	0.6	1	1.2	2	3.5	5	8	12	18	25	40	63	100
>180~250	0.8	1.2	2	3	4.5	7	10	14	20	29	46	72	115
>250~315	1.0	1.6	2.5	4	6	8	12	16	23	32	52	81	130
>315~400	1.2	2	3	5	7	9	13	18	25	36	57	89	140
>400~500	1.5	2.5	5	6	8	10	15	20	27	40	63	97	155

注：1. 摘自 GB/T 1184—1996。2. 主参数 d（D）为轴（孔）的直径。

表 4-16 平行度、垂直度和倾斜度的公差值

主参数 L，d (D) /mm	公差等级											
	1	2	3	4	5	6	7	8	9	10	11	12
	公差值/μm											
≤10	0.4	0.8	1.5	3	5	8	12	20	30	50	80	120
>10~16	0.5	1	2	4	6	10	15	25	40	60	100	150
>16~25	0.6	1.2	2.5	5	8	12	20	30	50	80	120	200
>25~40	0.8	1.5	3	6	10	15	25	40	60	100	150	250
>40~63	1	2	4	8	12	20	30	50	80	120	200	300
>63~100	1.2	2.5	5	10	15	25	40	60	100	150	250	400
>100~160	1.5	3	6	12	20	30	50	80	120	200	300	500
>160~250	2	4	8	15	25	40	60	100	150	250	400	600
>250~400	2.5	5	10	20	30	50	80	120	200	300	500	800
>400~630	3	6	12	25	40	60	100	150	250	400	600	1000
>630~1000	4	8	15	30	50	80	120	200	300	500	800	1200

注：1. 摘自 GB/T 1184—1996。2. 主参数 L 为给定平行度时轴线或平面的长度，或给定垂直度、倾斜度时被测要素的长度。3. 主参数 d (D) 为给定面对线垂直度时，被测要素的轴（孔）的直径。

表 4-17 同轴度、对称度、圆跳动和全跳动的公差值

主参数 d (D)， B，L/mm	公差等级											
	1	2	3	4	5	6	7	8	9	10	11	12
	公差值/μm											
≤1	0.4	0.6	1.0	1.5	2.5	4	6	10	15	25	40	60
>1~3	0.4	0.6	1.0	1.5	2.5	4	6	10	20	40	60	120
>3~6	0.5	0.8	1.2	2	3	5	8	12	25	50	80	150
>6~10	0.6	1	1.5	2.5	4	6	10	15	30	60	100	200
>10~18	0.8	1.2	2	3	5	8	12	20	40	80	120	250
>18~30	1	1.5	2.5	4	6	10	15	25	50	100	150	300
>30~50	1.2	2	3	5	8	12	20	30	60	120	200	400
>50~120	1.5	2.5	4	6	10	15	25	40	80	150	250	500
>120~250	2	3	5	8	12	20	30	50	100	200	300	600
>250~500	2.5	4	6	10	15	25	40	60	120	250	400	800

注：1. 摘自 GB/T 1184—1996。2. 主参数 d (D) 为给定同轴度或给定圆跳动、全跳动时的轴（孔）的直径。3. 圆锥体斜向圆跳动公差的主参数为平均直径。4. 主参数 B 为给定对称度时槽的宽度。5. 主参数 L 为给定两孔对称度时的孔心距。

表 4-18　位置度公差值数系

（单位：μm）

1	1.2	1.5	2	2.5	3	4	5	6	8
1×10^n	1.2×10^n	1.5×10^n	2×10^n	2.5×10^n	3×10^n	4×10^n	5×10^n	6×10^n	8×10^n

注：1. 摘自 GB/T 1184—1996。2. n 为正整数。

3. 几何公差值的选择

几何公差值的选择原则是在满足零件功能要求的前提下，兼顾工艺性、经济性和检测条件，尽量选择较大的公差值。此外，还需考虑下列情况：

（1）同一要素上给出的形状公差值应小于方向公差值、位置公差值和跳动公差值。一般应满足：$t_{形状} < t_{方向} < t_{位置} < t_{跳动}$。如要求平行的两个表面，其平面度公差值应小于平行度公差值。

（2）平行度公差值应小于其相应的距离公差值。

（3）圆柱形零件的形状公差值（轴线的直线度除外）一般情况下应小于其尺寸公差值。

（4）位置度公差的确定。对于用螺栓或螺钉联接两个或两个以上的零件上孔组各个孔的位置度公差，可根据螺栓或螺钉与通孔间的最小间隙 $X_{\min}$ 确定。用螺栓联接时，由于各个被联接上的孔均为通孔，位置度公差 $t = X_{\min}$；用螺钉联接时，被联接零件上通孔的位置度公差 $t = 0.5 X_{\min}$，计算出的位置度公差值按照表 4-18 进行规范。

表 4-19～表 4-22 给出了几何公差的应用场合。

表 4-19　直线度、平面度公差等级应用

公差等级	应用举例
5	1 级平板，2 级宽平尺，平面磨床的纵导轨、垂直导轨、立柱导轨及工作台，液压龙门刨床和六角车床床身导轨，柴油机进气、排气阀导杆
6	普通机床导轨，如普通车床、龙门刨床、滚齿机、自动车床等的床身导轨、立柱导轨，柴油机壳体
7	2 级平板，机床主轴箱，摇臂钻床底座和工作台，镗床工作台、液压泵盖，减速器壳体结合面
8	机床传动箱体，交换齿轮箱体，车床溜板箱体，柴油机气缸体，连杆分离面，缸盖结合面汽车发动机缸盖、曲轴箱结合面，液压管件和法兰连接面
9	3 级平板，自动车床床身底面，摩托车曲轴箱体，汽车变速箱壳体，手动机械的支承面

表 4-20　圆度、圆柱度公差等级应用

公差等级	应用举例
5	一般计量仪器主轴、测杆外圆柱面，陀螺仪轴颈，一般机床主轴轴颈及主轴轴承孔，柴油机、汽油机活塞、活塞销，与 6 级滚动轴承配合的轴颈
6	仪表端盖外圆柱面，一般机床主轴及前轴承孔，泵、压缩机的活塞、气缸，汽油发动机凸轮轴，纺机锭子，减速器转轴轴颈，高速船用柴油机、拖拉机曲轴主轴颈，与 6 级滚动轴承配合的外壳孔，与 0 级滚动轴承配合的轴颈

公差等级	应用举例
7	大功率低速柴油机曲轴轴颈、活塞、活塞销、连杆、气缸，高速柴油机箱体轴承孔，千斤顶或压力油缸活塞，机车传动轴，水泵及通用减速器转轴轴颈，与0级滚动轴承配合的外壳孔
8	大功率低速发动机曲轴轴颈，压气机连杆盖、连杆体，拖拉机气缸、活塞，炼胶机冷铸轴辊，印刷机传墨辊，内燃机曲轴轴颈，柴油机凸轮轴轴承孔、凸轮轴，拖拉机、小型船用柴油机汽缸套
9	空气压缩机缸体，液压传动筒，通用机械杠杆与拉杆用套筒销子，拖拉机活塞环、套筒孔

表4－21 平行度、垂直度、倾斜度及轴向跳动公差等级应用

公差等级	应用举例
4，5	卧式车床导轨、重要支承面，机床主轴轴孔对基准的平行度，精密机床重要零件，计量仪器、量具、模具的基准面和工作面，机床床头箱体重要孔，通用减速器壳体孔，齿轮泵的油孔端面，发动机轴和离合器的凸缘，气缸支承端面，精密滚动轴承的壳体孔的凸肩
6，7，8	一般机床的工作面和基准面，压力机和锻锤的工作面，机床一般轴承孔对基准的平行度，变速器箱体孔，主轴花键对定心表面轴线的平行度，重型机械滚动轴承端盖，卷扬机、手动传动装置中的传动轴，一般导轨，主轴箱体孔，刀架、砂轮架、气缸配合面对基准轴线以及活塞销孔对活塞轴线的垂直度，滚动轴承内、外圈端面对轴线的垂直度
9，10	低精度零件，重型机械滚动轴承端盖，柴油机、煤气发动机箱体曲轴孔、曲轴轴颈，花键轴和轴肩端面，带式运输机法兰等端面对轴线的垂直度，手动卷扬机及传动装置中轴承孔端面，减速器壳体平面

表4－22 同轴度、对称度、径向跳动公差等级应用

公差等级	应用举例
5，6，7	这几个公差等级应用较广，用于几何精度要求较高、尺寸公差等级不低于IT8的零件。5级常用于机床主轴轴颈，计量仪器的测杆，涡轮机主轴，柱塞泵转子，高精度滚动轴承外圈，一般精度滚动轴承内圈。6、7级用于内燃机主轴、凸轮轴、齿轮轴、水泵轴、汽车后轮输出轴、电动机转子、印刷机传墨辊的轴颈、键槽
8，9	常用于几何精度要求一般、尺寸公差等级为IT9～IT11的零件。8级用于拖拉机发动机分配轴轴颈，与9级精度以下齿轮相配的轴，水泵叶轮，离心泵体，棉花精梳机前后滚子，键槽等。9级用于内燃机气缸套配合面，自行车中轴

4.5.3 公差原则和公差要求的选择

1. 独立原则

独立原则是处理尺寸公差和几何公差关系的基本原则，以下情况一般采用独立原则：当对零件要素有特殊功能要求时，如对导轨的工作面提出直线度或平面度公差要求；当尺寸公差和几何公差均有较严格精度要求且需要分别满足时，如对滚动轴承进行精度设计时，为了保证轴承内圈与轴的旋转精度要求，对减速器轴颈分别提出尺寸精度和圆柱度几何公差要求；当尺寸公差和几何公差相差较大时，如打印机或印刷机的滚筒，其圆柱度精度要求较高,但尺寸精度要求较低,应分别提出要求。

2. 公差要求

在需要严格保证配合性质的场合采用包容要求,如滚动轴承内圈与轴颈配合,要严格保证其配合性质,轴承内圈与轴颈都应采用包容要求。

对无配合性质要求,只要求保证可装配性的场合采用最大实体要求,如轴承盖与底座装配时,轴承盖上的孔的位置度公差采用最大实体要求,用孔与螺钉之间的间隙补偿位置度公差,可以降低加工成本,利于装配。

在需要保证零件强度和最小壁厚的场合采用最小实体要求。

在不影响使用性能的前提下,为了充分利用图样上的公差带以提高经济效益,可将可逆要求应用于最大(小)实体要求。

4.5.4　基准的选择

关联要素有方向、位置或跳动公差要求时,需要确定基准要素。选择基准时主要根据零件的功能和设计要求,并兼顾基准统一原则和零件的结构特征,应从以下几方面考虑:

(1) 从设计功能上考虑,根据零件的功能要求和要素间的几何关系选择基准。如对于回转类零件(轴或孔类零件),以轴线或孔的中心线作为基准。

(2) 从加工、测量上考虑,一般选择加工时夹具或测量时量具定位的要素作为基准,并考虑这些表面作基准时要便于设计工具、夹具和量具,尽量使测量基准与设计基准统一。

(3) 从装配上考虑,一般选择相互配合或相互接触的表面为基准,以保证零件正确装配。如箱体的装配底面作为基准,应尽量使设计、加工、测量和装配基准统一。

(4) 采用多基准时,通常选择对被测要素影响最大的表面或定位最稳的表面作为第一基准。

4.5.5　几何精度设计实例

例 4-6　如图 4-32 所示的减速器轴设计实例分析,根据减速器中对该轴的功能要求,其几何公差设计过程如下:轴的外伸端 $\phi45^{+0.042}_{+0.017}$ mm 和轴头 $\phi58^{+0.060}_{+0.041}$ mm 分别与带轮内孔和齿轮内孔配合,为保证配合性质,采用包容要求;为保证带轮和齿轮的定位精度和装配精度,对轴肩和轴环相对于公共基准轴线 A-B 提出了轴向圆跳动公差为 0.015 mm 的要求,对两轴头表面分别提出了径向圆跳动公差为 0.017 mm 和 0.022 mm 的要求。

两个轴颈 $\phi55^{+0.021}_{+0.002}$ mm 与轴承内圈配合,因为滚动轴承的工作性能、承载能力和使用寿命不仅取决于本身的制造精度,还与配合件的配合性质密切相关,为了保证两个轴颈和轴承内圈的配合性质,这里同时采用包容要求;为了保证轴承的安装精度,对轴颈表面提出了圆柱度公差为 0.005 mm 的要求;为了保证旋转精度,对轴环端面相对于公共基准轴线 A-B 提出了轴向圆跳动公差为 0.015 mm 的要求;为了保证轴承外圈与箱体孔的配合性质,需要控制两轴颈的同轴度误差,因此对两轴颈提出了径向圆跳动公差为 0.021 mm 的要求。

为了保证轴与轴上零件（齿轮或带轮）的平键联接质量，对 $\phi45^{+0.042}_{+0.017}$ mm 轴头上的键槽对称中心面提出了对称度公差为 0.02 mm 的要求，对 $\phi58^{+0.060}_{+0.041}$ mm 轴头上的键槽对称中心面提出了对称度公差为 0.02 mm 的要求，基准都是所在轴的轴线。

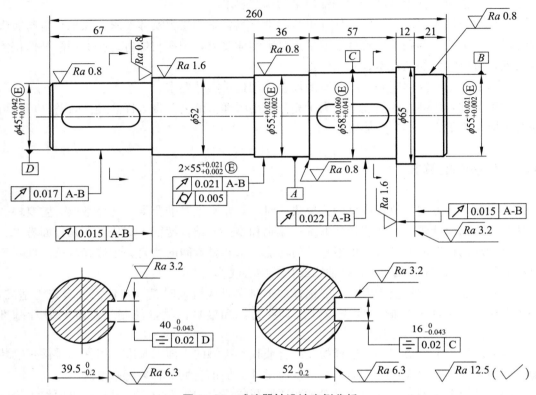

图 4-32　减速器轴设计实例分析

图 4-33 为减速器中的轴承盖设计实例。为了保证轴承盖和底座孔的可装配性，对轴承盖上的孔提出了位置度公差为 $\phi0.1$ mm 的要求，同时为了获得经济效益，对只保证可装配性零件采用最大实体要求；为保证装配时螺钉能顺利装入，采用延伸公差带，并在图样上注出延伸长度。

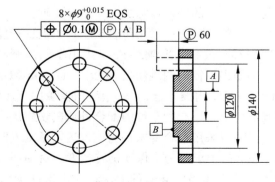

图 4-33　轴承盖设计实例分析

4.6　几何误差的评定与检测原则

几何公差带的形状、方向与位置是多种多样的，这取决于被测要素的几何理想要素和设计要求，并以此评定几何误差。若被测实际要素全部位于几何公差带内，零件的几何精度合格；反之，则不合格。

4.6.1　几何误差的评定

几何公差带具有大小、形状、方位三要素，该三要素将在标注中体现出来。最小包容区域也同样具有大小、形状、方位三要素，最小包容区域的尺度即为几何误差值。最小包容区域与几何公差带除大小和性质外，其他要素完全相同。如果能正确确定被测要素的最小包容区域，则几何公差带也就一目了然。

零件的几何误差合格性条件是被测要素的几何误差值不大于相应的几何公差值，即 $f \leqslant t$。也就是说，零件的几何误差若合格，则其被测要素的最小包容区域必须能够为相应的几何公差带所包容。

1. 形状误差的评定

形状公差是指实际单一要素的形状相对于理想要素形状的允许变动量。形状误差是被测实际要素的形状对其理想要素形状的变动量。在数值上，形状误差不应大于形状公差。因此，直线度、平面度、圆度误差的合格性应按照如图 4-34 所示的形状误差的最小包容区域来评定。

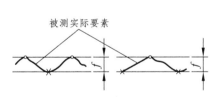

（a）直线度误差的最小包容区域　　　（b）圆度误差的最小包容区域

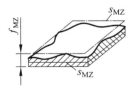

○ 高极点
□ 低极点

（c）平面度误差的最小包容区域（三角形准则）

图 4-34　形状误差的评定

2. 定向误差的评定

定向公差是指实际关联要素相对于基准的实际方向对理想方向的允许变动量。平行度、垂直度和倾斜度误差的合格性应按照如图 4-4 所示的定向误差的最小包容区域来评定。

3. 定位误差的评定

定位误差是指实际关联要素相对于基准的实际位置对理想位置的允许变动量。定位误差的合格性应按照如图 4−35 所示的定位误差（点、线的位置度误差）的最小包容区域来评定。

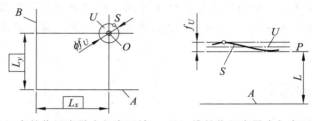

（a）点的位置度最小包容区域　（b）线的位置度最小包容区域

图 4−35　定位误差的评定

评定形状、定向和定位误差的最小包容区域的大小是有区别的，这与形状、定向和定位公差带大小的特点相类似。不涉及基准的形状最小包容区域的尺度最小，涉及基准的定位最小包容区域的尺度最大，涉及基准的定向最小包容区域的尺度在二者之间，如图 4−36 所示。

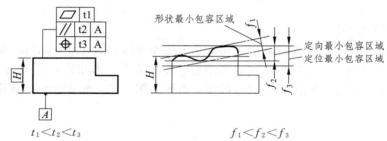

（a）形状、定向和定位公差标注　（b）评定形状、定向和定位误差的最小包容区域

图 4−36　评定形状、定向和定位误差的区别

在形状误差的评定中，最小二乘圆法原理是普遍适用的。例如，用最小二乘圆法评定圆度误差，如图 4−37 所示。最小二乘圆是指被测实际圆上各点至该圆的距离的平方和为最小的圆。从最小二乘圆的圆心作包容实际圆的两个同心圆，这两个同心圆的半径差即为圆度误差值。

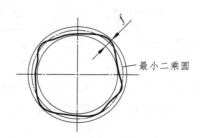

图 4−37　用最小二乘圆法评定圆度误差

4.6.2　几何误差的检测原则

由于被测零件的结构特点、尺寸大小和精度要求不同，检测时使用的设备及条件不同，可引出这样一个事实：对于同一几何误差项目，可以使用不同的检测方法进行检测。从检测原理上说，可以将几何误差的检测方法概括为以下五种检测原则。

1. 与理想要素比较原则

与理想要素比较原则是指将实际被测要素与其理想要素做比较，从中获得测量数据，进而评定几何误差。如图 4-38（a）所示，就是将实际被测直线与刀口尺的刃口（模拟理想直线）相比较，根据其间的间隙大小来确定直线度误差值。再如图 4-38（b）所示，是将实际被测平面与平板的工作面（模拟理想平面，也是测量基准）相比较，取得被测实际平面上各点的测量数据（指示表示值），然后按照一定的规则处理测量数据，确定平面度误差值。

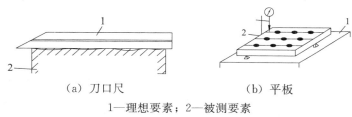

(a) 刀口尺　　　　　　　　(b) 平板

1—理想要素；2—被测要素

图 4-38　与理想要素比较原则

2. 测量坐标值原则

测量坐标值原则是指利用计量器具固有的坐标系，测出被测实际要素上各测点的相对坐标值，再经过精确计算从而确定几何误差值。如图 4-35（a）所示，在坐标测量仪器上测得被测零件的孔轴线 S 的实际坐标值（实际位置），应当使零件基准与测量系统的坐标轴方向一致。然后，与理想位置相比较，得到实际坐标值与理论坐标值的偏差值，再利用数学方法求得被测轴线的位置度误差值，即

$$\phi f_U = 2\sqrt{(x - L_x)^2 + (y - L_y)^2}$$

3. 测量特征参数原则

测量特征参数原则是指测量实际被测要素上具有代表性的参数，用以表示几何误差值。这种检测原则是不符合几何误差定义的，只是近似地表示而已。如采用两点法测量圆柱面的圆度误差，就是在一个横截面内的几个方向上测量直径值，取相互垂直的两直径的差值中的最大值的一半，视为该截面内的圆度误差值。这显然不符合圆度误差的评定区域定义，但由于方法简易，仍具有实用价值。

4. 测量跳动原则

跳动是按照回转体零件特有的测量方法来定义的位置误差项目。测量跳动原则是针对圆跳动和全跳动的定义与实现方法概括出的检测原则。图 4-39 为径向圆跳动和端面跳动的测量示意图。被测零件的基准用心轴轴线（两顶尖的公共轴线）体现，即测量基准。被测实际圆柱面绕着基准轴线回转一周，位置固定的指示表的测头径向移动量的最大值（指

示表的最大与最小示值的差值）表示被测实际圆柱面的径向圆跳动误差值。要注意：同轴度误差和形状误差是混在一起的。被测实际端面绕基准轴线回转一周过程中，位置固定的指示表的测头轴向移动量的最大值（指示表的最大与最小示值的差值）表示被测实际端面的端面圆跳动误差值。

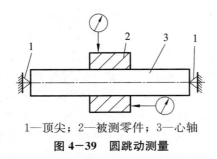

1—顶尖；2—被测零件；3—心轴

图 4-39 圆跳动测量

5. 边界控制原则

若按照包容要求或最大实体要求给出形位公差，就相当于给定了最大实体或最大实体实效边界，就是要求被测要素的实际轮廓不得超出该边界。边界控制原则就是指用光滑极限量规的通规或位置量规（只有通规）的工作表面来模拟体现图样给定的边界，以便检测被测要素体外作用尺寸的合格性。若量规的通规测头能够通过被测要素的实际轮廓，则表示被测要素的体外作用尺寸合格。图 4-40 为一个阶梯轴的轴线同轴度量规，按照边界控制原则检测轴的体外作用尺寸。图中的工件大端圆柱体（被测要素的实际轮廓）应遵守最大实体边界——由 $d_M = \phi 25 \text{ mm}$（最大实体尺寸）所确定的位置量规测头（直径为 25 mm 的理想圆柱孔）。

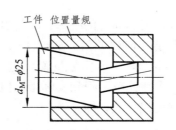

图 4-40 测量同轴度的位置量规

4.7 几何误差评定实例

形状和位置误差对机器零件的使用功能有很大影响。例如，圆柱表面的形状误差在间隙配合中会使间隙大小分布不均，造成局部磨损加快，从而降低零件的使用寿命；平面的形状误差会减少互配零件的实际支承面积，增大单位面积压力，使接触表面的变形增大。又如，机床主轴装卡盘的定心锥面对两轴颈的跳动误差会影响卡盘的旋转精度；在齿轮传动中，两轴承孔的轴线平行度误差过大会降低轮齿的接触精度。总之，零件的形状和位置误差对机器、仪器的工作精度、使用寿命等都有直接的影响；对高温、重载等条件下工作的机器及精密机械仪器，影响则更甚。所以，为了保证零件的使用功能，并达到预期的使用寿命，需要控制零件的形状和位置误差；为了保证零件是合格的，需要对零件的形状和位置误差进行评定。

4.7.1　直线度误差的评定

直线度误差是机械零件几何误差项目之一，如机床导轨的直线度误差会影响零件的加工精度，会影响活塞销轴承的润滑性能。《直线度误差检测》（GB/T 11336—2004）规定：直线度误差是实际直线对其理想直线的变动量，理想直线的位置应符合最小条件。即用直线度最小包容区域的宽度 f 或直径 ϕf 表示的数值。

直线度误差的评定方法有最小包容区域法、最小二乘法和两端点连线法。其中，最小包容区域法的评定结果小于或等于其他两种评定方法。

最小包容区域判别法：

（1）在给定平面内，由两平行直线包容实际直线时，成高—低—高或低—高—低相间接触形式之一，如图 4-41 所示。

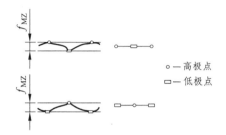

图 4-41　给定平面内直线度最小包容区域判别

（2）在给定方向上，由两平行平面包容实际直线时，沿主方向（长度方向）上成高—低—高或低—高—低相间接触形式之一，如图 4-42 所示。也可按照投影进行判别，其投影方向应垂直于主方向和给定方向。

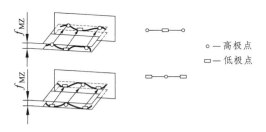

图 4-42　给定方向上直线度最小包容区域判别

例 4-7　用 Agilent 5529A 双频激光测量系统对一根精密直线导轨进行直线度误差检测，得到一系列采样点的间距为 40 mm 的直线度误差检测数据，见表 4-23。试利用 GB/T 11336—2004 中的最小区域极点计算法对数据进行直线度误差评估。

表 4-23　精密导轨的直线度误差检测数据

（单位：μm）

偏差值	0	−6.64	−8.14	−0.24	5.70	3.67	−6.67	−24.22	−32.04
	−1.92	−7.41	−6.08	2.57	5.03	1.66	−10.94	−29.78	−36.99
	−5.67	−8.72	−3.38	4.37	5.59	−1.64	−14.57	−33.94	

解：对测量数据进行直线度误差的最小区域法评估，采用 GB/T 11336—2004 中的最小区域极点计算法得到如图 4-43 所示的评定结果，三点分别为第 3 点（低）、第 15 点（高）、第 26 点（低），计算出导轨直线度误差值为 27.600 μm。

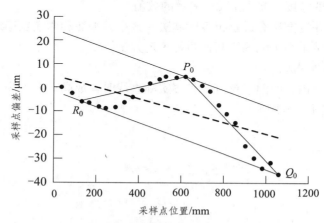

图 4-43　精密导轨测量数据的直线度误差评定结果

4.7.2　平面度误差的评定

平面度误差是机械零件几何误差项目之一，其测量与评定无论是对有平面度公差要求的零件合格性的判定，还是对提高零件的加工精度都有着重要意义。《平面度误差检测》（GB/T 11337—2004）规定：平面度误差是实际平面对其理想平面的变动量，理想平面的位置应符合最小条件。即用平面度最小包容区域的宽度 f 表示的数值。

平面度误差的评定方法有最小包容区域法、最小二乘法、对角线平面法和三远点平面法。其中，最小包容区域法的评定结果小于或等于其他三种评定方法。最小包容区域法的关键是获取最小包容区域，其宽度或直径即为平面度误差值。最小包容区域判别法：由两平行平面包容实际表面时，至少有三点或四点与之接触。它有下列三种准则：

（1）三角形准则：三个高极点与一个低极点（或相反），其中一个低极点（或高极点）位于三个高极点（或低极点）构成的三角形之内或位于三角形的一条边线上，如图 4-44 所示。

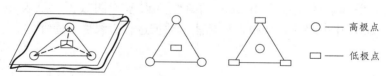

图 4-44　最小包容区域判别法之三角形准则

（2）交叉准则：成相互交叉形式的两个高极点与两个低极点，如图 4-45 所示。

图 4-45　最小包容区域判别法之交叉准则

（3）直线准则：成直线排列的两个高极点与一个低极点（或相反），如图 4-46 所示。

图 4-46　最小包容区域判别法之直线准则

例 4-8　用打表法测得一平面（一共 9 个点）相对于其测量基准面的坐标值（单位：μm）如图 4-47 所示，试用最小包容区域求其平面度误差值。

⓪	+4	+6
-3	(+20)	⑨
⑩	-3	+8

图 4-47　最小包容区域法求平面度误差值

解：从测量结果（图 4-47）可以看出，三个最低点坐标值为 0、-9、-10，最高点坐标值为 +20，满足三角形准则，即由这四个点可以构成最小包容区域（包容实际被测平面，并具有最小宽度的两平行平面围成的区域）。这里要用到平面旋转坐标变换，其变换矩阵如图 4-48 所示。

0	P	$2P$
Q	$P+Q$	$2P+Q$
$2Q$	$P+2Q$	$2P+2Q$

图 4-48　平面旋转坐标变换矩阵

按照平面旋转坐标换算，可得到两个方程式：

$$\begin{cases} 0+0=-10+2Q \\ -9+2P+Q=-10+2Q \end{cases} \Rightarrow \begin{cases} Q=+5 \\ P=+2 \end{cases}$$

用旋转坐标换算后得到矩阵

0	$+4+P$	$+6+2P$
$-3+Q$	$+20+P+Q$	$-9+2P+Q$
$-10+2Q$	$-3+P+2Q$	$+8+2P+2Q$

带入数据 Q 和 P 的值得到

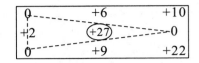

所以，平面度误差 $f = (+27) - 0 = 27 \ \mu\text{m}$。

4.7.3　圆度误差的评定

在机械工业生产中，很多加工零件属于回转体零件，即圆形工作面。零件的圆度误差会直接影响回转类零件的互换性和配合精度，加剧相配件之间的磨损、振动，降低其使用性能和寿命。因此，为了保证零件的使用功能和预期使用寿命，要严格控制零件的圆度误差。首先，我们要对零件的圆度误差进行评定。

1. 圆度误差的评定

《产品几何量技术规范（GPS）　评定圆度误差的方法　半径变化量测量》（GB/T 7235—2004）规定了四种方法：（1）最小区域圆圆心（MZC）法，如图 4−49 所示；（2）最小二乘圆圆心（LSC）法，如图 4−50 所示；（3）最小外接圆圆心（MCC）法，如图 4−51 所示；（4）最大内接圆圆心（MLC）法，如图 4−52 所示。不管是哪种方法，其基本的思路就是根据以上四种方法确定的圆心得出的被测零件轮廓的最大半径和最小半径之差来确定零件被测截面的圆度误差。

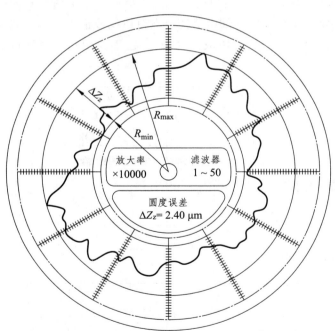

图 4−49　以最小区域圆圆心评定圆度误差 ΔZ_z

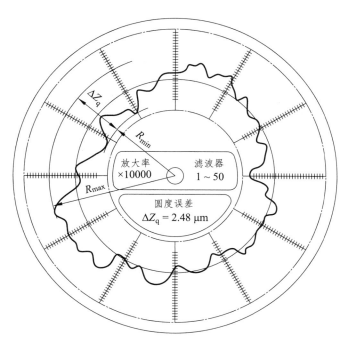

图 4－50　以最小二乘圆圆心评定圆度误差ΔZ_{q}

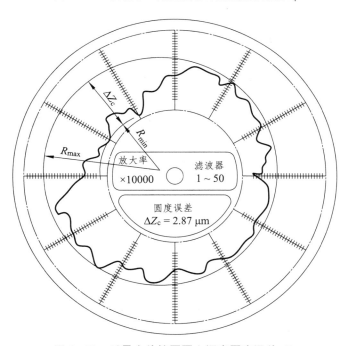

图 4－51　以最小外接圆圆心评定圆度误差ΔZ_{c}

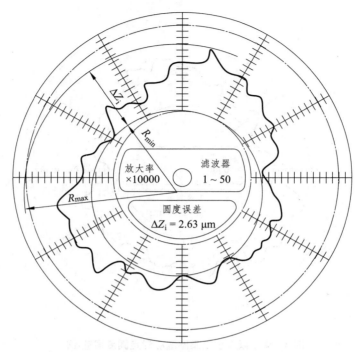

图 4-52　以最大内接圆圆心评定圆度误差ΔZ_i

2. 最小二乘圆及其圆心位置的确定

依据测量数据，从记录中心画足够数量的偶数个等间距的径向线，图 4-53 中用标号为 1~12 表示径向线。确定互成直角的两条线作直角坐标系中的 X 轴和 Y 轴，径向线与截面图形的交点 $P_1 \sim P_{12}$ 各点到坐标轴的距离在 X、Y 轴上量取，并取正负号计算。

最小二乘圆圆心偏离记录中心的距离 a、b 按照以下近似公式计算：

$$\begin{cases} a = \dfrac{2\sum x}{n} \\ b = \dfrac{2\sum y}{n} \end{cases} \tag{4-5}$$

式中：$\sum x$ —所有 x 值的总和；$\sum y$ —所有 y 值的总和；n—径向线数。

按照下式求出最小二乘圆的半径 R：

$$R = \frac{\sum r}{n} \tag{4-6}$$

式中：$\sum r$ —各 P 点距记录中心的径向距离之和。

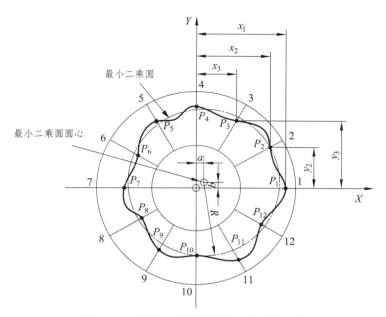

图 4-53　最小二乘圆及其圆心位置的确定

例 4-9　有一组测量数据，见表 4-24。

表 4-24　测量数据

序号 i	1	2	3	4	5	6	7	8	9	10	11	12
偏差 Δr_i	1	2	0	-1	-1	-2	-1	-3	-2	-1	1	0
角度 θ_i	30°	60°	90°	120°	150°	180°	210°	240°	270°	300°	330°	360°

注：1. Δr_i 表示半径偏差，单位为 μm。2. θ_i 表示测点位置的相角，测量点数为 12。

解：根据式 (4-5) 和已知的测量数据，圆度误差的评定中心为最小二乘圆的圆心 $O_q(a, b)$，其计算公式为

$$\begin{cases} a = \dfrac{2}{n} \sum_{i=0}^{n} \Delta r_i \cos \theta_i \\ b = \dfrac{2}{n} \sum_{i=0}^{n} \Delta r_i \sin \theta_i \end{cases}$$

设实际轮廓圆上的某测点到最小二乘圆圆心 O_q 的距离最大，记为 R_{max}，另一点到 O_q 的距离最小，记为 R_{min}，则测得圆的最小二乘圆圆度误差 ΔZ_q 可表示为

$$\Delta Z_q = R_{max} - R_{min}$$

最后，代入数据得到

$$\begin{cases} a = 1.327\ \mu m \\ b = 1.055\ \mu m \end{cases}, \quad \Delta Z_q = 2.100\ \mu m$$

4.8 本章学习要求

能解释几何公差特点和公差原则，知道几何公差带的要素（特征），能根据零部件的功能要求进行几何公差的选择及标注；能依据国家标准中的几何误差检测原则对零件的几何误差进行评定。

思考题和习题

4-1 形状和位置公差各规定了哪些项目？它们的符号是什么？

4-2 几何公差带由哪些要素组成？几何公差带的形状有哪些？

4-3 评定几何误差的最小条件是什么？最小包容区域由哪些要素组成？

4-4 几何误差的最小包容区域与几何公差带有何区别与联系？

4-5 如何确定被测要素的几何误差值？如何判定几何误差的合格性？

4-6 基准有哪几种？何为三基面体系？基准字母代号的选用及书写有何规定？

4-7 如果某圆柱面的径向圆跳动误差为 15 μm，其圆度误差能否大于 15 μm？

4-8 如果某平面的平面度误差为 20 μm，其垂直度误差能否小于 20 μm？

4-9 何为理论正确尺寸？其在几何公差中的作用是什么？图样上如何表示？

4-10 什么是体内作用尺寸？什么是体外作用尺寸？它们与实际尺寸的关系如何？

4-11 什么是最大实体尺寸？什么是最小实体尺寸？二者有何异同？

4-12 体外（内）作用尺寸和最大（小）实体尺寸有何区别与联系？

4-13 最大（小）实体状态和最大（小）实体实效状态的区别是什么？

4-14 理想边界有几种？理想边界的名称和代号如何？

4-15 当被测要素遵守包容要求时，其实际尺寸和体外作用尺寸的合格条件如何？

4-16 当被测要素遵守最大实体要求时，其实际尺寸和体外作用尺寸的合格条件如何？

4-17 当被测要素遵守最小实体要求时，其实际尺寸和体外作用尺寸的合格条件如何？

4-18 几何公差值的选择原则是什么？具体选择时应考虑哪些情况？

4-19 未注几何公差有何规定？图样上如何表示？

4-20 将下列几何公差要求标注在图中，并阐述各几何公差项目的公差带：

①左端面的平面度公差值为 0.01 mm；

②右端面对左端面的平行度公差值为 0.04 mm；

③ϕ70H7 孔遵守包容要求，其轴线对左端面的垂直度公差值为 ϕ0.02 mm；

④ϕ201h7 圆柱面对 ϕ70H7 孔的同轴度公差值为 ϕ0.03 mm；

⑤4×ϕ20H8 孔的轴线对左端面（第一基准）和 ϕ70H7 孔的轴线的位置度公差值为 ϕ0.15 mm，要求均布在理论正确尺寸 ϕ140 mm 的圆周上。

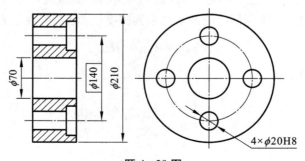

题 4-20 图

4-21　将下列几何公差要求标注在图中，并阐述各几何公差项目的公差带：

①ϕd 圆锥左端面对 ϕd_1 轴线的端面圆跳动公差为 0.02 mm；

②ϕd 圆锥面对 ϕd_1 轴线的斜向圆跳动公差为 0.02 mm；

③ϕd_2 圆柱面对 ϕd 圆锥左端面的垂直度公差值为 $\phi0.015$ mm；

④ϕd_2 圆柱面轴线对 ϕd_1 圆柱面轴线的同轴度公差值为 $\phi0.03$ mm；

⑤ϕd 圆锥面的任意横截面的圆度公差值为 0.006 mm。

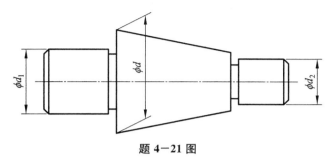

题 4-21 图

4-22　改正下图中的标注错误，不准改变几何公差项目。

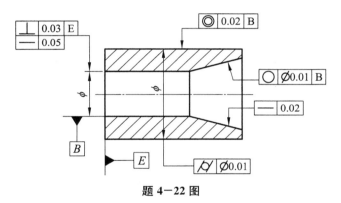

题 4-22 图

4-23　改正下图中的标注错误，不准改变几何公差项目。

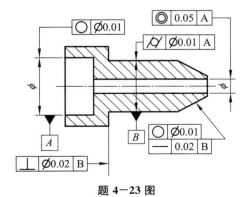

题 4-23 图

4-24 改正下图中的标注错误，不准改变几何公差项目。

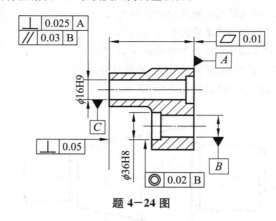

题 4-24 图

4-25 分析下图中的标注内容，按照要求将有关内容填入表中。

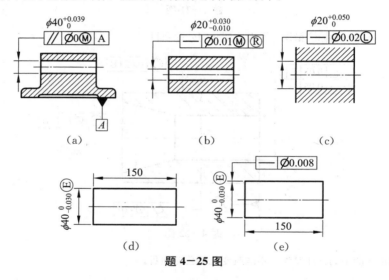

题 4-25 图

题 4-25 表

图号	最大实体尺寸	最小实体尺寸	几何公差的给定值	几何公差的最大允许值	遵守的边界名称	边界的尺度	合格条件
(a)							
(b)							
(c)							
(d)							
(e)							

4-26 测量某机床导轨直线度误差，以平板为基准，用指示表测得三点读数分别为 0 μm、+7 μm、+3 μm，每点之间的测量间隔为 200 mm，试计算机床导轨的直线度误差。

第5章 表面粗糙度及其检测

▶ 导读

本章学习的主要内容和要求：

1. 表面粗糙度的含义及对机器零件使用性能的影响；
2. 表面粗糙度的评定参数及其数值的选用；
3. 表面粗糙度的检测；
4. 表面粗糙度的要求及标注。

5.1 概述

5.1.1 表面粗糙度的概念

表面粗糙度反映的是零件表面微观几何形状误差。表面粗糙度是评定机械零件和产品质量的一个重要指标。

在机械切削加工中，切屑分离时的塑性变形、工艺系统中的高频振动、刀具和被加工面的摩擦等，会使被加工零件的表面产生微小的峰谷，这些微小峰谷的高低程度和间距状况称为表面粗糙度（也称为微观不平度）。

被加工零件表面的形状是复杂的，要对表面粗糙度轮廓进行界定。一个指定平面与实际表面相交所得的轮廓称为表面轮廓，如图5-1所示。

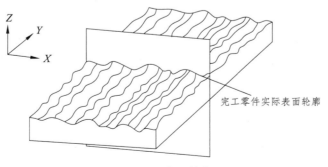

图5-1 表面轮廓

表面轮廓一般包括表面粗糙度、表面波纹度和形状公差，可以按波距（波形起伏间距）λ来划分：波距λ＜1 mm属于表面粗糙度（微观几何形状误差），波距λ为1～10 mm属于表面波纹度（中间几何形状误差），波距λ＞10 mm属于形状误差（宏观几何形状误差）。如图5-2所示，将某工件表面的一段实际轮廓按波距λ的大小分解为三部分。

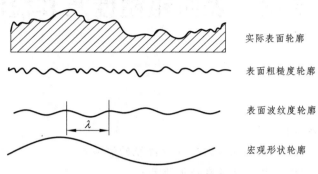

实际表面轮廓

表面粗糙度轮廓

表面波纹度轮廓

宏观形状轮廓

图5-2 零件实际表面轮廓及其组成

5.1.2 表面粗糙度对零件使用性能的影响

表面粗糙度对机械零件的使用性能和寿命都有很大的影响，尤其是对在高温、高压和高速条件下工作的机械零件影响更大，其影响主要表现在以下几个方面：

（1）对磨损的影响。一般来说，零件表面越粗糙，摩擦阻力越大，零件的磨损也越快。但是需要指出的是，并不是零件表面越光滑，其摩擦阻力（或磨损量）就一定越小。因为摩擦阻力（或磨损量）除受表面粗糙度影响外，还与磨损下来的金属微粒的刻划作用、润滑油被挤出以及分子间的吸附作用等因素有关。所以，特别光滑表面的摩擦阻力增大，或磨损有时反而加剧。

（2）对配合性质的影响。对于间隙配合，相对运动的表面因其粗糙不平而迅速磨损，致使间隙增大；对于过盈配合，表面轮廓峰顶在装配时容易被挤平，使实际有效过盈量减小，致使联接强度降低。因此，表面粗糙度影响配合性质的稳定性。

（3）对耐腐蚀性的影响。粗糙的表面易使腐蚀性物质存积在表面的微观凹谷处，并渗入金属内部，致使腐蚀加剧。因此，要增强零件表面抗腐蚀的能力，必须要提高表面质量。

（4）对疲劳强度的影响。零件表面越粗糙，凹痕就越深。当零件承受交变载荷时，凹痕部分引起应力集中，产生疲劳裂纹，导致零件表面因产生裂纹而损坏。表面粗糙度越小，表面缺陷越少，零件耐疲劳性能越好。

（5）对接触刚度的影响。接触刚度影响零件的工作精度和抗震性。表面粗糙度使表面间只有一部分面积接触，表面越粗糙，受力后局部变形越大，接触刚度也越低。

（6）对结合面密封性的影响。粗糙的表面结合时，两表面只在局部点上接触，中间有缝隙，影响密封性。

（7）对零件其他性能的影响。表面粗糙度对零件其他性能（如对测量精度、流体流动的阻力及零件外形的美观）都有很大的影响。

因此，为了保证机械零件的使用性能及寿命，在对零件进行精度设计时必须合理地提出表面粗糙度要求。

5.2 表面粗糙度的评定

经加工获得的零件表面粗糙度是否满足使用要求需要进行测量和评定。本节将介绍表面粗糙度的基本术语、定义和表面粗糙度的评定参数。

5.2.1 基本术语和定义

为了客观、统一地评定表面粗糙度，首先要明确表面粗糙度的相关术语及定义。

1. 轮廓滤波器

轮廓滤波器是指把轮廓分成长波和短波成分的滤波器。根据滤波器的功能，将滤波器分为以下三种（如图 5-3 所示）。它们的传输特性相同，截止波长不同。

（1）λ_s 轮廓滤波器：确定存在于表面上的粗糙度与比它更短的波的成分之间相交界限的滤波器，也称为短波滤波器。

（2）λ_c 轮廓滤波器：确定粗糙度与波纹度成分之间相交界限的滤波器，也称为长波滤波器。

（3）λ_f 轮廓滤波器：确定存在于表面上的波纹度与比它更长的波的成分之间相交界限的滤波器。

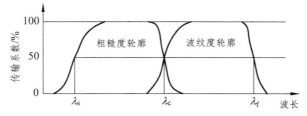

图 5-3 粗糙度轮廓和波纹度轮廓的传输特性

2. 轮廓传输带

轮廓传输带是指当两个不同截止波长的相位修正滤波器应用到轮廓上时，幅值传输超过 50% 以上的正弦轮廓波长的范围，即传输带是两个定义的滤波器之间的波长范围，例如可表示为 0.00025～0.8 mm。短截止波长的轮廓滤波器保留长波轮廓成分，长截止波长的轮廓滤波器保留短波轮廓成分。短波轮廓滤波器的截止波长为 λ_s，长波轮廓滤波器的截止波长 $\lambda_c = lr$。截止波长 λ_s 和 λ_c 的标准化值由表 5-1 查取。

3. 原始轮廓

原始轮廓是指通过短波滤波器 λ_s 之后的总的轮廓。它是评定原始轮廓参数的基础。

4. 粗糙度轮廓

粗糙度轮廓是指对原始轮廓采用 λ_c 滤波器抑制长波成分后形成的轮廓。这是经修正的轮廓。粗糙度轮廓的传输带是由 λ_s 和 λ_c 轮廓滤波器来限定的。粗糙度轮廓是评定粗糙度轮廓参数的基础。

表 5-1 lr，ln，λ_s，λ_c 的标准数值

$Ra/\mu m$	$Rz/\mu m$	Rsm/mm	λ_s/mm	$lr = \lambda_c/mm$	标准评定长度 $ln = 5lr/mm$
$\geqslant 0.008 \sim 0.02$	$\geqslant 0.025 \sim 0.10$	$\geqslant 0.013 \sim 0.04$	0.0025	0.008	0.4
$> 0.02 \sim 0.10$	$> 0.10 \sim 0.50$	$> 0.04 \sim 0.13$	0.0025	0.25	1.25
$> 0.10 \sim 2.0$	$> 0.50 \sim 10.0$	$> 0.13 \sim 0.40$	0.0025	0.8	4.0
$> 2.0 \sim 10.0$	$> 10.0 \sim 50.0$	$> 0.40 \sim 1.30$	0.008	2.5	12.5
$> 10.0 \sim 80.0$	$> 50.0 \sim 320$	$> 1.30 \sim 4.00$	0.025	8.0	40.0

5. 取样长度 lr

取样长度是用于判别被评定轮廓不规则特征的 X 轴方向上的长度，即测量或评定表面粗糙度时所规定的一段基准线长度，它至少包含 5 个以上轮廓峰和谷，如图 5-4 所示。取样长度 lr 在数值上与 λ_c 滤波器的标志波长相等，x 轴的方向与轮廓走向一致。规定取样长度，是为了抑制和减弱表面波纹度对表面粗糙度测量结果的影响（标准取样长度的数值见表 5-1）。

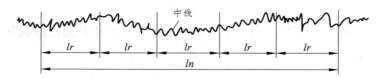

图 5-4   取样长度与评定长度

6. 评定长度 ln

评定长度是用于评定被评定轮廓的 X 轴方向上的长度。由于零件表面粗糙度不均匀，为了合理地反映其特征，在测量和评定时所规定的一段最小长度称为评定长度 ln，如图 5-4 所示。一般情况下，取 $ln = 5lr$，称为标准长度，并以 5 个取样长度内的粗糙度数值的平均值作为评定长度内的粗糙度值。均匀性较差的轮廓表面可选 $ln > 5lr$，均匀性较好的轮廓表面可选 $ln < 5lr$（标准评定长度数值见表 5-1）。

一般情况下，按表 5-1 选用对应的取样长度及评定长度值，在图样上可省略标注取样长度值，当有特殊要求不能选用表 5-1 中的数值时，应在图样上标注出取样长度值。

7. 表面粗糙度轮廓中线

为了定量地评定表面粗糙度轮廓，首先应确定一条中线。轮廓中线是具有几何轮廓形状并划分轮廓的基准线，是用轮廓滤波器 λ_c 抑制了长波轮廓成分相对应的中线。以此线为基础来计算各种评定参数的数值。确定轮廓中线的方法有两种。

（1）轮廓的最小二乘中线。轮廓的最小二乘中线是根据实际轮廓，用最小二乘法确定的划分轮廓的基准线，即在取样长度内，使被测轮廓上各点至一条假想线的距离的平方和为最小，即

$$\int_0^{lr} z^2 = \min$$

这条假想线就是轮廓的最小二乘中线，如图 5-5（a）所示。

（2）轮廓的算术平均中线。在取样长度 lr 内，由一条假想线将实际轮廓分成上、下两个部分，且使上部分面积之和等于下部分面积之和，即

$$\sum_{i=1}^{n} F_i = \sum_{i=1}^{n} F_i'$$

这条假想线就是轮廓的算术平均中线，如图 5-5（b）所示。

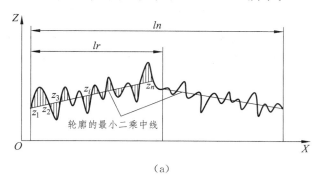

（a）

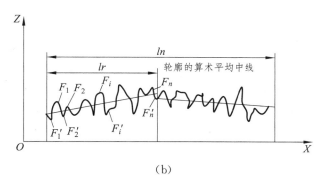

（b）

图 5-5　轮廓中线

5.2.2　表面粗糙度的评定参数

表面轮廓上微小峰和谷的幅度和间距是构成表面粗糙度轮廓的两个独立的基本特征。GB/T 3505—2009 规定的评定参数有幅度参数、间距参数、混合参数、曲线和相关参数。下面介绍几种主要的评定参数。

1. 轮廓的幅度参数

（1）轮廓算术平均偏差 Ra。

在一个取样长度内，纵坐标值 $Z(x)$ 绝对值的算术平均值称为轮廓的算术平均偏差，如图 5-6 所示，即

$$Ra = \frac{1}{lr} \int_0^{lr} \mid Z(x) \mid \mathrm{d}x \qquad (5-1)$$

或近似为

$$Ra = \frac{1}{n} \sum_{i=1}^{n} |Z_i| \qquad (5-2)$$

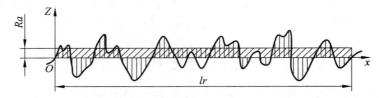

图 5-6 轮廓的算术平均偏差 Ra 的确定

测得的 Ra 值越大,则表面越粗糙。Ra 值能客观地反映表面微观几何形状误差,但因受到计量器具功能的限制,不宜用作过于粗糙或太光滑表面的评定参数。

(2)轮廓的最大高度 Rz。

在一个取样长度 lr 内,最大轮廓峰高 $Z_{p\,\max}$ 和最大轮廓谷深 $Z_{v\,\max}$ 之和的高度称为轮廓的最大高度,如图 5-7 所示,即

$$Rz = Z_{p\,\max} + Z_{v\,\max} \qquad (5-3)$$

式中:$Z_{p\,\max}$,$Z_{v\,\max}$ 都取绝对值。

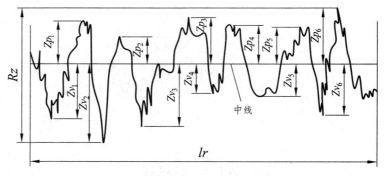

图 5-7 轮廓的最大高度 Rz 的确定

在使用 Rz 时应注意:这个参数在 GB/T 3505—1983 中用 R_y 表示,GB/T 3505—2009 将其改为 Rz。但目前使用的许多粗糙度测量仪中,大多测量的是旧版本规定的 R_y 参数(微观不平度十点高度值)。因此,在使用时一定要注意仪器使用说明书中该参数的定义,用不同类型的仪器按不同的定义计算所得到的结果,其差别并不都是非常微小而可忽略的。当使用现行的技术文件和图样时也必须注意这一点,不要用错。

幅度参数(Ra,Rz)是国家标准规定必须标注的参数,故又称为基本参数。

2. 轮廓单元的平均宽度 Rsm(间距参数)。

在一个取样长度 lr 内,一个轮廓峰和相邻的轮廓谷构成一个轮廓单元,其与 X 轴(中线)相交线段的长度称为轮廓单元宽度 Xs。在一个取样长度 lr 内,所有轮廓单元宽度 Xs_i 的平均值称为轮廓单元的平均宽度(这个参数在 GB/T 3505—1983 中称为轮廓微观不平度的平均间距 sm),如图 5-8 所示,即

$$Rsm = \frac{1}{m} \sum_{i=1}^{m} Xs_i \qquad (5-4)$$

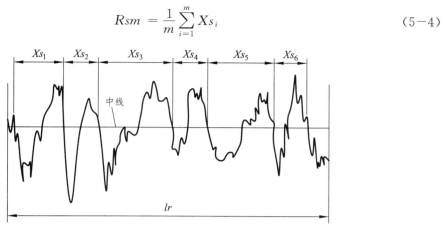

图 5-8 轮廓单元的平均宽度 Rsm 的确定

3. 轮廓的支承长度率 $Rmr(c)$（形状参数）。

在给定水平截面高度 c 上，轮廓的实体材料长度 $Ml(c)$ 与评定长度的比率称为轮廓的支承长度率，如图 5-9（a）所示，即

$$Rmr(c) = \frac{Ml(c)}{ln} \qquad (5-5)$$

$$Ml(c) = Ml_1 + Ml_2 + \cdots + Ml_n \qquad (5-6)$$

由图 5-9（a）可以看出，支承长度率是随着水平截面高度 c 的大小而变化的。因此，在选用 $Rmr(c)$ 时，必须同时给出轮廓水平截距 c 的数值。c 值多用 Rz 的百分数表示。

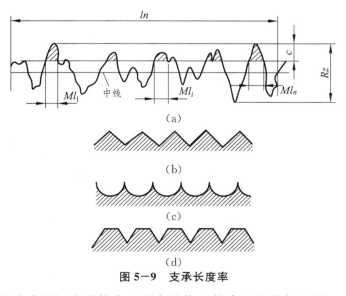

图 5-9 支承长度率

轮廓的支承长度率是评定零件表面耐磨性能比较合理的指标。图 5-9（b）、（c）和（d）是具有相同轮廓单元宽度和相同轮廓高度的轮廓图形，而它们的形状特性却极不相同，显然，表面耐磨性也不相同。支承长度越长，表面接触刚度越大，耐磨性也越好。图 5-9（d）的耐磨性最好。

相对基本参数而言，间距参数 Rsm 与形状参数 $Rmr(c)$ 称为附加参数，只有零件表面有特殊使用要求时才选用。

5.3 表面粗糙度的评定参数及其数值的选用

正确选择零件表面的粗糙度参数及其数值，对改善机器和仪表的工作性能及提高其使用寿命有着重要的意义。

5.3.1 评定参数的选用

表面粗糙度评定参数的选用既要根据零件的工作条件和使用性能，又要考虑表面粗糙度检测仪器（或测量方法）的测量范围和工艺的经济性。

设计人员一般可根据选用原则，选定一个或几个表面粗糙度的评定参数，以表达设计要求。在图样上标注表面粗糙度时，一般只给出幅度参数，只有少数零件的重要表面有特殊使用要求时才给出附加参数。表面粗糙度的参数值已经标准化，设计时应按国家标准规定的参数值系列选取。

1. 幅度参数的选用

幅度参数是标准规定的基本参数（如 Ra 和 Rz），可以独立选用。对于有粗糙度要求的表面必须选用一个幅度参数，推荐优先选用 Ra 作为评定参数，因为 Ra 能较充分合理地反映被测零件表面的粗糙度特征，信息量大，而且采用触针式轮廓仪比较容易获取轮廓数据。但以下情况例外：

（1）对于幅度方向的粗糙度参数值小于 $0.025\ \mu m$ 或大于 $6.3\ \mu m$ 的零件表面选用 Rz，以便于测量。

（2）当零件材料较软时一般不选用 Ra，因为 Ra 一般采用触针式进行测量。

2. 附加参数的选用

附加参数一般情况下不作为独立的参数选用［如 Rsm 和 $Rmr(c)$］，只有当零件表面有特殊使用要求，仅用幅度参数不能满足零件表面的功能要求时，才在选用了幅度参数的基础上选用附加参数。

图 5-9 中，（b）、（c）、（d）三种表面的 Ra 和 Rz 参数值相同，而密封性、光亮度和耐磨性却相差较大。一般情况下，对密封性、光亮度有特殊要求的表面，Rsm 可作为附加参数选用；对支承刚度和耐磨性有特殊要求的表面，$Rmr(c)$ 可作为附加参数选用。

5.3.2 评定参数值的选用

表面粗糙度评定参数选定后，应规定其允许值。表面粗糙度参数值选用的适当与否，不仅影响零件的使用性能，还关系到制造成本。选用的原则：在满足使用性能要求的前提下，应尽可能选用较大的参数允许值［$Rmr(c)$ 除外］。

表 5-2～表 5-5 分别是 Ra，Rz，Rsm 和 $Rmr(c)$ 的参数值。选择表面粗糙度参数值

时，通常根据某些统计资料采用类比法确定。表 5-6 列出了表面粗糙度的表面特征、经济加工方法及应用举例，供选用时参考。

表 5-2　Ra 的参数值

（单位：μm）

Ra	0.012	0.2	3.2	50
	0.025	0.4	6.3	100
	0.05	0.8	12.5	
	0.1	1.6	25	

注：摘自 GB/T 1031—2009。

表 5-3　Rz 的参数值

（单位：μm）

Rz	0.025	0.4	6.3	100	1600
	0.05	0.8	12.5	200	
	0.1	1.6	25	400	
	0.2	3.2	50	800	

注：摘自 GB/T 1031—2009。

表 5-4　Rsm 的参数值

（单位：mm）

Rsm	0.006	0.1	1.6
	0.0125	0.2	3.2
	0.025	0.4	6.3
	0.05	0.8	12.5

注：摘自 GB/T 1031—2009。

表 5-5　Rmr(c) 的参数值

（单位：%）

Rmr(c)	10	15	20	25	30	40	50	60	70	80	90

注：摘自 GB/T 1031—2009。

根据类比法初步确定表面粗糙度后，再对比工作条件做适当调整，调整时应遵循下述原则：

（1）在满足功能要求的前提下，尽量选用较大的表面粗糙度参数值，以降低加工成本。

（2）同一零件上，工作表面的粗糙度参数值应小于非工作表面的粗糙度参数值。

（3）摩擦表面比非摩擦表面的粗糙度参数值要小，滚动摩擦表面比滑动摩擦表面的粗糙度参数值要小。

（4）运动速度高、单位面积压力大的表面，受交变应力作用的重要零件上的圆角、沟槽的表面粗糙度参数值都应小些。

（5）配合零件的表面粗糙度应与尺寸及形状公差相协调，一般尺寸与形状公差要求越严，粗糙度值就越小。

（6）配合精度要求高的配合表面（如小间隙配合的配合表面），受重载荷作用的过盈配合表面的粗糙度参数值应小些。

（7）同一公差等级的零件，小尺寸比大尺寸、轴比孔的粗糙度参数值要小。

一般来说，尺寸公差、表面形状公差小时，其表面粗糙度参数值也小，但也不存在确定关系。一般情况下，它们之间有一定的对应关系。设形状公差为 t，尺寸公差为 T，它们之间可参考以下的对应关系：

若 $t \approx 0.6T$，则 $Ra \leqslant 0.05T$，$Rz \leqslant 0.3T$；

若 $t \approx 0.4T$，则 $Ra \leqslant 0.025T$，$Rz \leqslant 0.15T$；

若 $t \approx 0.25T$，则 $Ra \leqslant 0.012T$，$Rz \leqslant 0.07T$。

表 5-6　表面粗糙度的表面特性、经济加工方法及应用举例

表面微观特征		$Ra/\mu m$	$Rz/\mu m$	加工方法	应用举例
粗糙表面	微见刀痕	≤20	≤50	粗车、粗刨、粗铣、钻、毛锉、锯断	半成品粗加工过的表面，非配合的加工表面，如轴端面、倒角、钻孔、齿轮皮带轮侧面、键槽底面、垫圈接触面
半光表面	微见加工痕迹	≤10	≤40	车、刨、铣、镗、钻、粗铰	轴上不安装轴承、齿轮处的非配合表面，紧固件的自由装配表面，轴和孔的退刀槽
	微见加工痕迹	≤5	≤20	车、刨、铣、镗、磨、拉、粗刮、滚压	半精加工表面，箱体、支架、盖面、套筒等和其他零件结合而无配合要求的表面，需要发蓝的表面等
	看不清加工痕迹	≤2.5	≤10	车、刨、铣、镗、磨、拉、刮、滚压、铣齿	接近于精加工表面，箱体上安装轴承的镗孔表面，齿轮的工作面
光表面	可辨加工痕迹方向	≤1.25	≤6.3	车、镗、磨、拉、刮、精铰、滚压、磨齿	圆柱销、圆锥销、与滚动轴承配合的表面，普通车床导轨面，内外花键定心表面
	微辨加工痕迹方向	≤0.63	≤3.2	精铰、精镗、磨、刮、滚压	要求配合性质稳定的配合表面，工作时受交变应力的重要零件，较高精度车床的导轨面
	不可辨加工痕迹方向	≤0.32	≤1.6	精磨、珩磨、研磨、超精加工	精密机床主轴锥孔，顶尖圆锥面，发动机曲轴、凸轮轴工作表面，高精度齿轮齿面
极光表面	暗光泽面	≤0.16	≤0.8	精磨、研磨、普通抛光	精密机床主轴轴颈表面，一般量规工作表面，气缸套内表面，活塞销表面
	亮光泽面	≤0.08	≤0.4	超精磨、精抛光、镜面磨削	精密机床主轴轴颈表面，滚动轴承的滚珠，高压油泵中柱塞孔和柱塞配合的表面
	镜面光泽面	≤0.04	≤0.2		
	镜面	≤0.01	≤0.05	镜面磨削、超精研	高精度量仪、量块的工作表面，光学仪器中的金属镜面

5.4　表面粗糙度的符号、代号及其标注

表面粗糙度的评定参数及其数值确定后，要在图样上进行标注。图样上标注的表面粗糙度符号、代号是该表面完工后的要求。

5.4.1　表面粗糙度的符号、代号

1. 表面粗糙度的符号

图样上表示零件表面粗糙度的符号见表 5-7。

表 5-7　表面粗糙度的符号

符号	意 义 及 说 明
 $\sqrt{}$	表面结构的基本图形符号，表示表面可用任何加工方法获得，仅适用于简化代号标注，没有补充说明（例如，表面处理、局部热处理状况等）时不能单独使用
 $\sqrt{}$	要求去除材料的图形符号（基本图形符号加一短横），表示表面是用去除材料的方法获得。例如：车、铣、钻、磨、剪切、抛光、腐蚀、电火花加工、气割等
 $\sqrt{}$	不允许去除材料的图形符号（基本图形符号加一个圆圈），表示表面是用不去除材料的方法获得。例如：铸、锻、冲压变形、热轧、粉末冶金等或者是用于保持原供应状况的表面（包括保持上道工序的状况）
 $\sqrt{}\ \sqrt{}\ \sqrt{}$	完整图形符号（在上述 3 个图形符号的长边上可加一横线），用于标注相关参数和说明
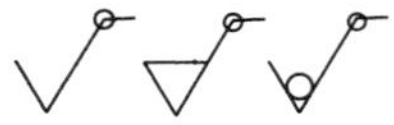 $\sqrt{}\ \sqrt{}\ \sqrt{}$	在上述 3 个图形符号上均可加一圆圈，表示视图上的构成封闭轮廓的各表面有相同的表面结构要求

注：摘自 GB/T 131—2006。

2. 表面粗糙度的代号

在表面粗糙度符号的基础上注出表面粗糙度数值及其有关的规定项目后就形成了表面粗糙度的代号。表面粗糙度数值及其有关的规定在符号中注写的位置如图 5-10 所示。

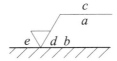

图 5-10　表面粗糙度数值及其有关的规定在符号中注写的位置

图 5-10 中各注写位置代表的意义如下：

(1) 位置 a：幅度参数代号及其数值等；

(2) 位置 b：附加参数符号及其数值；

(3) 位置 c：加工方法；

（4）位置 d：加工纹理方向符号；

（5）位置 e：加工余量（单位：mm）。

3. 极限判断规则及标注

表面结构中给定极限值的判断规则有两种。

（1）16％规则。

16％规则是指允许在表面粗糙度参数的所有实测值中超过规定值的个数少于总数的16％。16％规则是表面粗糙度轮廓技术要求中的默认规则。若采用，则图样上不需注出，如图 5－11 所示。

Ra 1.6
Rz 3.2
U Ra 3.2
L Ra 1.6
U Rz 6.3
L Rz 3.2

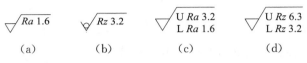

（a）　（b）　（c）　（d）

图 5－11　16％规则的标注示例

（2）最大规则。

最大规则是指在表面粗糙度参数的所有实测值中不得超过规定值。

若采用最大规则，则在参数代号（如 *Ra* 或 *Rz*）的后面标注一个“max”或“min”的标记，如图 5－12 所示。

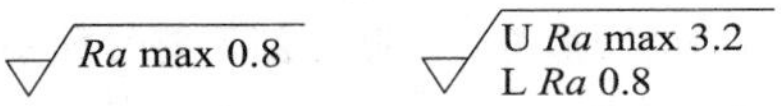
Ra max 0.8
U Ra max 3.2
L Ra 0.8

（a）　（b）

图 5－12　最大规则的标注示例

4. 传输带和取样长度、评定长度的标注

当表面结构要求采用默认的传输带时，不需注出；否则，需要指定传输带，即短波滤波器或取样长度（长波滤波器），传输带标注包括滤波器截止波长（mm），短波滤波器在前，长波滤波器在后，并用连字号“-”隔开。如果只标注一个滤波器，应保留连字号“-”区分是短波滤波器还是长波滤波器。传输带标注在幅度参数符号的前面，并用斜线“/”隔开，如图 5－13 所示。

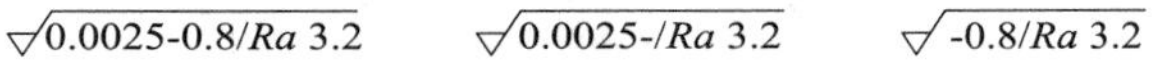
0.0025-0.8/Ra 3.2
0.0025-/Ra 3.2
-0.8/Ra 3.2

（a）　（b）　（c）

图 5－13　传输带和取样长度的标注示例

若不是默认评定长度，需要指定评定长度，则要在幅度参数代号的后面注写取样长度的个数，如图 5－14 所示。

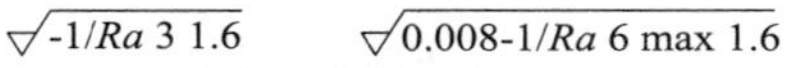
-1/Ra 3 1.6
0.008-1/Ra 6 max 1.6

（a）　（b）

图 5－14　指定评定长度的标注示例

5. 单向极限和双向极限的标注

（1）单向极限的标注。

当只标注参数代号、参数值和传输带时，默认为参数的上限值（16％规则或最大规则的极限值），如图 5－11（a）、（b）所示；当参数代号、参数值和传输带作为参数的单向下限值（16％ 规则或最大规则的极限值）标注时，参数代号前应加"L"。示例：L Ra 0.32。

（2）双向极限的标注。

当表示双向极限时，应标注极限代号，上限值在上方用"U"表示，下限在下方用"L"表示（上、下极限值为 16％ 规则或最大规则的极限值），如图 5-11（c）、（d）所示；如果同一参数具有双向极限要求，在不引起歧义的情况下，可以不加"U""L"。

6. 表面粗糙度幅度参数的各种标注方法及其意义

表面粗糙度幅度参数的各种标注方法及其意义见表 5-8。

表 5-8　表面粗糙度幅度参数的标注

代号	意义	代号	意义
Ra 3.2	用任何方法获得的表面粗糙度，Ra 的上限值为 3.2 μm	Ra max 3.2	用任何方法获得的表面粗糙度，Ra 的最大值为 3.2 μm
Ra 3.2	用去除材料方法获得的表面粗糙度，Ra 的上限值为 3.2 μm	Ra max 3.2	用去除材料方法获得的表面粗糙度，Ra 的最大值为 3.2 μm
Ra 3.2	用不去除材料方法获得的表面粗糙度，Ra 的上限值为 3.2 μm	Ra max 3.2	用不去除材料方法获得的表面粗糙度，Ra 的最大值为 3.2 μm
U Ra 3.2 L Ra 1.6	用去除材料方法获得的表面粗糙度，Ra 的上限值为 3.2 μm，Ra 的下限值为 1.6 μm	Ra max 3.2 Ra min 1.6	用去除材料方法获得的表面粗糙度，Ra 的最大值为 3.2 μm，Ra 的最小值为 1.6 μm
Rz 3.2	用任何方法获得的表面粗糙度，Rz 的上限值为 3.2 μm	Rz max 3.2	用任何方法获得的表面粗糙度，Rz 的最大值为 3.2 μm
U Rz 3.2 L Rz 1.6 Rz 3.2 Rz 1.6	用去除材料方法获得的表面粗糙度，Rz 的上限值为 3.2 μm，Rz 的下限值为 1.6 μm（在不引起歧义的情况下，可省略标注"U""L"）	Rz max 3.2 Rz min 1.6	用去除材料方法获得的表面粗糙度，Rz 的最大值为 3.2 μm，Rz 的最小值为 1.6 μm
U Ra 3.2 L Rz 1.6	用去除材料方法获得的表面粗糙度，Ra 的上限值为 3.2 μm，Rz 的下限值为 1.6 μm	Ra max 3.2 Rz max 1.6	用去除材料方法获得的表面粗糙度，Ra 的最大值为 3.2 μm，Rz 的最大值为 6.3 μm
0.008-2.5/Ra 3.2	用去除材料方法获得的表面粗糙度，Ra 的上限值为 3.2 μm，传输带 0.008～2.5 mm	-0.8/Ra 3 3.2	用去除材料方法获得的表面粗糙度，Ra 的上限值为 3.2 μm，取样长度 0.8 mm，评定包含 3 个取样长度

7. 加工方法、加工余量和表面纹理的标注

若某表面的粗糙度要求由指定的加工方法（如车、磨）获得，则其标注如图 5-15 所示。若需要标注加工余量（如加工余量为 0.4 mm），则其标注如图 5-15（a）所示。若

需要控制表面加工纹理方向，则其标注如图5-15（b）所示。

（a） （b）

图5-15 加工方法、加工余量和表面纹理的标注示例

国家标准规定了加工纹理方向符号，见表5-9。

表5-9 加工纹理方向符号

符号	示意图及说明	符号	示意图及说明
=	纹理平行于注有符号的视图投影面 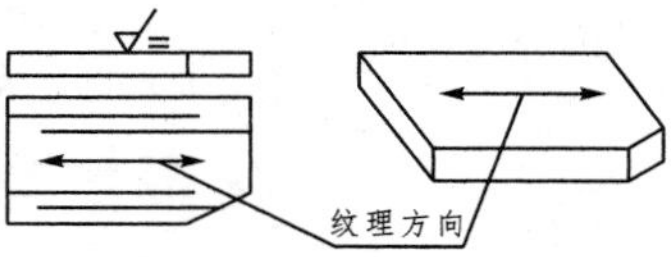	C	纹理对于注有符号表面的中心来说近似同心圆 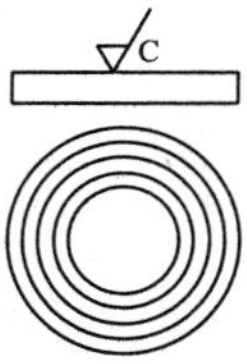
⊥	纹理垂直于注有符号的视图投影面 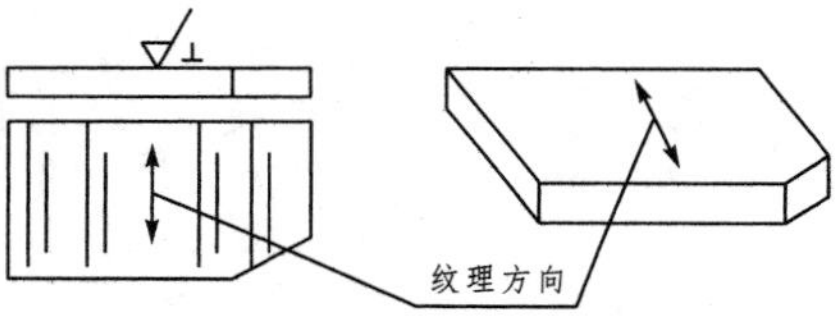	R	纹理对于注有符号表面的中心来说近似放射形 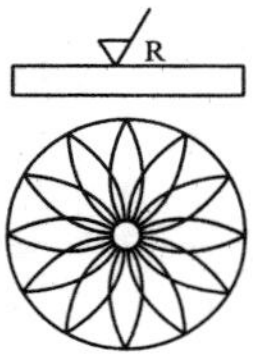
×	纹理对注有符号的视图投影面是两个相交的方向 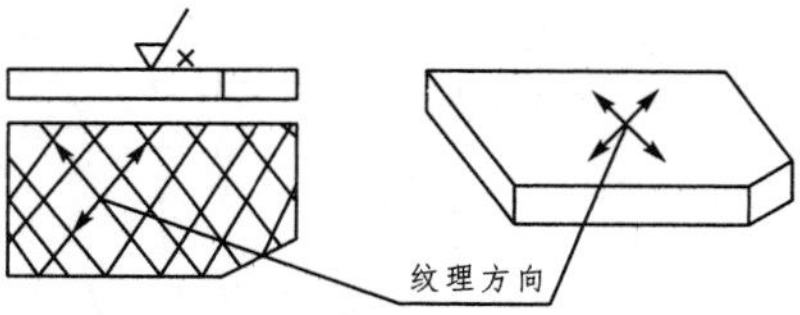	P	纹理无方向或呈凸起的细粒状 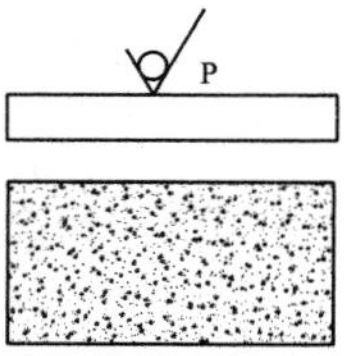
		M	纹理呈多方向 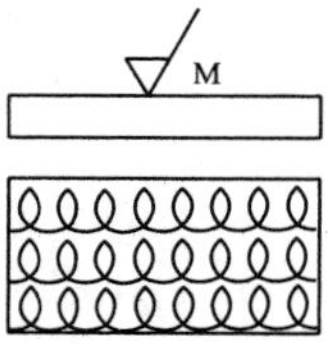

注：1. 摘自 GB/T 131—2006。2. 若表中所列符号不能清楚表明所要求的纹理方向，应在图样中用文字说明。

8. 表面粗糙度附加参数的标注

在基本参数未标注前，附加参数不能单独标注，如图5-16所示。图5-16（a）为 Rsm 上限值的标注示例；图5-16（b）为 Rsm 最大值的标注示例；图5-16（c）为 $Rmr(c)$

的标注示例，表示水平截距 c 在 Rz 的 50% 位置上，$Rmr(c)$ 为 70%，此时 $Rmr(c)$ 为下限值；图 5−16（d）为 $Rmr(c)$ 最小值的标注示例。

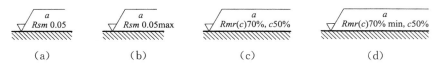

(a)　　　　　　(b)　　　　　　(c)　　　　　　(d)

图 5−16　表面粗糙度附加参数标注示例

5.4.2　表面粗糙度要求的图样标注

表面粗糙度要求对每一表面一般只标注一次，并尽可能标注在相应的尺寸及其公差的同一视图上，使表面粗糙度的注写和读取方向与尺寸的注写和读取方向一致。表面粗糙度要求一般标注在可见轮廓线或其延长线和指引线、尺寸线、尺寸界线上，也可标注在公差框格上方。符号的尖端必须从材料外指向并接触被测零件表面。必要时，表面粗糙度符号也可用带箭头或黑点的指引线引出标注。表面粗糙度要求的图样标注如图 5−17～图 5−22 所示。

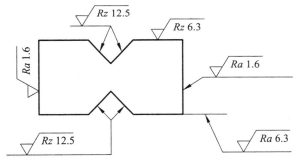

图 5−17　表面粗糙度标注在轮廓线上

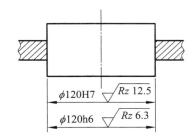

图 5−18　表面粗糙度标注在尺寸线上

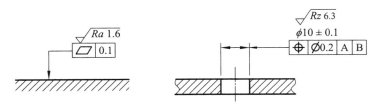

图 5−19　表面粗糙度标注在几何公差框格的上方

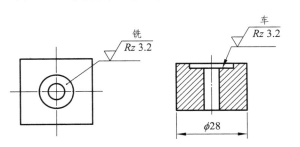

图 5−20　用指引线引出标注表面粗糙度

153

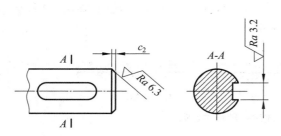

图5-21 键槽的表面粗糙度标注法

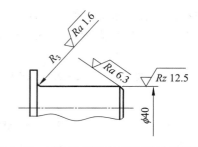

图5-22 圆角和倒角的表面粗糙度标注法

5.4.3 表面粗糙度要求的简化注法

如果在工件的多数（包括全部）表面有相同的表面粗糙度要求，则其表面粗糙度要求可统一标注在图样的标题栏附近。此时（除全部表面有相同要求的情况外），表面粗糙度要求的符号后面应注出圆括号，并在括号内给出无任何其他标注的基本符号或不同的表面粗糙度要求。

当多个表面具有相同的表面结构要求或图纸空间有限时，可采用简化注法，以等式的形式给出，如图5-23和图5-24所示。

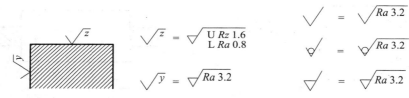

图5-23 图纸空间有限时的简化标注　　**图5-24 只用符号的简化标注**

图5-25表示除 Rz 值为 1.6 μm 和 6.3 μm 的表面外，其余所有表面粗糙度均为 Rz 值 3.2 μm，（a）、（b）两种注法意义相同。

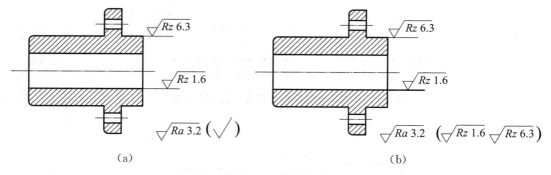

$$(a) \qquad\qquad\qquad (b)$$

图5-25 简化标注

5.5　表面粗糙度的检测

零件完工后，其表面的粗糙度是否满足使用要求，需要进行检测。

5.5.1　检测的基本原则

1. 测量方向的选择

对于表面粗糙度，如未指定测量截面的方向，则在幅度参数最大值的方向进行测量，一般来说也就是在垂直于表面加工纹理方向上测量。

2. 表面缺陷的摒弃

表面粗糙度不包括气孔、砂眼、擦伤、划痕等缺陷。

3. 测量部位的选择

在若干有代表性的区段上测量。

5.5.2　测量方法

1. 比较法

比较法是将被测表面与已知其评定参数值的粗糙度样板相比较，若被测表面精度较高，则可借助于放大镜、比较显微镜进行比较，以提高检测精度。比较样板的选择应使其材料、形状和加工方法与被测工件尽量相同。

比较法简单实用，适合于车间条件下判断较粗糙的表面。比较法的判断准确程度与检验人员的技术熟练程度有关。

用比较法评定表面粗糙度比较经济、方便，但是测量误差较大，仅用于表面粗糙度要求不高的情况。若有争议或进行工艺分析，则可用仪器测量。

2. 针描法

按针描法原理设计制造的表面粗糙度测量仪器通常称为轮廓仪。针描法是利用仪器的触针在被测表面上轻轻划过，被测表面的微观不平轮廓将使触针作垂直方向的位移，再通过传感器将位移的变化量转换成电量的变化，经信号放大和积分计算后，在显示器上显示出被测表面粗糙度的评定参数值，或由记录器绘制出被测表面的微观轮廓图形，其工作原理如图 5-26 所示。根据转换原理的不同，有电感式轮廓仪、电容式轮廓仪、压电式轮廓仪等。轮廓仪可测 Ra、Rz、Rsm 及 $Rmr(c)$ 等多个参数。

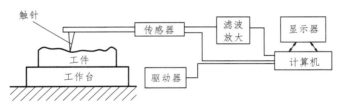

图 5-26　触针式轮廓仪的原理

除上述轮廓仪外，还有光学触针轮廓仪，它适用于非接触测量，以防止划伤零件表面。这种仪器通常直接显示 Ra 值，其测量范围为 $0.02\sim5\ \mu m$。

3. 光切法

光切法是利用光切原理测量表面粗糙度的方法。按光切原理设计制造的表面粗糙度测量仪器称为光切显微镜（双管显微镜），其测量范围为 $0.8\sim80\ \mu m$。

图 5-27 为光切显微镜的测量原理。光切显微镜有两个轴线相互垂直的光管，一个为观察管，另一个为照明管。光源 1 发出的光线经狭缝 2 后形成平行光束。该光束以与两光管轴线夹角平分线成 $45°$ 的入射角投射到被测表面上，形成窄长的光带。通过观察管可看到放大的被测轮廓影像。若被测表面粗糙不平，光带会弯曲。光带边缘的形状，即光束与工件表面的交线，也就是工件在 $45°$ 截面上的轮廓形状，由仪器的测微装置可读出其弯曲的峰、谷影像的高度差值，按定义即可测出评定参数 Rz 的数值。

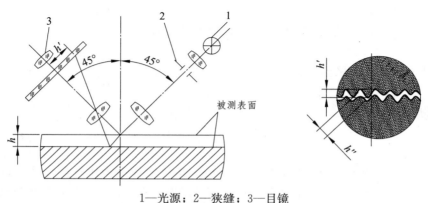

1—光源；2—狭缝；3—目镜

图 5-27　光切显微镜的测量原理

4. 干涉法

干涉法是利用光波干涉原理测量表面粗糙度的方法。根据干涉原理设计制造的仪器称为干涉显微镜，其光学系统图如图 5-28 所示。由光源 1 发出的光经反射镜 2、分光镜 3 后分成两束光线，一束向上射至工件被测表面后返回，另一束向右射至标准镜 4 后返回，这两束光线会合后形成一组干涉条纹。由于被测表面轮廓存在微小峰、谷，而峰、谷处的光程差不相同，因此造成干涉条纹的弯曲，如图 5-28（b）所示。通过目镜 5 可观察到这些干涉条纹。干涉条纹弯曲量的大小反映了被测部位微小峰、谷之间的高度。测出两相邻干涉带的距离 b 及干涉带的弯曲高度 a，可求解 Rz。

干涉显微镜主要用来测量 Rz，其测量范围为 $0.025\sim0.8\ \mu m$。

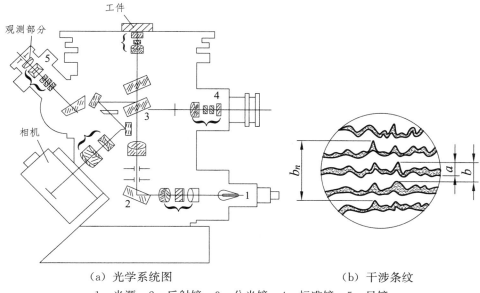

（a）光学系统图 （b）干涉条纹

1—光源；2—反射镜；3—分光镜；4—标准镜；5—目镜

图 5-28 干涉显微镜工作原理

5. 印模法

对于大零件的内表面，也有采用印模法进行测量的，即用石蜡、低熔点合金（锡、铅等）或其他印模材料等将被测表面印模下来，然后对复制印模表面进行测量。由于印模材料不可能充满谷底，其测量值略有缩小，可查阅有关资料或自行试验得出修正系数，在计算中加以修正。

6. 激光反射法

激光反射法的基本原理是用激光束以一定的角度照射到被测表面，根据反射光与散射光的强度及其分布来评定被照射表面的微观不平度状况。

7. 三维几何表面测量法

用三维评定参数能真实地反映被测表面的实际特征。为此，国内外都在致力于研究开发三维几何表面测量技术，现已将光纤法、微波法和电子显微镜等测量方法成功地应用于三维几何表面的测量。图 5-29 为量块表面三维形貌图，它的表面粗糙度评定参数 Ra 的测量值为 0.0081 μm，即 $Ra = 8.1$ nm。

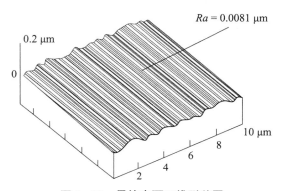

图 5-29 量块表面三维形貌图

5.6　本章学习要求

理解表面粗糙度的评定参数及选择；掌握表面粗糙度的标注方式。

思考题和习题

5—1　表面粗糙度影响零件的哪些使用性能？

5—2　取样长度和评定长度有什么区别？

5—3　最小二乘中线和算术平均中线有哪些区别？

5—4　试说明表面粗糙度评定参数 Ra、Rz、Rsm、$Rmr(c)$ 的含义及其应用场合。

5—5　试说明下图中标注的各表面粗糙度轮廓要求的含义。

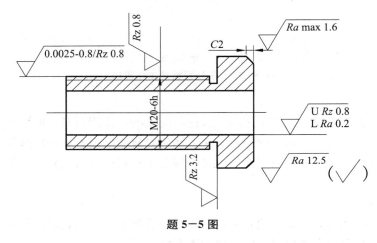

题 5—5 图

5—6　用类比法分别确定 $\phi50t5$ 轴和 $\phi50T6$ 孔配合的表面粗糙度轮廓幅度参数 Ra 的上限值。

5—7　在一般情况下，$\phi40H7$ 和 $\phi6H7$、$\phi40H6/f5$ 和 $\phi40H6/s5$ 相比，哪个表面选用较小的表面粗糙度上限值？

5—8　最大值与上限值的区别是什么？最小值与下限值的区别是什么？

5—9　检测表面粗糙度参数的方法有哪些？

5—10　将下列表面粗糙度的要求标注在图中：

（1）圆锥面 a 的表面粗糙度参数 Ra 的上限值为 3.2 μm；

（2）端面 c 和端面 b 的表面粗糙度参数 Ra 的最大值为 3.2 μm；

（3）$\phi30$ mm 孔采用拉削加工，表面粗糙度参数 Ra 的最大值为 6.3 μm，并标注加工纹理方向；

（4）（8±0.018）键槽两侧面的表面粗糙度参数 Rz 的上限值为 12.5 μm；

（5）其余表面的表面粗糙度参数 Ra 的上限值为 12.5 μm。

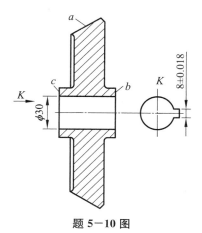

题 **5－10** 图

5－11　将下列表面粗糙度的要求标注在图中：

（1）ϕD_1 孔的表面粗糙度参数 Ra 的最大值为 3.2 μm；

（2）ϕD_2 孔的表面粗糙度参数 Ra 的上、下限值应在 3.2～6.3 μm 范围内；

（3）凸缘右端面采用铣削加工，表面粗糙度参数 Rz 的上限值为 12.5 μm，加工纹理近似放射状；

（4）ϕd_1 和 ϕd_2 圆柱的表面粗糙度参数 Rz 的最大值为 25 μm；

（5）其余表面的表面粗糙度参数 Ra 的最大值为 12.5 μm。

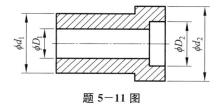

题 **5－11** 图

第 6 章　光滑极限量规和光滑工件尺寸检验

▶ 导读

本章学习的主要内容和要求:
1. 光滑极限量规的概念和分类;
2. 光滑极限量规设计的泰勒原则;
3. 量规的公差带和量规的设计。

光滑工件尺寸除用通用量具与量仪进行检验和测量外,还可用光滑极限量规进行检验。光滑极限量规用于检验遵守包容要求,大批量生产的单一实际要素,多用来判断实际圆形孔、轴的合格性。为了提高产品质量,我国在参考 ISO 标准的基础上,制定了《产品几何技术规范(GPS) 光滑工件尺寸的检验》(GB/T 3177—2009)和《光滑极限量规技术条件》(GB/T 1957—2006)两个国家标准。

6.1　基本概念

量规是一种没有刻度的专用定值检验工具,其外形与被检验对象相反(偶件属性)。检验孔的量规称为塞规,可认为是按照一定尺寸精确制成的轴;检验轴的量规称为环规或卡规,可认为是按照一定尺寸精确制成的孔。

光滑极限量规一般都是成对使用,分为通规和止规,如图 6-1 所示。通规的作用是防止工件尺寸超出最大实体尺寸,止规的作用是防止工件尺寸超出最小实体尺寸。因此,通规应该按照工件最大实体尺寸制造,止规应该按照工件最小实体尺寸制造。

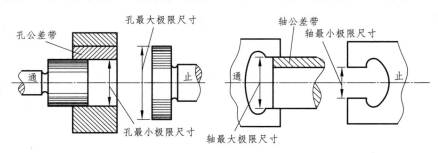

图 6-1　光滑极限量规

检验工件时，如果通规能通过工件，并且止规不能通过工件，表明工件的实际尺寸在规定的极限尺寸范围内，工件是合格的。用这种方法检验，能够保证工件的互换性，而且方便迅速。

按照不同用途，量规可分为三种：

（1）工作量规：工件制造过程中，操作者用于检验工件的量规。

（2）验收量规：检验部门或用户代表在验收产品时所使用的量规。

（3）校对量规：在制造和使用过程中，用于检验轴用工作量规的量规。而孔用工作量规一般采用精密仪器来测量。

校对量规分为三种：

①TT：制造轴用通规用的校对量规（通过，新通规合格）；

②ZT：制造轴用止规用的校对量规（通过，新止规合格）；

③TS：检验轴用旧通规报废用的校对量规（通过，轴用旧通规磨损到极限，应报废处理）。

有关测量、检验和检定的比较如下：

（1）测量：用普通计量器具作定量测量。

（2）检验：用专用量具作定性测量，确定被测几何量是否在规定的极限范围内，从而判断零件是否合格的试验过程，而不需要测出被测几何量的具体数值。

（3）检定：为了评定计量器具的精度指标是否符合该计量器具法定要求的全部过程，检定依据是计量检定规程，检定是对计量器具的计量特性及技术要求的全面评定，并对所检的计量器具得出合格与否的结论。

6.2　光滑工件尺寸检验

在工厂车间环境条件下，使用通用的计量器具检验零件时，通常采用两点法测量，测得值为零件的局部实际尺寸。由于计量器具存在测量极限误差、零件本身的形状误差等，对零件的真实尺寸会产生影响，同时由于计量器具和计量系统都存在内在误差，故任何测量都不能测出真值。因此，为了保证测量精度，如何处理测量结果以及如何正确地选择计量器具，GB/T 3177—2009 做出了相应的规定。

6.2.1　工件验收原则、安全裕度和尺寸验收极限

1. 工件验收原则

由于测量误差的客观存在，如果按照工件的最大、最小极限尺寸验收工件，当工件的实际尺寸处于最大、最小极限尺寸附近时，有可能将本来处于工件公差带以内的合格品误判为废品，或将本来处于工件公差带以外的废品误判为合格品。前者称为"误废"或"弃真"，后者称为"误收"或"采伪"。工厂车间的实际情况是，工件合格与否，一般只按一次测量来判断，对于温度、压陷效应，以及计量器具和标准器的系统误差等均不进行修正。因此，任何一次检验都可能存在误判。

国家标准规定的工件验收原则：所用验收方法原则上只接收位于规定的尺寸极限之内的工件，即只允许有误废而不允许有误收。

2. 安全裕度

为了保证验收原则，采取规定验收极限的方法，即采用安全裕度抵消测量不确定度。验收极限是检验工件尺寸时判断合格与否的尺寸界限。国家标准规定，光滑工件验收方法有两种：

（1）验收极限从规定的最大实体尺寸和最小实体尺寸分别向工件公差带内移动一个安全裕度（A）来确定，如图6-2所示。A值按照工件公差10%确定，A的取值见表6-1。

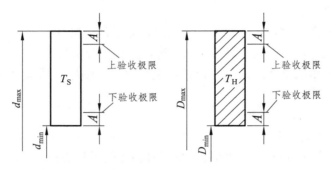

图6-2 安全裕度与验收极限

表6-1 安全裕度 A 与计量器具的测量不确定度允许值 u_1

（单位：μm）

公差等级		IT6					IT7					IT8					IT9				
公称尺寸 /mm		T	A	u_1			T	A	u_1			T	A	u_1			T	A	u_1		
大于	至			I	II	III			I	II	III			I	II	III			I	II	III
	3	6	0.6	0.54	0.9	1.4	10	1.0	0.9	1.5	2.3	14	1.4	1.3	2.1	3.2	25	2.5	2.3	3.8	5.6
3	6	8	0.8	0.72	1.2	1.8	12	1.2	1.1	1.8	2.7	18	1.8	1.6	2.7	4.1	30	3.0	2.7	4.5	6.8
6	10	9	0.9	0.81	1.4	2.0	15	1.5	1.4	2.3	3.4	22	2.2	2.0	3.3	5.0	36	3.6	3.3	5.4	8.1
10	18	11	1.1	1.0	1.7	2.5	18	1.8	1.7	2.7	4.1	27	2.7	2.4	4.1	6.1	43	4.3	3.9	6.5	9.7
18	30	13	1.3	1.2	2.0	2.9	21	2.1	1.9	3.2	4.7	33	3.3	3.0	5.0	7.4	52	5.2	4.7	7.8	12
30	50	16	1.6	1.4	2.4	3.6	25	2.5	2.3	3.8	5.6	39	3.9	3.5	5.9	8.8	62	6.2	5.6	9.3	14
50	80	19	1.9	1.7	2.9	4.3	30	3.0	2.7	4.5	6.8	46	4.6	4.1	6.9	10	74	7.4	6.7	11	17
80	120	22	2.2	2.0	3.3	5.0	35	3.5	3.2	5.3	7.9	54	5.4	4.9	8.1	12	87	8.7	7.8	13	20
120	180	25	2.5	2.3	3.8	5.6	40	4.0	3.6	6.0	9.0	63	6.3	5.7	9.5	14	100	10	9.0	15	23
180	250	29	2.9	2.6	4.4	6.5	46	4.6	4.1	6.9	10	72	7.2	6.5	11	16	115	12	10	17	26
250	315	32	3.2	2.9	4.8	7.2	52	5.2	4.7	7.8	12	81	8.1	7.3	12	18	130	13	12	19	29
315	400	36	3.6	3.2	5.4	8.1	57	5.7	5.1	8.4	13	89	8.9	8.0	13	20	140	14	13	21	32
400	500	40	4.0	3.6	6.0	9.0	63	6.3	5.7	9.5	14	97	9.7	8.7	15	22	155	16	14	23	35

续表 6-1

公差等级	IT10					IT11					IT12				IT13			
公称尺寸 /mm	T	A		u_1		T	A		u_1		T	A	u_1		T	A	u_1	
大于　至			I	II	III			I	II	III			I	II			I	II
～3	40	4.0	3.6	6.0	9.0	60	6.0	5.4	9.0	14	100	10	9.0	15	140	14	13	21
3～6	48	4.8	4.3	7.2	11	75	7.5	6.8	11	17	120	12	11	18	180	18	16	27
6～10	58	5.8	5.2	8.7	13	90	9.0	8.1	14	20	150	15	14	23	220	22	20	33
10～18	70	7.0	6.3	11	16	110	11	10	17	25	180	18	16	27	270	27	24	41
18～30	84	8.4	7.6	13	19	130	13	12	20	29	210	21	19	32	330	33	30	50
30～50	100	10	9.0	15	23	160	16	14	24	36	250	25	23	38	390	39	35	59
50～80	120	12	11	18	27	190	19	17	29	43	300	30	27	45	460	46	41	69
80～120	140	14	13	21	32	220	22	20	33	50	350	35	32	53	540	54	49	81
120～180	160	16	15	24	36	250	25	23	38	56	400	40	36	60	630	63	57	95
180～250	185	18	17	28	42	290	29	26	44	65	460	46	41	69	720	72	65	110
250～315	210	21	19	32	47	320	32	29	48	72	520	52	47	78	810	81	73	120
315～400	230	23	21	35	52	360	36	32	54	81	570	57	51	80	890	89	80	130
400～500	250	25	23	38	56	400	40	36	60	90	630	63	57	95	970	97	87	150

（2）验收极限等于规定的最大实体尺寸和最小实体尺寸，即 A 值等于零。

3. 尺寸验收极限

验收方法的选择要结合尺寸功能要求及重要程度、尺寸公差等级、测量不确定度和工艺能力等因素综合考虑。

对符合包容要求、公差等级高的尺寸，其验收极限应按照方法 1 确定。

（1）采用方法 1（内缩方式）验收，则工件验收极限如下：

上验收极限＝最大极限尺寸－安全裕度（A）

下验收极限＝最小极限尺寸＋安全裕度（A）

对非配合尺寸和一般公差尺寸，其验收极限按照方法 2 确定。

（2）采用方法 2（不内缩方式）验收，此时工件验收极限如下：

上验收极限＝最大极限尺寸

下验收极限＝最小极限尺寸

6.2.2　计量器具的选择

机械制造中，计量器具的选择主要取决于计量器具的技术指标和经济指标，主要有以

163

下两点要求：

（1）按照被测工件的部位、外形及尺寸来选择计量器具，使所选的计量器具的量程能满足工件的要求。

（2）按照被测工件的公差来选择计量器具。由于计量器具的误差会带入工件的测量结果中，因此选择的计量器具，其允许的测量误差极限应当小；但计量器具的误差极限越小，其价格就越高。所以，在选择计量器具时，应将技术指标和经济指标综合考虑。

计量器具的选择根据 GB/T 3177—2009 进行。该标准规定了计量器具的选择原则，即 $u_1' \leqslant u_1$ 原则。按照计量器具所引起的测量不确定度允许值 u_1 来选择计量器具，以保证测量结果的可靠性。其中，u_1' 为所选用的计量器具的测量不确定度，见表 6-2、表 6-3 和表 6-4；u_1 为测量不确定度允许值，根据被测工件的公称尺寸和公差等级由表 6-1 查得。在选择计量器具时，应使所选用的计量器具的不确定度 u_1' 小于或等于计量器具的测量不确定度允许值 u_1，即 $u_1' \leqslant u_1$。一般情况下，u_1 优先选用 I 档。

如果没有所选的精度高的计量仪器，或是现场器具的测量不确定度大于 u_1，这时可以采用比较测量法以提高现场器具的使用精度。

表 6-2 千分尺和游标卡尺的测量不确定度 u_1'

（单位：mm）

尺寸范围		测量器具类型			
		分度值为 0.01 mm 的外径千分尺	分度值为 0.01 mm 的内径千分尺	分度值为 0.02 mm 的游标卡尺	分度值为 0.05 mm 的游标卡尺
大于	至	测量不确定度 u_1'			
0	50	0.004	0.08	0.020	0.050
50	100	0.005			
100	150	0.006			
150	200	0.007	0.013		
200	250	0.008			
250	300	0.009			
300	350	0.010			0.100
350	400	0.011	0.020		
400	450	0.012			
450	500	0.013	0.025		
500	600				
600	700		0.030		
700	1000				0.150

注：采用比较测量法测量时，千分尺和游标卡尺的测量不确定度 u_1' 可减小至表中数值的 60%。

表 6-3　比较仪的测量不确定度 u'_1

（单位：mm）

尺寸范围		测量器具类型			
		分度值为 0.0005 mm（相当于放大倍数为 2000 倍）的比较仪	分度值为 0.001mm（相当于放大倍数为 1000 倍）的比较仪	分度值为 0.002mm（相当于放大倍数为 500 倍）的比较仪	分度值为 0.005mm（相当于放大倍数为 200 倍）的比较仪
大于	至	测量不确定度 u'_1			
	25	0.0006	0.0010	0.0017	0.0030
25	40	0.0007			
40	65	0.0008	0.0011	0.0018	
65	90				
90	115	0.0009	0.0012	0.0019	
115	165	0.0010	0.0013		
165	215	0.0012	0.0014	0.0020	
215	265	0.0014	0.0016	0.0021	
265	315	0.0016	0.0017	0.0022	0.0035

表 6-4　指示表的测量不确定度 u'_1

（单位：mm）

尺寸范围		所使用的计量器具			
		分度值为 0.001 mm 的千分表（0 级在全程范围内，1 级在 0.2 mm 内）分度值为 0.002 mm 的千分表在一转范围内	分度值为 0.001 mm、0.002 mm、0.005 mm 的千分表（1 级在全程范围内）分度值为 0.01 mm 的百分表（0 级在任意 1 mm 内）	分度值为 0.01 mm 的百分表（0 级在全程范围内，1 级在任意 1 mm 内）	分度值为 0.01 mm 的百分表（1 级在全程范围内）
大于	至	测量不确定度 u'_1			
	25	0.005	0.010	0.018	0.030
24	40				
40	65				
65	90				
90	115				
115	165	0.006			
165	215				
215	265				
265	315				

注：测量时，使用的标准器由不多于四块的 1 级（或 4 等）量块组成。

6.2.3 光滑工件尺寸检验实例

例 6-1 试确定测量 $\phi75\text{js8}(\pm0.023)$ Ⓔ 轴时的验收极限，选择相应的计量器具，并分析该轴可否使用分度值为 0.01 mm 的外径千分尺进行比较法测量验收。

解：（1）确定验收极限。

$\phi75\text{js8}(\pm0.023)$ Ⓔ 轴采用包容要求，因此验收极限应按照内缩方式确定。查表 6-1 可得，安全裕度 $A=0.0046$ mm，其上、下验收极限为

$$上验收极限 = d_{max} - A = （75.023 - 0.0046）\text{mm} = 75.0184 \text{ mm}$$

$$下验收极限 = d_{min} + A = （74.977 + 0.0046）\text{mm} = 74.9816 \text{ mm}$$

$\phi75\text{js8}(\pm0.023)$ Ⓔ 轴的尺寸公差带及验收极限如图 6-3 所示。

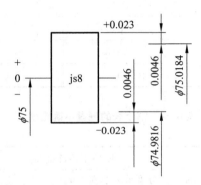

图 6-3 $\phi75\text{js8}$ 轴的尺寸公差带及验收极限

（2）选择计量器具。

查表 6-1 可得，计量器具测量不确定度允许值 $u_1 = 0.0041$ mm。

① 由表 6-3 选用分度值为 0.005 mm 的比较仪，其测量不确定度 $u_1' = 0.003$ mm$<u_1$，所以用分度值为 0.005 mm 的比较仪能满足测量要求。

② 当没有比较仪时，由表 6-2 选用分度值为 0.01 mm 的外径千分尺，其测量不确定度 $u_1' = 0.005$ mm$>u_1$，显然用分度值为 0.01 mm 的外径千分尺采用绝对测量，不能满足测量要求。

③ 用分度值为 0.01 mm 的外径千分尺进行比较测量，为了提高千分尺的测量精度，采用比较测量法，可使千分尺的测量不确定度降为原来的 40% 或 60%。这里，使用 75 mm 量块作为标准器，改绝对测量法为比较测量法，可使千分尺的测量不确定度由 0.005 mm 减小到 0.003 mm，显然小于测量不确定度允许值 u_1。所以用分度值为 0.01 mm 的外径千分尺进行比较测量，是能满足测量要求的。

结论：若有比较仪，该轴可使用分度值为 0.005 mm 的比较仪进行比较法测量验收；若没有比较仪，该轴可使用分度值为 0.01 mm 的外径千分尺进行比较法测量验收。

例 6-2 试确定测量 $\phi35\text{H}12\binom{+0.250}{0}$ 孔（非配合要求）的验收极限，并选择相应

的计量器具。

解： （1）确定验收极限 $\phi35\text{H}12\left(^{+0.250}_{0}\right)$ 孔无配合要求，并且尺寸精度低，因此验收极限应按照不内缩方式确定。取安全裕度 $A=0$，其上、下验收极限为

$$上验收极限 = D_{\max} = 35.250 \text{ mm}$$
$$下验收极限 = D_{\min} = 35 \text{ mm}$$

$\phi35\text{H}12\left(^{+0.250}_{0}\right)$ 孔的尺寸公差带及验收极限如图 6-4 所示。

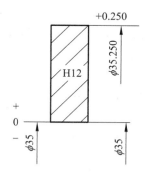

图 6-4 $\phi35\text{H}12$ 孔的尺寸公差带及验收极限

（2）选择计量器具。

查表 6-1 得到测量器具测量不确定度允许值 u_1 为 0.023 mm，查表 6-2 得知，分度值为 0.02 mm 的游标卡尺，其测量不确定度 u_1' 为 0.020 mm，显然 $u_1' < u_1$。所以采用分度值为 0.02 mm 的游标卡尺测量无配合要求的 $\phi35\text{H}12\left(^{+0.250}_{0}\right)$ 孔是合适的。注意：所选游标卡尺应是带有可测内尺寸测爪的。

6.3 光滑极限量规设计

6.3.1 量规的设计原理

《光滑极限量规 技术条件》（GB/T 1957—2006）用于检验遵守包容要求，大批量生产的单一实际要素，多用来判定圆形孔、轴的合格性。

由于形状误差的存在，工件尺寸即使位于极限尺寸范围内也可能装配困难，更何况工件上各处的实际尺寸往往不相等。为了能正确评定工件是否合格，是否能保证工件配合要求的实现，光滑极限量规的设计应遵循泰勒原则（极限尺寸判断原则），即工件的体外作用尺寸（D_{fe}、d_{fe}）不超过最大实体尺寸（MMS），工件的实际尺寸（D_{a}、d_{a}）不超过最小实体尺寸（LMS）。

对于孔应满足：
$$D_{\text{fe}} \geqslant D_{\min} \quad (D_{\min} = D_{\text{MMS}})$$
$$D_{\text{a}} \leqslant D_{\max} \quad (D_{\max} = D_{\text{LMS}})$$

对于轴应满足：
$$d_{fe} \leqslant d_{max} \quad (d_{max} = d_{MMS})$$
$$d_a \geqslant d_{min} \quad (d_{min} = d_{LMS})$$

用符合泰勒原则的光滑极限量规有以下的要求和特点：

（1）通规用于控制工件的体外作用尺寸，它的测量面理论上应具有与工件相应的完整表面（即全形量规，具有最大实体边界的形状），其尺寸等于工件的最大实体尺寸，且量规长度等于配合长度。

（2）止规用于控制工件的实际尺寸，它的测量面理论上为点状（即不全形量规），其尺寸等于工件的最小实体尺寸。

在实际的量规设计和使用中，由于量规的制造和使用方便等原因，允许光滑极限量规偏离泰勒原则，如采用非全形通规、全形止规和量规长度不够等。在这种情况下，使用光滑极限量规应注意操作的正确性，如非全形通规应旋转，保证工件的形状误差不致影响配合的性质。

泰勒原则是设计光滑极限量规的依据，用这种极限量规检验工件，可以保证工件极限与配合的要求，达到互换的目的。

结合公差原则中的包容要求，泰勒原则和包容要求实质等效，即工件要合格，其体外作用尺寸和实际尺寸均应落在最大、最小实体尺寸之内。

图 6-5 和图 6-6 为常用塞规和卡规的结构。在设计光滑极限量规时，可以根据需要选用合适的结构。

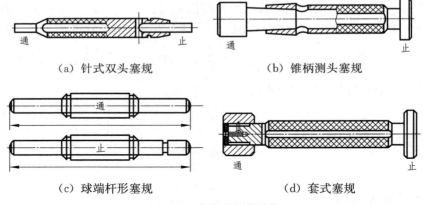

（a）针式双头塞规　　　　（b）锥柄测头塞规

（c）球端杆形塞规　　　　（d）套式塞规

图 6-5　常用塞规的结构

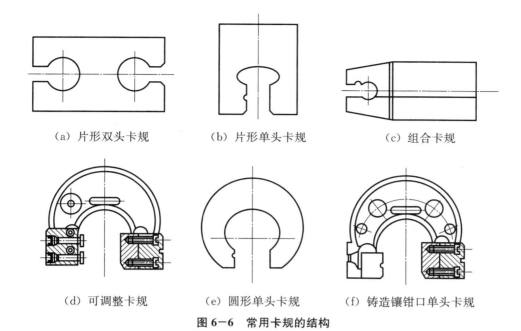

（a）片形双头卡规　　　　（b）片形单头卡规　　　　（c）组合卡规

（d）可调整卡规　　　　（e）圆形单头卡规　　　（f）铸造镶钳口单头卡规

图 6−6　常用卡规的结构

6.3.2　光滑极限量规的公差

　　量规是一种精密检验工具，实际上就是精密的孔、轴类零件。制造量规和制造工件一样，不可避免地会产生误差，成批生产量规时应规定量规尺寸公差，按规定的量规公差来制造。量规的制造公差大小决定了量规的制造难易程度，即制造成本。设计量规时，量规公差大小的选择应充分考虑经济性。

　　此外，工作量规"通规"工作时，要经常通过被检验工件（一般工件都是合格的），其工作表面不可避免地会发生磨损，因而规定了通规的磨损极限。磨损极限的大小决定了量规的使用寿命。对于工作量规"止规"，由于不经常通过被检工件，磨损很少，故未规定磨损极限。

　　1. 工作量规的公差

　　图 6−7 为工作量规和校对量规的公差带图。

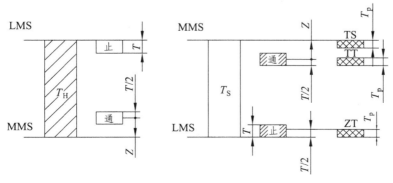

图 6−7　工作量规和校对量规的公差带图

（1）工作量规尺寸公差 T 按照 GB/T 1957—2006 的规定取值，见表 6−5，通规和止规的公差带全部位于工件公差带内。

（2）通规公差带的中线到工件最大实体尺寸的距离为 Z，称为通规位置要素，其磨损极限与工件的最大实体尺寸重合。

（3）止规的公差带从工件的最小实体尺寸起，向工件的公差带内分布。

注意：对于量规制造公差向工件公差带内缩，应与孔、轴验收的安全裕度联系起来理解。

（4）工作量规的形状和位置公差，其尺寸与形状公差间的关系应遵守包容要求。形状公差取值为 $t=T/2$。

（5）工作量规的表面粗糙度 Ra 值一般取 $0.05\sim0.8\ \mu\mathrm{m}$。

2．校对量规的公差

（1）校对量规公差 T_p。校对量规公差取值为 $T_p=T/2$。

（2）T_p 的位置。对于 TT 规和 ZT 规，T_p 在 T 的中心以下；对于 TS 规，T_p 在轴工件公差的最大实体尺寸线以下。

（3）校对量规的形状和位置公差、校对量规的几何公差（形位公差）与其尺寸间的关系按照包容要求。

（4）校对量规的表面粗糙度 Ra 值，取值比工作量规要小，约占工作量规表面粗糙度 Ra 值的一半。

表 6−5　工作量规尺寸公差 T 和通规位置要素值 Z

工件公称尺寸/mm		IT6			IT7			IT8			IT9			IT10			IT11		
大于	至	IT6	T	Z	IT7	T	Z	IT8	T	Z	IT9	T	Z	IT10	T	Z	IT11	T	Z
	3	6	1	1	10	1.2	1.6	14	1.6	2	25	2	3	40	2.4	4	60	3	6
3	6	8	1.2	1.4	12	1.4	2	18	2	2.6	30	2.4	4	48	3	5	75	4	8
6	10	9	1.4	1.6	15	1.8	2.4	22	2.4	3.2	36	2.8	5	58	3.6	6	90	5	9
10	18	11	1.6	2	18	2	2.8	27	2.8	4	43	3.4	6	70	4	8	110	6	11
18	30	13	2	2.4	21	2.4	3.4	33	3.4	5	52	4	7	84	5	9	130	7	13
30	50	16	2.4	2.8	25	3	4	39	4	6	62	5	8	100	6	11	160	8	16
50	80	19	2.8	3.4	30	3.6	4.6	46	4.6	7	74	6	9	120	7	13	190	9	19
80	120	22	3.2	3.8	35	4.2	5.4	54	5.4	8	87	7	10	140	8	15	220	10	22

6.3.3　光滑极限量规的设计步骤及极限尺寸计算

1. 光滑极限量规的设计步骤

（1）由标准公差数值表、孔/轴基本偏差表确定被测工件的上、下偏差，并画出孔、轴公差带图。

（2）由表 6-5 查出工作量规的 T 和 Z 值，画出工作量规以及校对量规的公差带图。

（3）在画好的公差带图上正确标出所有量规的上、下偏差值。

（4）按照公差向实体内分布原则写出量规的标注尺寸。

（5）绘制光滑极限量规及其校对量规的工作图，并正确标注各项技术要求。

例 6-3　设计检验轴 $\phi 40f7$ ⓔ 用的工作量规及其校对量规和检验孔 $\phi 40H8$ ⓔ 用的工作量规。

解：（1）查标准公差数值表和孔/轴基本偏差表得到

$$\phi 40H8 \begin{pmatrix} +0.039 \\ 0 \end{pmatrix} mm, \quad \phi 40f7 \begin{pmatrix} -0.025 \\ -0.050 \end{pmatrix} mm$$

（2）查表 6-5 得到检验 IT8 孔用的工作量规公差数值 $T=4\ \mu m$，$Z=6\ \mu m$，得到检验 IT7 轴用的工作量规公差数值 $T=3\ \mu m$，$Z=4\ \mu m$，且校对量规公差数值 $T_p=1.5\ \mu m$。

（3）画出 $\phi 40H8$ 孔、$\phi 40f7$ 轴及其所有工作量规、校对量规的公差带图，并标出所有的极限偏差值，如图 6-8 所示。

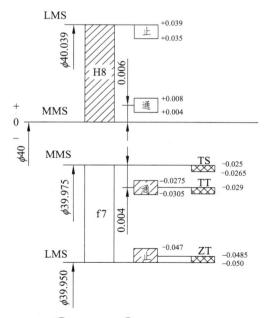

图 6-8　$\phi 40H8$ ⓔ 和 $\phi 40f7$ ⓔ 工作量规和校对量规的公差带图

（4）以工件的公称尺寸线为零线，写出所有工作量规、校对量规的极限尺寸，并转换成标注尺寸：

$\phi 40H8$ 的通规：$\phi 40^{+0.008}_{+0.004}$ mm $= \phi 40.008^{0}_{-0.004}$ mm。

$\phi 40H8$ 的止规：$\phi 40.039^{0}_{-0.004}$ mm。

$\phi 40f7$ 的通规：$\phi 40^{-0.0275}_{-0.0305}$ mm $= \phi 39.9695^{+0.003}_{0}$ mm。

$\phi 40f7$ 的止规：$\phi 39.950^{+0.003}_{0}$ mm。

$\phi 40f7$ 的校对量规：TT 规为 $\phi 40^{-0.029}_{-0.0305}$ mm $= \phi 39.971^{0}_{-0.0015}$ mm；

TS 规为 $\phi 39.975^{0}_{-0.0015}$ mm；

ZT 规为 $\phi 40^{-0.0485}_{-0.050}$ mm $= \phi 39.9515^{0}_{-0.0015}$ mm。

2. 量规的技术要求

量规的测量面应用合金工具钢、碳素工具钢、滚动轴承钢或渗碳碳素钢等材料制造，也可在测量面上镀以厚度大于磨损量的镀铬层、氮化层等耐磨材料。量规测量面的硬度对量规的使用寿命有影响，其测量面的硬度不应小于 700 HV。

量规测量面不应有锈迹、毛刺、划痕等缺陷。

量规的测头和手柄联接应牢固可靠，在使用过程中不应松动。

量规测量面的表面粗糙度取决于被检工件的公称尺寸、公差等级和粗糙度等。量规测量面一般不应大于国家标准推荐的表面粗糙度，见表 6-6 和表 6-7。

表 6-6 工作量规测量面的表面粗糙度

工作量规	工作量规的公称尺寸/mm		
	≤120	>120~315	>315~500
	工作量规测量面的表面粗糙度 Ra 值/μm		
IT6 级孔用工作塞规	0.05	0.10	0.20
IT7 级~IT9 级孔用工作塞规	0.10	0.20	0.40
IT10 级~IT12 级孔用工作塞规	0.20	0.40	0.80
IT13 级~IT16 级孔用工作塞规	0.40	0.80	
IT7 级~IT9 级轴用工作环规	0.10	0.20	0.40
IT10 级~IT12 级轴用工作环规	0.20	0.40	0.80
IT13 级~IT16 级轴用工作环规	0.40	0.80	

表 6-7 校对塞规测量面的表面粗糙度

校对塞规	校对塞规的公称尺寸/mm		
	≤120	>120~315	>315~500
	校对塞规测量面的表面粗糙度 Ra 值/μm		
IT6 级~IT9 级轴用工作环规的校对塞规	0.05	0.10	0.20
IT10 级~IT12 级轴用工作环规的校对塞规	0.10	0.20	0.40
IT13 级~IT16 级轴用工作环规的校对塞规	0.20	0.40	

绘制工作量规的工作图并标注几何精度等方面的技术要求。$\phi 40H8$ 的塞规和 $\phi 40f7$ 的卡规工作图及标注如图 6-9 和图 6-10 所示。

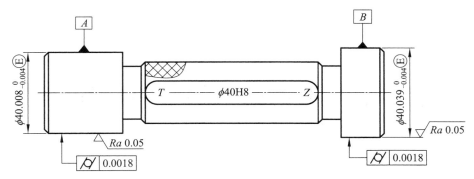

图 6-9　$\phi 40H8$ 的塞规工作尺寸标注

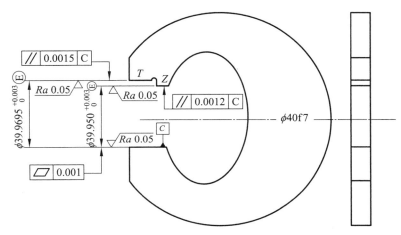

图 6-10　$\phi 40f7$ 的卡规工作尺寸标注

6.4　本章学习要求

理解光滑极限量规的概念、分类及量规的公差带;掌握光滑极限量规设计的泰勒原则;熟悉光滑量规的设计。

思考题和习题

6-1　工件检验时为什么要规定安全裕度和验收极限?

6-2　在用通用计量器具验收工件时,应怎样选用计量器具?

6-3　零件图上被测要素的尺寸公差和几何公差按照哪种公差原则标注时才能使用光滑极限量规?为什么?

6-4　光滑极限量规的通规和止规及其校对量规的尺寸公差带是如何配置的?

6-5　在使用偏离泰勒原则的光滑极限量规检验工件时,为了避免造成误判,应如何操作这样的量规?

6-6　用普通计量器具测量下列的孔和轴时,试分别确定它们的安全裕度、验收极限以及使用的计量器具的名称和分度值:

①$\phi 150h11$;②$\phi 140H10$;③$\phi 35e9$。

6-7　试计算 $\phi 45H7$ 孔的工作量规和 $\phi 45k6$ 轴的工作量规及其校对量规工作部分的极限尺寸,并画出孔、轴工作量规和校对量规的尺寸公差带图。

第7章 滚动轴承的公差与配合

▶ 导读

本章学习的主要内容和要求：

1. 了解滚动轴承的结构、分类、精度等级和应用场合；
2. 熟悉滚动轴承配合采用的基准制，掌握滚动轴承内径、外径的公差带特点；
3. 掌握滚动轴承公差的选用及其在零件图中的标注。

7.1 概述

滚动轴承是机器上广泛应用的一种标准化部件，一般由内圈、外圈、滚动体（钢珠或滚珠）和保持架（又称为保持器或隔离圈）组成，如图 7-1 所示。内圈与轴颈配合，外圈与孔座配合。滚动体是承载并使轴承形成滚动摩擦的元件，它们的尺寸、形状和数量由承载能力和载荷方向等因素决定。保持架是一组隔离元件，其作用是将轴承内一组滚动体均匀分开，使每个滚动体均匀地轮流承载相等的载荷，并保持滚动体在轴承内、外滚道间正常滚动。

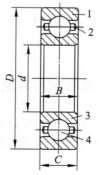

1—外圈；2—保持架；3—内圈；4—滚动体

图 7-1 滚动轴承的结构

滚动轴承是具有两种互换性的标准零件。滚动轴承内圈与轴颈的配合以及外圈与孔座的配合为外互换，滚动体与轴承内、外圈的配合为内互换。滚动轴承具有摩擦力矩小、允许转速高、磨损小、允许预紧、承载大、刚性好、旋转精度高、对温度变化不敏感、成本低等优点。

滚动轴承按其承受载荷的方向分为主要承受径向负荷的向心轴承、同时承受径向和轴向负荷的向心推力轴承和仅承受轴向负荷的推力轴承；滚动轴承按其滚动体形状分为球轴承和滚珠（圆柱或圆锥体）轴承。

滚动轴承的工作性能取决于滚动轴承本身的制造精度、滚动轴承与轴和壳体孔的配合性质，以及轴和壳体孔的尺寸精度、几何公差和表面粗糙度等因素。设计时，应根据以上因素合理选用。

7.2 滚动轴承精度等级及其应用

滚动轴承的专业化生产由来已久。为了实现滚动轴承及其配件的互换性，正确进行滚动轴承的公差和配合设计，我国发布了《滚动轴承 向心轴承 产品几何技术规范（GPS）和公差值》（GB/T 307.1—2017）、《滚动轴承 通用技术规则》（GB/T 307.3—2017）和《滚动轴承 配合》（GB/T 275—2015）等国家标准。国家标准对配合的公称尺寸 D、d 的精度、几何公差及表面粗糙度都做了规定。

滚动轴承的公差等级由轴承的尺寸公差和旋转精度决定。前者是指轴承内径 d、外径 D、宽度 B 等尺寸公差。后者是指轴承内、外圈作相对转动时跳动的程度，包括成套轴承内、外圈的径向圆跳动，成套轴承内、外圈端面对滚道的跳动，内圈基准端面对内孔的跳动等。

根据滚动轴承的尺寸公差和旋转精度，GB/T 307.3—2017 把滚动轴承的公差等级分为 2、4、5、6、0 五级，它们依次由高到低，2 级最高，0 级最低。其中，向心轴承和圆锥滚子轴承有 2 级，其他类型的轴承无 2 级。圆锥滚子轴承有 6X 级，无 6 级。6X 级轴承与 6 级轴承的内径公差、外径公差和径向圆跳动公差均分别相同，仅前者装配宽度要求较严格。表 7-1 为各个公差等级滚动轴承的应用范围。

表 7-1 各个公差等级滚动轴承的应用范围

轴承公差等级	应用示例
0 级（普通级）	广泛应用于旋转精度和运动平稳性要求不高的一般旋转机构中，如普通机床的变速机构、进给机构，汽车、拖拉机的变速机构，普通减速器，水泵及农业机械等通用机械的旋转机构
6 级、6X 级（中级）、5 级（较高级）	多用于旋转精度和运转平稳性要求较高或转速较高的旋转机构中，如普通机床的主轴轴系（前支承采用 5 级，后支承采用 6 级）和比较精密的仪器、仪表、机械的旋转机构
4 级（高级）	多用于转速很高或旋转精度要求很高的机床和机器的旋转机构中，如高精度磨床和车床、精密螺纹车床和齿轮磨床等的主轴轴系
2 级（精密级）	多用于精密机械的旋转机构中，如精密坐标镗床、高精度齿轮磨床和数控机床等的主轴轴系

滚动轴承安装在机器上，其内圈与轴颈配合，外圈与外壳孔配合，它们的配合性质应保证轴承的工作性能。因此，必须满足下列两项要求：

（1）必要的旋转精度。轴承工作时内、外圈和端面的跳动会引起机构运动不平稳，从而引起振动和噪声。

（2）滚动体与套圈之间有合适的径向游隙和轴向游隙。轴向游隙和径向游隙过大就会引起轴承较大的振动和噪声，引起转轴较大的径向圆跳动和轴向窜动；游隙过小则会因为轴承与轴颈、外壳孔的过盈配合使轴承滚动体与套圈产生较大的接触应力，并增加轴承摩擦发热，以致降低轴承寿命。

7.3 滚动轴承内径、外径的公差带及其特点

滚动轴承是标准件，其外圈与壳体孔的配合采用基轴制，内圈与轴颈的配合采用基孔制。多数情况下，轴承内圈与轴一起旋转，为了防止内圈和轴颈的配合面相对滑动而产生磨损，要求配合具有一定的过盈。但由于内圈是薄壁零件，过盈量不能太大。轴承外圈安装在外壳孔中，通常不能旋转。工作时温度升高，会使轴膨胀，两端支承中有一端应该采用游动支承。因此，可增大轴承外径与壳体孔的配合间隙，使之能补偿轴的热胀伸长。轴承的内外圈都是薄壁零件，在制造和自由状态下都易变形，在装配后又得到校正。根据这些特点，滚动轴承公差的国家标准不仅规定了两种尺寸公差，还规定了两种形状公差。其目的是控制轴承的变形程度、轴承与轴和壳体孔配合的尺寸精度。

两种尺寸公差：（1）轴承单一内径（d_s）与单一外径（D_s）的偏差（Δd_s，ΔD_s）；（2）轴承单一平面平均内径（d_{mp}）与平均外径（D_{mp}）的偏差（Δd_{mp}，ΔD_{mp}）。

两种形状公差：（1）轴承单一径向平面内，内径（d_s）与外径（D_s）的变动量（V_{dsp}，V_{Dsp}）；（2）轴承平均内径与平均外径的变动量（V_{dmp}，V_{Dmp}）。

凡是合格的滚动轴承，应同时满足所规定的两种公差的要求。

向心轴承内、外径的尺寸公差和形状公差以及轴承的旋转精度公差分别列于表7-2和表7-3。0级至2级精度的平均直径公差相当于IT7～IT13级的公差。

表7-2和表7-3中，K_{ia}、K_{ea}分别为成套轴承内、外圈的径向圆跳动允许值；S_{ia}、S_{ea}分别为成套轴承内、外圈端面（背面）对滚道圆跳动的允许值；S_d为内圈基准端面对内孔的圆跳动允许值，S_D为外径表面素线对基准端面的倾斜度的允许值；ΔB_s为内圈单一宽度偏差允许值，ΔC_s为外圈单一宽度偏差允许值；V_{Bs}为内圈宽度变动允许值，V_{Cs}为外圈宽度变动允许值。

对于同一内径的轴承，由于不同的使用场合所需承受的载荷大小和寿命极不相同，必须使用不同大小的滚动体，轴承的外径和宽度随之改变，这种内径相同而外径不同的变化称为直径系列。

表 7-2　向心轴承内圈公差

d/mm	公差等级	Δd_{mp} 上偏差	Δd_{mp} 下偏差	Δd_s 上偏差	Δd_s 下偏差	V_{dsp} 直径系列 9 最大	V_{dsp} 直径系列 0、1 最大	V_{dsp} 直径系列 2、3、4 最大	V_{dmp} 最大	K_{ia} 最大	S_d 最大	S_{ia} 最大	Δ_{Bs} 全部 上偏差	Δ_{Bs} 正常 下偏差	Δ_{Bs} 修正 下偏差	V_{Bs} 最大
>18~30	0	0	−10	—	—	13	10	8	8	13	—	—	0	−120	−250	20
	6	0	−8	—	—	10	8	6	6	8	—	—	0	−120	−250	20
	5	0	−6	—	—	—	6	5	5	4	8	8	0	−120	−250	5
	4	0	−5	0	−5	5	4	4	2.5	3	4	4	0	−120	−250	2.5
	2	0	−2.5	0	−2.5	—	2.5	2.5	1.5	2.5	1.5	2.5	0	−120	−250	1.5
>30~50	0	0	−12	—	—	15	12	9	9	15	—	—	0	−120	−250	20
	6	0	−10	—	—	13	10	8	8	10	—	—	0	−120	−250	20
	5	0	−8	—	—	—	8	6	6	4	8	8	0	−120	−250	5
	4	0	−6	0	−6	6	5	5	4	3	4	4	0	−120	−250	3
	2	0	−2.5	0	−2.5	—	2.5	2.5	1.5	2.5	1.5	2.5	0	−120	−250	1.5

注：1. 表中"—"表示均未规定公差值。2. 直径系列 7 和 8 无规定值；3. Δ_{Bs} 是指用于成对或成组安装时单个轴承的内圈宽度公差；4. S_{ia} 仅适用于沟型球轴承；5. Δd_s 中 4 级公差值仅适用于直径系列 0，1，2，3，4。

表 7-3　向心轴承外圈公差

D/mm	公差等级	ΔD_{mp} 上偏差	ΔD_{mp} 下偏差	ΔD_s 上偏差	ΔD_s 下偏差	V_{Dsp} 开型轴承 直径系列 9 最大	V_{Dsp} 开型轴承 直径系列 0、1 最大	V_{Dsp} 开型轴承 直径系列 2、3、4 最大	V_{Dsp} 闭型轴承 直径系列 2、3、4 最大	V_{Dsp} 闭型轴承 直径系列 0、1 最大	V_{Dmp} 最大	K_{ea} 最大	S_D 最大	S_{ea} 最大	Δ_{Cs} 上偏差	Δ_{Cs} 下偏差	V_{Cs} 最大
>50~80	0	0	−13	—	—	16	13	10	20	—	10	25	—	—	与同一轴承内圈的 Δ_{Bs} 相同		与同一轴承内圈的 Δ_{Bs} 相同
	6	0	−11	—	—	14	11	8	16	16	8	13	—	—			
	5	0	−9	—	—	9	7	7	—	—	5	8	8	10			6
	4	0	−7	0	−7	7	5	5	—	—	3.5	5	4	5			3
	2	0	−4	0	−4	—	4	4	4	4	2	4	1.5	4			1.5
	0	0	−15	—	—	19	11	11	26	—	11	35	—	—	与同一轴承内圈的 Δ_{Bs} 相同		与同一轴承内圈的 Δ_{Bs} 相同
	6	0	−13	—	—	16	10	10	20	20	10	18	—	—			
	5	0	−10	—	—	10	8	8	—	—	5	10	9	11			8
	4	0	−8	0	−8	8	6	6	—	—	4	6	6	6			4
	2	0	−5	0	−5	5	5	5	5	5	2.5	5	2.5	5			2.5

注：1. 表中"—"表示均未规定公差值。2. ΔD_s 仅适用于 4，2 级轴承直径系列 0，1，2，3，4；3. 对于 0，6 级轴承，用于内、外止动环安装前或折卸后，直径系列 7 和 8 无规定值；4. S_{ea} 仅适用于沟型球轴承。

例 7-1　有两个 4 级精度的中系列向心轴承，公称内径 $d=40.000$ mm，从表 7-2 查得内径的尺寸公差和形状公差为

$$d_{smax}=40.000 \text{ mm}, \quad d_{smin}=(40.000-0.006) \text{ mm}=39.994 \text{ mm}$$

$$d_{mpmax}=40.000 \text{ mm}, \quad d_{mpmin}=(40.000-0.006) \text{ mm}=39.994 \text{ mm}$$

$$V_{dsp}=0.005 \text{ mm}, \quad V_{dmp}=0.003 \text{ mm}$$

如果两个轴承的内径尺寸见表 7-4，则其合格与否要按表 7-4 中的计算结果确定。

表 7-4　两个轴承的内径尺寸

（单位：mm）

		第一个轴承			第二个轴承		
测量平面		I	II		I	II	
量得的单一内径尺寸 (d_s)		$d_{smax}=40.000$ $d_{smin}=39.998$	$d_{smax}=39.997$ $d_{smin}=39.995$	合格	$d_{smax}=40.000$ $d_{smin}=39.994$	$d_{smax}=39.997$ $d_{smin}=39.995$	合格
计算结果	d_{mp}	$d_{mpI}=\dfrac{40.000+39.998}{2}=39.999$	$d_{mpII}=\dfrac{39.997+39.995}{2}=39.996$	合格	$d_{mpI}=\dfrac{40.000+39.994}{2}=39.997$	$d_{mpII}=\dfrac{39.997+39.995}{2}=39.996$	合格
	V_{dp}	$V_{dp}=40.000-39.998=0.002$	$V_{dp}=39.997-39.995=0.002$	合格	$V_{dp}=40.000-39.994=0.006$	$V_{dp}=39.997-39.995=0.002$	不合格
	V_{dmp}	$V_{dmp}=d_{mpI}-d_{mpII}=39.999-39.996=0.003$		合格	$V_{dmp}=d_{mpI}-d_{mpII}=39.997-39.996=0.001$		合格
结论		内径尺寸合适			内径尺寸不合适		

滚动轴承内圈与轴配合应按基孔制，但内径的公差带位置却与一般基准孔相反。如图 7-2 所示，内圈基准孔公差带位于以公称内径 d 为零线的下方，即上极限偏差为零，下极限偏差为负值。这样分布主要是考虑在多数情况下，轴承的内圈随轴一起转动时，为防止它们之间发生相对运动导致结合面磨损，两者的配合应是过盈，但过盈量又不宜过大。滚动轴承的外径与壳体孔配合应按基轴制，且两者间不要求配合太紧。因此，对所有精度级轴承外径的公差带位置仍按一般基准轴的规定，分布在零线下方，其上极限偏差为零，下极限偏差为负值。

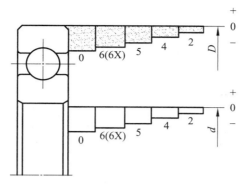

图 7-2　滚动轴承内、外径公差带

7.4　滚动轴承配合及选择

7.4.1　轴和壳体孔的尺寸公差带

由于滚动轴承属于标准零件，所以轴承内圈与轴颈的配合属于基孔制配合，轴承外圈与壳体孔的配合属于基轴制配合。轴颈和壳体孔的公差带均在光滑圆柱体的国家标准中选择，它们分别与轴承内、外圈结合，可以得到松紧程度不同的各种配合。需要指出，轴承内圈与轴颈的配合属于基孔制配合，但轴承公差带均采用上极限偏差为零、下极限偏差为负值的单向制分布，故轴承内圈与轴颈得到的配合比相应光滑圆柱体按基孔制形成的配合要紧一些。与滚动轴承各级精度相配合的轴和壳体孔公差带列于表 7-5。

表 7-5　与滚动轴承各级精度相配合的轴和壳体孔公差带

轴承精度	轴公差带		壳体孔公差带		
	过渡配合	过盈配合	间隙配合	过渡配合	过盈配合
0 级	g8 h7 g6 h6 j6 js6 g5 h5 j5	k6 m6 n6 p6 r6 k5 m5	H8 G7 H7 H6	J7 JS7 K7 M7 N7 J6 JS6 K6 M6 N6	P7 P6
6 级	g6 h6 j6 js6 g5 h5 j5	k6 m6 n6 p6 r6 k5 m5	H8 G7 H7 H6	J7 JS7 K7 M7 N7 J6 JS6 K6 M6 N6	P7 P6
5 级	h5 j5 js5	k6 m6 k5 m5	H6	JS6 K6 M6	
4 级	h5 js5 h4	k5 m5		K6	

注：1. 孔 N6 与 0 级精度轴承（外径 $D<150$ mm）和 E 级精度轴承（外径 $D<315$ mm）的配合为过盈配合；2. 轴 r6 用于内径 $d>120\sim500$ mm，轴 r7 用于内径 $d>180\sim500$ mm。

滚动轴承与轴、外壳配合的常用公差带如图7-3所示。上述公差带只适用于对轴承的旋转精度和运转平稳性无特殊要求，轴为实心或厚壁钢制轴，外壳为铸钢或铸铁制件，轴承的工作温度不超过100℃的使用场合。

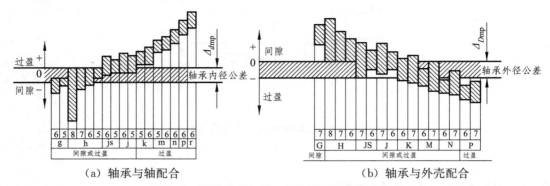

（a）轴承与轴配合　　　　　　　　　（b）轴承与外壳配合

图7-3　滚动轴承与轴、外壳配合的常用公差带

注：Δ_{dmp}为轴承内圈单一平面平均内径的偏差，Δ_{Dmp}为轴承外圈单一平面平均外径的偏差。

7.4.2　轴承配合的选择

正确地选择轴承配合，对保证机器正常运转、提高轴承寿命、充分发挥轴承的承载能力影响很大。选择轴承配合时，应综合考虑轴承的工作条件，作用在轴承上负荷的大小、方向和性质，工作温度，轴承类型和尺寸，旋转精度和速度等一系列因素。现仅对主要因素进行分析。

1. 负荷类型

轴承转动时，根据作用于轴承上合成径向负荷相对套圈的旋转情况，可将所受负荷分为局部负荷、循环负荷和摆动负荷三类，如图7-4所示。

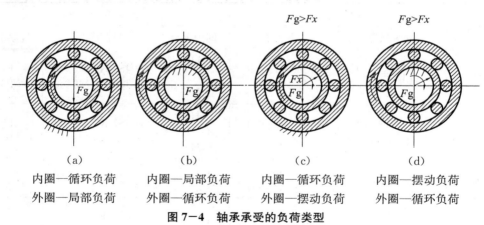

（a）	（b）	（c）	（d）
内圈—循环负荷 外圈—局部负荷	内圈—局部负荷 外圈—循环负荷	内圈—循环负荷 外圈—摆动负荷	内圈—摆动负荷 外圈—循环负荷

图7-4　轴承承受的负荷类型

（1）局部负荷作用于轴承上的合成径向负荷与套圈相对静止，即负荷方向始终不变地作用在套圈滚道的局部区域上，该套圈所承受的这种负荷称为局部负荷，如图7-4（a）和（b）所示。承受这类负荷的套圈与壳体孔或轴的配合，一般选较松的过渡配合或较小的间隙配合，以便让套圈滚道间的摩擦力矩带动转位，延长轴承的使用寿命。

（2）循环负荷作用于轴承上的合成径向负荷与套圈相对旋转，即合成径向负荷顺次地用在套圈滚道的整个圆周上，该套圈所承受的这种负荷性质为循环负荷，如图 7－4（a）和（b）所示。通常承受循环负荷的套圈与轴（或壳体孔）相配应选过盈配合或较紧的过渡配合，过盈量的大小以不使套圈与轴或壳体孔配合表面间产生爬行现象为原则。

（3）摆动负荷作用于轴承上的合成径向负荷与所承受的套圈在一定区域内相对摆动，其负荷矢量经常变动地作用在套圈滚道的局部圆周上，该套圈所承受的负荷性质为摆动负荷，如图 7－4（c）和（d）所示。承受摆动负荷的套圈，其配合要求与循环负荷相同或略松些。

2. 负荷大小

滚动轴承套圈与轴或壳体孔配合的最小过盈取决于负荷的大小。一般把径向负荷 $P\leqslant 0.07C$ 的称为轻负荷，$0.07C<P\leqslant 0.15C$ 的称为正常负荷，$P>0.15C$ 的称为重负荷。其中，C 为轴承的额定负荷，即轴承能够旋转 10 次而不发生点蚀破坏的概率为 9% 时的载荷。

承受较重的负荷或冲击负荷时，将引起轴承较大的变形，使结合面间实际过盈减小和轴承内部实际间隙增大，这时为了使轴承运转正常，应选较大的过盈配合。同理，承受较轻的负荷可选用较小的过盈配合。

当轴承内圈承受循环负荷时，它与轴配合所需的最小过盈 $Y_{\min 计算}$（单位：mm）可按下式计算：

$$Y_{\min 计算} = \frac{-13Fk}{b\times 10^6} \qquad (7-1)$$

式中：F—轴承承受的最大径向负荷，kN；k—与轴承系列有关的系数，轻系列 $k=2.8$，中系列 $k=2.3$，重系列 $k=2$；b—轴承内圈的配合宽度，m，$b=B-2r$，B 为轴承宽度，r 为内圈侧角。

为了避免套圈破裂，必须按不超出套圈允许的强度计算其最大过盈 $Y_{\max 计算}$（单位：mm），即

$$Y_{\max 计算} = \frac{-11.4kd[\sigma_p]}{(2k-2)\times 10^3} \qquad (7-2)$$

式中：$[\sigma_p]$—允许的拉应力（10^5Pa），轴承钢的拉应力 $[\sigma_p]\approx 400\times 10^5$ Pa；d—轴承内圈内径，mm；k—与轴承系列有关的系数，轻系列 $k=2.8$，中系列 $k=2.3$，重系列 $k=2$。

根据计算得到的 $Y_{\min 计算}$，可从《产品几何技术规范（GPS）　极限与配合　公差带和配合的选择》（GB/T 1801—2009）中选取最接近的配合。

3. 径向游隙

《滚动轴承　游隙　第 1 部分：向心轴承的径向游隙》（GB/T 4604.1—2012）规定，向心轴承的径向游隙共分五组：2 组、N 组、3 组、4 组、5 组，游隙依次由小到大。其中，N 组为基本游隙组。

游隙的大小对轴承的工作性能影响较大。游隙过小，若轴承与轴颈、外壳孔的配合为过盈配合，则会使轴承中滚动体与套圈产生大的接触应力，并增加轴承工作时的摩擦发热，将缩短轴承寿命；游隙过大，就会使转轴产生较大的径向圆跳动和轴向跳动，以致使

轴承工作时产生较大的振动和噪声。故设计时，游隙的大小应适度。

其中，N 组游隙的轴承在常温状态的一般条件下工作时，它与轴颈、外壳孔配合的过盈中。对于游隙比 N 组大的轴承，配合的过盈量应增大；对于游隙比 N 组小的轴，配合的过盈量应减小。

4. 工作温度

轴承工作时，由于摩擦发热和其他热源的影响，套圈的温度会高于相配合零件的温度。内圈的热膨胀会引起它与轴颈配合的松动，而外圈的热膨胀则会引起它与外壳孔配合的变紧。因此，在选择配合时，必须考虑轴承装置各部分的温度差及热传导方向，进行适当修正。

5. 旋转精度和速度

对于负荷较大、有较高旋转精度要求的轴承，为了消除弹性变形和振动的影响，应避免采用间隙配合。对于精密机床的轻负荷轴承，为避免孔与轴的形状误差对轴承精度造成影响，常采用较小的间隙配合。例如内圆磨床头处的轴承，其内圈间隙为 $1\sim4~\mu m$、外圈间隙为 $4\sim10~\mu m$。对于旋转速度较高，又在冲击振动负荷下工作的轴承，它与轴颈和外壳的配合最好选用过盈配合。

6. 其他因素

空心轴颈比实心轴颈、薄壁壳体比厚壁壳体、轻合金壳体比钢或铸铁壳体采用的配合要紧些；剖分式壳体比整体式壳体采用的配合要松些，以免过盈将轴承外圈夹扁，甚至将轴卡住。当紧于 k7（包括 k7）的配合或壳体孔的标准公差小于 IT16 级时，应选用整体式壳体。

为了便于安装、拆卸，特别是对于重型机械，宜采用较松的配合。如果要求拆卸，而又要用较紧的配合时，可采用分离型轴承或内圈带锥孔和紧定套或退卸套的轴承。当要求轴承的内圈或外圈能沿轴向游动时，该内圈与轴或外圈与壳体孔的配合应选较松的配合。由于过盈配合使轴承径向游隙减小，当轴承的两个套圈之一采用过盈配合时，应选择具有大于基本组的径向游隙的轴承。

滚动轴承与轴和壳体孔的配合选择常常综合考虑上述因素，用类比法选取，表 7-6～表 7-9 可作为参考。

表 7−6　向心轴承和轴的配合（轴公差带代号）

<table>
<tr><td colspan="7">圆柱孔轴承</td></tr>
<tr><td colspan="2">运转状态</td><td rowspan="2">负荷状态</td><td>深沟球轴承、调心球轴承和角接触球轴承</td><td>圆柱滚子轴承和圆锥滚子轴承</td><td>调心滚子轴承</td><td>公差带</td></tr>
<tr><td>说明</td><td>举例</td><td colspan="4">轴承公称内径/mm</td></tr>
<tr><td rowspan="3">旋转的内圈负荷及摆动负荷</td><td rowspan="3">一般通用机械、电动、机床主轴、泵、内燃机、直齿圆柱齿轮传动装置、铁路机车车辆轴箱、破碎机等</td><td>轻负荷</td><td>≤18
>18～100
>100～200</td><td>≤40
>40～140
>140～200</td><td>≤40
>40～100
>100～200</td><td>h5
j6[a]
k6[a]
m6[a]</td></tr>
<tr><td>正常负荷</td><td>≤18
>18～100
>100～140
>140～200
>200～280</td><td>≤40
>40～100
>100～140
>140～200
>200～400</td><td>≤40
>40～65
>65～100
>100～140
>140～280
>280～500</td><td>j5、js5
k5[b]
m5[b]
m6
n6
p6
r6</td></tr>
<tr><td>重负荷</td><td></td><td>>50～140
>140～200
>200</td><td>>50～100
>100～140
>140～200
>200</td><td>n6
p6[c]
r6
r7</td></tr>
<tr><td>固定的内圈负荷</td><td>静止轴上的各种轮子，张紧轮绳轮、振动筛、惯性振动器</td><td>所有负荷</td><td colspan="3">所有尺寸</td><td>f6
g6[a]
h6
j7</td></tr>
<tr><td colspan="2">仅有轴向负荷</td><td colspan="4">所有尺寸</td><td>j6、js6</td></tr>
<tr><td colspan="7">圆锥孔轴承</td></tr>
<tr><td rowspan="2">所有负荷</td><td>铁路机车车辆轴箱</td><td colspan="4">装在退卸套上的所有尺寸</td><td>h8（IT6）[de]</td></tr>
<tr><td>一般机械传动</td><td colspan="4">装在紧定套上的所有尺寸</td><td>h8（IT6）[de]</td></tr>
</table>

注：a. 凡对精度有较高要求的场合，应用 j5，k5，…代替 j6，k6，…；b. 圆锥滚子轴承、角接触球轴承配合对游隙影响不大，可用 k6，m6 代替 k5，m5；c. 重负荷下轴承游隙应选大于 N 组；d. 凡有较高精度或转速要求的场合，应选用 h7（IT5）代替 h8（IT6）等；e. IT5，IT6 表示圆柱度公差数值。

表7-7 向心轴承和外壳的配合（孔公差带代号）

运转状态		负荷状态	其他状况
说明	举例		
固定的外圈负荷	一般机械、铁路机车车辆轴箱、电动机、泵、曲轴主轴承	轻、正常、重	轴向易移动，可采用剖分式外壳
		冲击	轴向能移动，可采用整体或剖分式外壳
摆动负荷		轻、正常	
		正常、重	轴向不移动，采用整体式外壳
		冲击	
旋转的外圈负荷	张紧滑轮、轮毂轴承	轻	
		正常	
		重	

注：1. 并列公差带随尺寸的增大从左至右选择，对旋转精度有较高要求时，可相应提高一个公差等级；2. 不适用于剖分式外壳。

表7-8 推力轴承和轴的配合（轴公差带代号）

运转状态	负荷状态	推力球和推力滚子轴承	推力调心滚子轴承[b]	公差带
		轴承公称内径/mm		
仅有轴向负荷		所有尺寸		j6、js6
固定的轴圈负荷	径向和轴向联合负荷		≤250	j6
			>250	js6
旋转的轴圈负荷或摆动负荷			≤200	k6[a]
			>200~400	m6[a]
			>400	n6[a]

注：a. 要求较小过盈时，可分别用 j6，k6，m6 代替 k6，m6，n6；b. 也包括推力圆锥滚子轴承、推力角接触球轴承。

表7-9 推力轴承和外壳的配合（孔公差带代号）

运转状态	负荷状态	轴承类型	公差带	备注
仅有轴向负荷		推力球轴承	H8	
		推力圆柱、圆锥滚子轴承	H7	
		推力调心滚子轴承		外壳孔与座圈间间隙为 0.001D（D 为轴承公称外径）
固定的座圈负荷	径向和轴向联合负荷	推力角接触球轴承、推力调心滚子轴承、推力圆锥滚子轴承	H7	
旋转的座圈负荷或摆动负荷			K7	普通使用条件
			M7	有较大径向负荷时

轴颈和外壳孔的几何公差及表面粗糙度值列于表 7-10 和表 7-11。

表 7-10　轴颈和外壳孔的几何公差值

公称尺寸/mm	圆柱度公差值				轴向圆跳动公差值			
	轴颈		外壳孔		轴肩		外壳孔肩	
	滚动轴承公差等级							
	0 级	6(6x) 级	0 级	6(6x) 级	0 级	6(6x) 级	0 级	6(6x) 级
	几何公差值/μm							
>18~30	4.0	2.5	6	4.0	10	6	15	10
>30~50	4.0	2.5	7	4.0	12	8	20	12
>50~80	5.0	3.0	8	5.0	15	10	25	15
>80~120	6.0	4.0	10	6.0	15	10	25	15
>120~180	8.0	5.0	12	8.0	20	12	30	20
>180~250	10.0	7.0	14	10.0	20	12	30	20

表 7-11　轴颈和外壳孔的表面粗糙度值

轴颈或外壳孔的直径/mm	轴颈或外壳孔的标准公差等级					
	IT7		IT6		IT5	
	表面粗糙度值/μm					
	磨	车（镗）	磨	车（镗）	磨	车（镗）
≤80	≤1.6	≤3.2	≤0.8	≤1.6	≤0.4	≤0.8
>80~500	≤1.6	≤3.2	≤1.6	≤3.2	≤0.8	≤1.6
端面	≤3.2	≤6.3	≤3.2	≤6.3	≤1.6	≤3.2

例 7-2　在 C616 车床主轴后支承上装有两个单列向心球轴承（图 7-5），其外形尺寸 $d \times D \times B = 50$ mm × 90 mm × 20 mm，试选定轴承的精度等级，轴承与轴和壳体孔的配合。

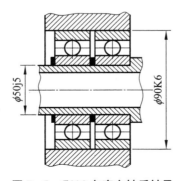

图 7-5　C616 车床主轴后轴承

解：（1）分析确定轴承的精度等级：

①C616 车床属于轻载的卧式车床，主轴承受轻载荷。

②C616 车床主轴的旋转精度和转速较高，选择 6 级精度的滚动轴承。

（2）分析确定轴承与轴和壳体孔的配合：

①轴承内圈与主轴配合一起旋转，外圈装在壳体中不转。

②主轴后支承主要承受齿轮传递力，故内圈承受循环负荷，外圈承受局部负荷，前者配合应紧，后者配合略松。

③参考表 7-6、表 7-7 选出轴公差带为 j5，壳体孔公差带为 J6。

④机床主轴前轴承已轴向定位，若后轴承外圈与壳体孔配合无间隙，则不能补偿由于温度变化引起的主轴的伸缩性；若外圈与壳体孔配合有间隙，会引起主轴跳动，影响车床的加工精度。为了满足使用要求，将壳体孔公差带提高一级，改用 K6。

⑤由表 7-2 查出 6 级轴承单一平面平均内径偏差 Δd_{mp} 为（-0.010,0），由表 7-3 查出 6 级轴承单一平面平均外径偏差 ΔD_{mp} 为（-0.013,0）。

根据 GB/T 1800.1—2009，查得轴为 $\phi 50 j5 \begin{pmatrix} +0.006 \\ -0.005 \end{pmatrix}$，壳体孔为 $\phi 90 K6 \begin{pmatrix} +0.004 \\ -0.018 \end{pmatrix}$。

图 7-6 为 C616 车床主轴后轴承的极限与配合图解，由此可知，轴承与轴的配合比与壳体孔的配合要紧些。

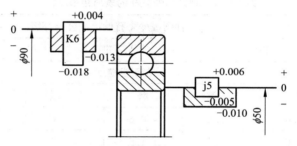

图 7-6　C616 车床主轴后轴承的极限与配合图解

⑥由表 7-10、表 7-11 查出轴和壳体孔的几何公差值和表面粗糙度值，标注在零件图上，如图 7-7 和图 7-8 所示。

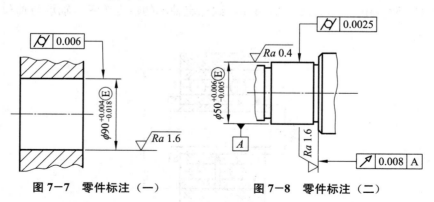

图 7-7　零件标注（一）　　　　　　图 7-8　零件标注（二）

7.5 本章学习要求

 了解滚动轴承的公差等级及其应用；掌握滚动轴承与孔、轴配合的选用及其在图样上的标注。

思考题和习题

7—1 滚动轴承的互换性有何特点？

7—2 滚动轴承内圈和轴颈、外圈与外壳孔的配合分别采用何种基准制？各有什么特点？

7—3 与滚动轴承配合时，负荷大小对配合的松紧有何影响？

第8章　尺寸链

▶ 导读

本章学习的主要内容和要求：

1. 了解尺寸链的基本概念；
2. 熟悉尺寸链的常用计算方法，掌握极值法和概率法计算尺寸链的方法；
3. 熟悉解装配尺寸链的其他方法。

8.1　概述

在机械设计、加工和装配过程中，除了需要进行运动、强度、刚度等计算，还需要进行几何量分析计算（精度计算），以确定机器零件的尺寸公差、形状和位置公差（几何公差）。虽然前面有关章节已经对某些典型零件的几何量精度设计作了介绍和讨论，但是由于具有不同几何量精度要求的零件和部件装配后对整机精度和功能要求有较大影响，并受其制约，因此，还应从整机装配精度考虑，合理地确定构成整机的有关零部件的几何量精度（尺寸公差和几何公差等）。这些问题可以通过尺寸链的分析与计算来解决。设计时可参考《尺寸链 计算方法》（GB/T 5847—2004）。

8.1.1　尺寸链的定义和特征

1. 尺寸链的定义

在机器装配或零件加工过程中，由有关尺寸首尾相接而形成封闭的尺寸组合，即称为尺寸链。如图8-1所示，在机器装配过程中，主轴箱尺寸 L_1、尾座垫片尺寸 L_2、尾座尺寸 L_3 和两顶尖之间的同轴度要求 L_0，就形成一个外形封闭的尺寸链（装配尺寸链）。其中，L_0 的大小取决于尺寸 L_1、L_2 和 L_3。又如图8-2（a）所示，在零件加工过程中形成的有关尺寸彼此相互连接，先加工 A_1 和 A_2，A_0 随之而定，这三个尺寸即构成一个尺寸链（工艺尺寸链），$A_0 = A_1 - A_2$。

2. 尺寸链的特征

尺寸链有以下两个基本特点：

（1）封闭性，即尺寸链必须是由有关尺寸相互连接而形成的封闭的尺寸组合。

（2）制约性，即尺寸链中某一尺寸变化必将影响其他尺寸的变化。

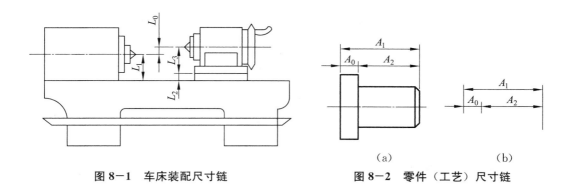

图 8-1　车床装配尺寸链　　　　图 8-2　零件（工艺）尺寸链

8.1.2　尺寸链的组成

1. 环

组成尺寸链的每一个尺寸均称为环。环可分为封闭环和组成环。每一尺寸链中有且仅有一个封闭环，其余为组成环。

2. 封闭环

零件、部件在装配过程中或在加工过程中最终得到的一个尺寸称为封闭环，例如图 8-1 及图 8-2 中的 L_0 和 A_0。封闭环是尺寸链中其他尺寸互相结合后获得的尺寸，所以封闭环的实际尺寸受到尺寸链中其他尺寸的影响。

正确地确定封闭环是尺寸链分析计算中的一个重要问题。装配尺寸链中的封闭环比较容易确定，通常封闭环就是决定装配精度的参数，如装配间隙、过盈及位置精度等。零件工艺尺寸链中的封闭环必须在加工顺序确定后才能判断。例如，图 8-2 中尺寸 A_0 仅在按先加工 A_1 和 A_2 的顺序条件下才为封闭环，如果加工顺序改变，封闭环随之改变。

3. 组成环

尺寸链中除封闭环以外的其他环都是组成环。按某组成环的变化对封闭环影响的不同，组成环又分为增环和减环。

（1）增环：在其他组成环不变的条件下，若某一组成环的尺寸增大使封闭环的尺寸随之增大，则该组成环为增环。例如图 8-1（尾座顶尖轴线在主轴顶尖轴线之下为正）中的 L_2、L_3 为增环，图 8-2 中的 A_1 为增环。

（2）减环：在其他组成环不变的条件下，若某一组成环的尺寸增大使封闭环的尺寸随之减小，则该组成环为减环。例如图 8-1 中的 L_1 为减环，图 8-2 中的 A_2 为减环。

在如图 8-3 所示的尺寸链中，若 A_0 为封闭环，则 A_3、A_5、A_6 为增环，A_1、A_2、A_4 为减环。图 8-2（b）和图 8-3 均为尺寸链图。尺寸链图不必严格按尺寸比例画，但各环之间的相互连接关系一定要正确无误，以便分析计算。要着重指出的是，在零件的加工图样上，由于封闭环的极限尺寸已由各组成环所确定，故不要标出这一尺寸，标出封闭环尺寸反而是错误的。

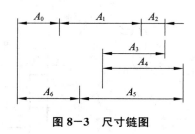

图 8-3　尺寸链图

8.1.3　尺寸链的分类

尺寸链可按下述特征分类。

1. 按应用场合

（1）装配尺寸链：全部组成环为不同零件设计尺寸所形成的尺寸链，这种尺寸链用以确定组成机器的零件、部件有关尺寸的精度关系，如图 8-1 所示。

（2）零件尺寸链：全部组成环为同一零件设计尺寸所形成的尺寸链，如图 8-2 所示。

（3）工艺尺寸链：全部组成环为零件加工时该零件的工艺尺寸所形成的尺寸链，如图 8-2 所示。

2. 按各环所在空间位置

（1）线性尺寸链：全部组成环都平行于封闭环的尺寸链，如图 8-1 和图 8-2 所示。

（2）平面尺寸链：全部组成环位于一个平面或几个平行平面内，但某些组成环不平行于封闭环的尺寸链，如图 8-4 所示。

（3）空间尺寸链：组成环位于几个不平行平面内的尺寸链。

空间尺寸链和平面尺寸链可用投影法分解为线性尺寸链，然后按线性尺寸链分析计算。例加，对于图 8-4 所示平面尺寸链，分析计算时，用投影法分解为线性尺寸链，得 $L_0 = L_1 \cos \alpha + L_2 \sin \alpha$，其中，$\cos \alpha$ 和 $\sin \alpha$ 表示组成环 L_1 和 L_2 对封闭环 L_0 影响大小的系数，称为传递系数，用 ε_i 表示（$L_0 = \sum L_i \varepsilon_i$）。在线性尺寸链中，组成环平行于封闭环，其增环的传递系数为 $+1$，减环的传递系数为 -1。

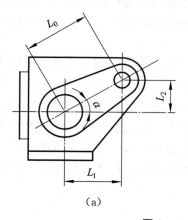

（a）

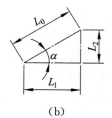

（b）

图 8-4　平面尺寸链

3．按几何特征

（1）长度尺寸链：全部环为长度尺寸的尺寸链。图 8-1 至图 8-4 均为长度尺寸链。

（2）角度尺寸链：全部环为角度尺寸的尺寸链。角度尺寸链常用于分析或计算机械结构中有关零件要素的方向公差和位置公差，如平行度、垂直度、同轴度等。如图 8-5 所示，要保证滑动轴承座孔端面与支承底面 B 垂直，而公差标注要求孔轴线与孔端面垂直、孔轴线与孔支承底面 B 平行，则构成角度尺寸链，如图 8-5（b）所示。

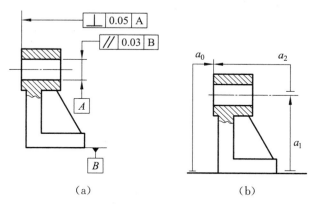

（a）　　　　　　　　　　　　（b）

图 8-5　滑动轴承座位置公差及尺寸链

4．按组成环性质

（1）标量尺寸链：全部组成环为标量尺寸所形成的尺寸链，如图 8-1 至图 8-5 所示。

（2）矢量尺寸链：全部组成环为矢量尺寸所形成的尺寸链，如图 8-6 所示。

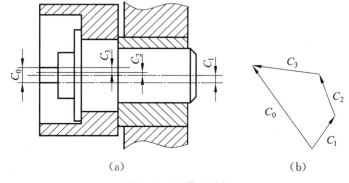

（a）　　　　　　　　　　　　（b）

图 8-6　矢量尺寸链

5．按尺寸链组合形式

（1）并联尺寸链：两个尺寸链具有一个或几个公共环，即为并联尺寸链。例如图 8-7（a）所示的组合机床，$A_1 = B_7$，$A_2 = B_6$ 为公共环。

（2）串联尺寸链：两个尺寸链之间有一共同基面，即为串联尺寸链。例如图 8-7（b）中，尺寸链 A 与尺寸链 B 之间、尺寸链 B 与尺寸链 C 之间等都有一共同基面。

（3）混联尺寸链：由并联尺寸链和串联尺寸链混合组成的尺寸链，如图 8-8 所示。其中，B_2 和 C_1 环为尺寸链 A 和 C 的公共环，故尺寸链 B 和 C 为并联尺寸链；O-O 为尺寸链 A 和 B 的公共基准面，故尺寸链 A 和 B 为串联尺寸链。

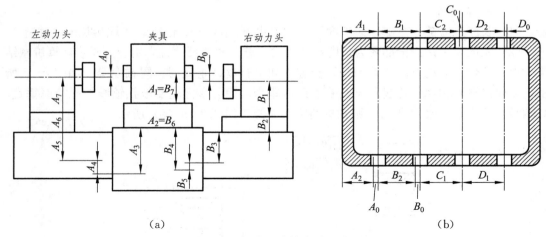

(a)　　　　　　　　　　　　　　　　(b)

图 8-7　组合机床构成的尺寸链

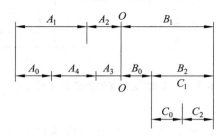

图 8-8　混联尺寸链

8.1.4　尺寸链的建立和计算类型

1. 尺寸链建立的步骤

（1）首先确定封闭环。这是分析和计算尺寸链的关键，必须按照封闭环的定义来确定。

（2）查明组成环。组成环是影响封闭环的一些尺寸，一般是以封闭环尺寸线的任一端为起点，依次找出各相互连接并形成封闭回路的组成环，然后画出尺寸链图。

（3）明确增环和减环。可在尺寸链图中任选一尺寸，用单个箭头的尺寸线按顺时针或逆时针方向依次标出各环的尺寸线方向，则与封闭环异向的为增环，与封闭环同向的为减环。

2. 尺寸链的计算类型

尺寸链的计算是为了正确合理地确定尺寸链中各环的公差和极限偏差。根据不同要求，尺寸链有三种计算类型。

（1）正计算：已知图样上标注的各组成环的公称尺寸和极限偏差，求封闭环的公称尺寸和极限偏差。正计算常用于验证设计和审核图样尺寸标注的正确性。

（2）反计算：已知封闭环的公称尺寸和极限偏差（装配精度要求）及各组成环的公称尺寸，求各组成环的极限偏差。反计算常用于设计机器或零件时合理地确定各部件或零件上各有关尺寸的极限偏差，即根据设计的精度要求进行公差分配。

（3）中间计算：已知封闭环和部分组成环的公称尺寸和极限偏差，求某一组成环的公称尺寸和极限偏差。中间计算常用于零件尺寸链的工艺设计，如基准换算和工序尺寸的确定等。

尺寸链计算方法分为极值法和概率法（统计法）两种。具体应用时还常采取一些工艺措施，如分组装配、修配或调整补偿环等。

8.2 极值法解尺寸链

极值法也称为极大极小法，这种方法是按各环的极限尺寸来计算尺寸链。

8.2.1 基本公式

1. 对线性尺寸链

（1）公称尺寸的计算。封闭环公称尺寸 L_0 等于所有增环公称尺寸 L_z 之和减去所有减环公称尺寸 L_j 之和，即

$$L_0 = \sum_{i=1}^{n} L_{zi} - \sum_{k=n+1}^{m} L_{jk} \tag{8-1}$$

式中：m—组成环数；n—增环数；L_0 可为零。

（2）极限尺寸的计算。封闭环的上极限尺寸 L_{0max} 等于所有增环上极限尺寸 L_{zmax} 之和减去所有减环下极限尺寸 L_{jmin} 之和；封闭环的下极限尺寸 L_{0min} 等于所有增环下极限尺寸 L_{zmin} 之和减去所有减环上极限尺寸 L_{jmax} 之和，即

$$L_{0max} = \sum_{i=1}^{n} L_{zimax} - \sum_{k=n+1}^{m} L_{jkmin} \tag{8-2}$$

$$L_{0min} = \sum_{i=1}^{n} L_{zimin} - \sum_{k=n+1}^{m} L_{jkmax} \tag{8-3}$$

（3）极限偏差的计算。封闭环的上极限偏差 ES_0 等于所有增环上极限偏差 ES_z 之和减去所有减环下极限偏差 EI_j 之和；封闭环的下极限偏差 EI_0 等于所有增环下极限偏差 EI_z 之和减去所有减环上极限偏差 ES_j 之和。即由式（8-2）和式（8-3）分别减去式（8-1）可得以下两式：

$$ES_0 = \sum_{i=1}^{n} ES_{zi} - \sum_{k=n+1}^{m} EI_{jk} \tag{8-4}$$

$$EI_0 = \sum_{i=1}^{n} EI_{zi} - \sum_{k=n+1}^{m} ES_{jk} \tag{8-5}$$

（4）公差的计算。由式（8-2）减去式（8-3）或由式（8-4）减去式（8-5），可得封闭环公差计算式。封闭环公差 T_0 等于各组成环公差 T_i 之和，即

$$T_0 = \sum_{i=1}^{m} T_i \qquad (8-6)$$

由式（8-6）可知，要提高尺寸链封闭环的精度，即缩小封闭环公差，可通过两个途径：一是缩小组成环公差 T_i；二是减少尺寸链环数 m。前者将使制造成本提高，因此，设计中主要从后者采取措施，这就是结构设计中应遵循的最短尺寸链原则。另外，对零件尺寸链应尽量选精度最低的环作封闭环，以利于组成环的公差分配。

2. 对平面尺寸链

平面尺寸链与线性尺寸链不同，它要考虑不同于"+1"和"-1"的传递系数 ε_i。

封闭环的公称尺寸 L_0 与各组成环的公称尺寸 L_i 的关系为

$$L_0 = \sum_{i=1}^{m} \varepsilon_i L_i \qquad (8-7)$$

封闭环公差为

$$T_0 = \sum_{i=1}^{m} |\varepsilon_i| T_i \qquad (8-8)$$

封闭环极限尺寸和极限偏差的计算用式（8-2）至式（8-5），但 L_i 要用 $\varepsilon_i L_i$ 替代。

8.2.2　解尺寸链

1. 正计算

多用于装配尺寸链中验证设计的正确性。

例 8-1　图 8-9 所示的曲轴轴向装配尺寸链中，已知各组成环公称尺寸及极限偏差（单位：mm）为 $L_1 = 43^{+0.100}_{+0.050}$，$L_2 = 2.5^{\ 0}_{-0.040}$，$L_3 = 38^{\ 0}_{-0.070}$，$L_4 = 2.5^{\ 0}_{-0.040}$，试验算轴向间隙 L_0 是否在要求的 0.05～0.25 mm 范围内。

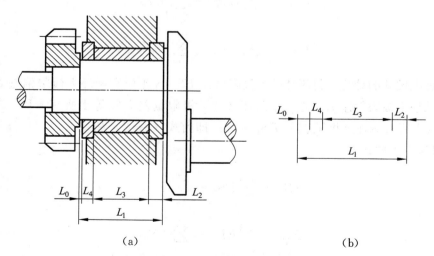

(a)　　　　　　　　　　　　(b)

图 8-9　曲轴轴向间隙装配图及尺寸链

解：（1）画尺寸链图，确定增、减环。尺寸链图如图 8-9（b）所示。其中，L_1 为增环；L_2、L_3、L_4 为减环，属线性尺寸链。

（2）求封闭环公称尺寸。由式（8−1）得

$$L_0 = L_1 - (L_2 + L_3 + L_4) = [43 - (2.5 + 38 + 2.5)] \text{ mm} = 0 \text{ mm}$$

（3）求封闭环极限偏差。由式（8−4）和式（8−5）得

$$ES_0 = ES_1 - (EI_2 + EI_3 + EI_4) = [+0.100 - (-0.040 - 0.070 - 0.040)] \text{ mm}$$
$$= +0.250 \text{ mm}$$

$$EI_0 = EI_1 - (ES_2 + ES_3 + ES_4) = [+0.050 - (0 + 0 + 0)] \text{ mm} = +0.050 \text{ mm}$$

于是得 $L_0 = 0^{+0.250}_{+0.050}$ mm。

根据计算，轴向间隙恰为 0.05～0.25 mm，此间隙满足要求范围。

（4）验算。由式（8−6）得

$$T_0 = \sum_{i=1}^{4} T_i = T_1 + T_2 + T_3 + T_4 = (0.050 + 0.040 + 0.070 + 0.040) \text{ mm} = 0.2 \text{ mm}$$

另一方面，由封闭环上、下极限偏差求得

$$T_0 = |ES_0 - EI_0| = |0.250 - 0.050| \text{ mm} = 0.2 \text{ mm}$$

两种方法计算结果一致，表明无误。

2. 反计算

反计算多用于装配尺寸链中，根据给出的封闭环公差和极限偏差，通过设计计算，确定各组成环的公差和极限偏差，即进行公差分配。反计算有两种解法：等公差法和等精度法。

（1）等公差法。假定各组成环公差相等，则可按下式计算：

$$T_i = \frac{T_0}{m} \tag{8−9}$$

组成环公差按式（8−9）算出后，再根据各环的尺寸大小、加工难易程度和功能要求等因素适当调整，但应满足下式：

$$\sum_{i=1}^{m} T_i \leqslant T_0 \tag{8−10}$$

（2）等精度法（等公差等级法）。假定各组成环的公差等级系数相等（即公差等级相同），由式（8−6）得

$$T_0 = ai_1 + ai_2 + ai_3 + \cdots + ai_m$$

$$a = \frac{T_0}{\sum_{i=1}^{m} i_i} \tag{8−11}$$

式中：i——公差单位。由第 2 章可知，当公称尺寸小于或等于 500 mm 时，$i = 0.45\sqrt[3]{D} + 0.001D$，$D$ 为组成环公称尺寸所在尺寸段的几何平均值。

这样的计算要比等公差法烦琐得多，而且公差分配后还要根据各环尺寸大小及加工难易等进行调整。

上述两种方法在确定各组成环公差值以后还需确定各组成环的极限偏差。对内、外尺寸，一般是按单向体内原则：内尺寸（加工过程中尺寸越来越大，如孔径）按基准孔的公差带形式，即 L_0^{+T}；外尺寸（加工过程中尺寸越来越小，如轴径）按基准轴的公差带形式，即 L_{-T}^{0}。对长度尺寸，可取对称布置，即 $L\pm T/2$，也可视情况取 L_0^{+T} 或 L_{-T}^{0}。这样标注偏差对加工和计算都较方便。

为了使各组成环的极限偏差互相协调，即最后一定要符合式（8-4）及式（8-5）的要求，计算时应留一个组成环为协调环，其上、下极限偏差是在其他组成环的上、下极限偏差确定之后，再按式（8-4）和式（8-5）计算得出。

例 8-2　图 8-10（a）为对开式齿轮箱的一部分。根据使用要求，间隙 L_0 应在 1～1.75 mm 的范围内。已知各零件的公称尺寸为 $L_1=101$ mm，$L_2=50$ mm，$L_3=L_5=5$ mm，$L_4=140$ mm，试用等公差法设计各组成环的公差和极限偏差。

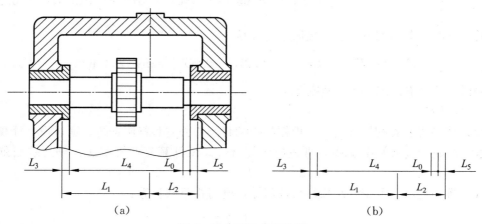

图 8-10　对开式齿轮箱

解：（1）画尺寸链图，确定增、减环和封闭环。本例也是线性尺寸链。

尺寸链图如图 8-10（b）所示。其中，间隙 L_0 为封闭环，L_1、L_2 为增环，L_3、L_4、L_5 为减环。已知 $L_{0max}=1.75$ mm，$L_{0min}=1$ mm。封闭环的公称尺寸按式（8-1）计算，有

$$L_0 = (L_1 + L_2) - (L_3 + L_4 + L_5) = [(101+50)-(5+140+5)] \text{ mm} = 1 \text{ mm}$$

于是有

$$ES_0 = +0.75 \text{ mm}, \quad EI_0 = 0 \text{ mm}, \quad T_0 = 0.75 \text{ mm}$$

（2）计算各组成环的公差。为了分配公差方便，先求出平均公差值 T_i，作为参考值。

$$T_i = \frac{T_0}{m} = \frac{0.75}{5} = 0.15 \text{ mm}$$

然后，根据各组成环的公称尺寸大小、加工难易程度和功能要求，以平均公差值为基础，调整各组成环公差。L_1、L_2 尺寸大（$L_1 > L_2$），因为箱体件难加工，公差宜放大；

L_3、L_5 尺寸小，且为铜料，加工和测量都比较容易，公差可减小。最后，各组成环公差调整为

$$T_1=0.3 \text{ mm}, \ T_2=0.25 \text{ mm}, \ T_3=T_5=0.05 \text{ mm}, \ T_4=0.1 \text{ mm}$$

（3）确定各组成环极限偏差。根据单向体内原则，各组成环极限偏差可定为

$$L_1 = 101^{+0.300}_{0} \text{ mm}, \ L_2 = 50^{+0.250}_{0} \text{ mm}, \ L_3 = L_5 = 5^{0}_{-0.050} \text{ mm}$$

T_4 作为协调环。

由式（8-4）和式（8-5）得

$$ES_4 = EI_1 + EI_2 - ES_3 - ES_5 - EI_0 = 0 \text{ mm}$$

$$\begin{aligned} EI_4 &= ES_1 + ES_2 - EI_3 - EI_5 - ES_0 \\ &= [0.3 + 0.25 - (-0.05) - (-0.05) - 0.75] \text{ mm} = -0.10 \text{ mm} \end{aligned}$$

于是得

$$L_4 = 140^{0}_{-0.100} \text{ mm}$$

（4）验算。由式（8-6）得

$$T_0 = T_1 + T_2 + T_3 + T_4 + T_5 = (0.3 + 0.25 + 0.05 + 0.1 + 0.05) \text{ mm} = 0.75 \text{ mm}$$

验算结果符合要求。若要求按标准公差取值，则应再做适当调整。

3. 中间计算

中间计算是反计算的一种特例。这类问题在工艺设计上应用较多，如基准换算和工序尺寸的计算等。

零件加工过程中所选定位基准或测量基准与设计基准不重合时（因按零件图上标注的尺寸和公差不便加工和测量），则应根据工艺要求改变零件图的尺寸注法，此时需进行基准换算，求出加工时所需的工序尺寸。

例 8-3 图 8-11（a）为零件，表面 1、3 已加工完毕。在加工表面 2 时，设计尺寸 $35^{+0.250}_{0}$ mm 的设计基准是表面 3，但此表面不宜作定位基准，故选表面 1 作为定位基准。这时，为便于调整刀具位置，需将加工表面 2 的工序尺寸从定位基准 1 注出，即 L_2，加工时直接控制工序尺寸 L_2，设计尺寸 $35^{+0.250}_{0}$ mm 最后得出，故为封闭环。试求表面 2 的公称尺寸及极限偏差。

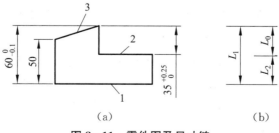

图 8-11 零件图及尺寸链

解：（1）画尺寸链图，确定增、减环。尺寸链图如图 8-11（b）所示。其中，L_1 为

增环，L_2 为减环，$L_0 = 35^{+0.250}_{0}$ mm 为封闭环。

（2）确定 L_2 的公称尺寸。由式（8-1）得

$$L_2 = L_1 - L_0 = (60-35) \text{ mm} = 25 \text{ mm}$$

（3）确定 L_2 的极限偏差。由式（8-4）和式（8-5）得

$$ES_2 = EI_1 - EI_0 = (-0.1-0) \text{ mm} = -0.1 \text{ mm}$$

$$EI_2 = ES_1 - ES_0 = (0-0.25) \text{ mm} = -0.25 \text{ mm}$$

于是得

$$L_2 = 25^{-0.100}_{-0.250} \text{ mm}$$

（4）验算。由式（8-6）得

$$T_0 = T_1 + T_2 = (0.1+0.15) \text{ mm} = 0.25 \text{ mm}$$

计算结果准确。

由本例可见，为保证封闭环设计尺寸 $L_0 = 35^{+0.250}_{0}$ mm，对零件的工艺尺寸 L_2 规定了一个小于 0.25 mm 的公差，这将增加制造成本。所以设计时应考虑工艺条件，尽可能使设计基准与工艺基准一致，加工时也应尽量使工艺基准与设计基准重合。

当零件设计尺寸的精度要求较高时，往往需经几道工序。只有最后一道工序的尺寸等于设计尺寸，其余都为工序尺寸。当需要求解某一工序尺寸时，也属于中间计算问题。

例 8-4　图 8-12（a）为带键槽的孔剖视图。其加工顺序如下：①粗镗和精镗孔至 $L_1 = \phi 84.6^{+0.087}_{0}$ mm；②插键槽的尺寸 L_2；③热处理；④磨孔至 $L_3 = \phi 85^{+0.035}_{0}$ mm。要求磨削后保证尺寸 $L_0 = \phi 90.4^{+0.220}_{0}$ mm。试计算工序尺寸 L_2 的公称尺寸及极限偏差。

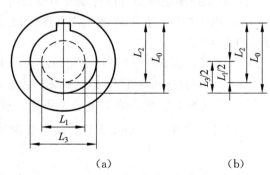

（a）　　　　　　　　（b）

图 8-12　孔及其键槽加工的工艺尺寸及尺寸链

解：（1）画尺寸链图，确定增、减环和封闭环。尺寸链图如图 8-12（b）所示。为了便于计算，直径尺寸 L_1 和 L_3 按半径从孔中心画起。封闭环 $L_0 = \phi 90.4^{+0.220}_{0}$ mm，$L_3/2 = \phi 42.5^{+0.0175}_{0}$ mm，L_2 为增环，$L_1/2$（$42.3^{+0.0435}_{0}$）mm 为减环。

（2）确定 L_2 的公称尺寸。由式（8-1）得

$$L_2 = L_0 - L_3/2 + L_1/2 = (90.4-42.5+42.3) \text{ mm} = 90.2 \text{ mm}$$

（3）确定 L_2 的极限偏差。由式（8-4）和式（8-5）得

$$ES_2 = ES_0 - ES_{L_3/2} + EI_{L_1/2} = (0.220 - 0.0175 + 0)\ \text{mm} = +0.2025\ \text{mm}$$

$$EI_2 = EI_0 - EI_{L_3/2} + ES_{L_1/2} = (0 - 0 + 0.0435)\ \text{mm} = +0.0435\ \text{mm}$$

于是得

$$L_2 = \phi 90.2^{+0.203}_{+0.044}\ \text{mm}$$

（4）验算。由式（8-6）得

$$T_0 = T_2 + T_{L_3/2} + T_{L_1/2} = (0.159 + 0.0175 + 0.0435)\ \text{mm} = 0.22\ \text{mm}$$

计算结果正确。L_2 公差较大，故可近似写为 $L_2 = \phi 90.2^{+0.200}_{+0.050}\ \text{mm}$。

通过上述各例可以看出，用极值法计算尺寸链简便、可靠，可保证完全互换。但在封闭环公差较小而组成环数又较多时，根据 $T_0 = \sum_{i=1}^{m} T_i$ 的关系式分配给各组成环的公差很小，将使加工困难，增加制造成本，故极值法通常用于组成环数少、封闭环公差较小的尺寸链计算中。

8.3　概率法（统计法）解尺寸链

极值法是按尺寸链中各环的极限尺寸来计算公差和极限偏差值的。但由概率论原理和生产实践可知，在大批量生产中，零件的实际尺寸大多数分布于公差带中间区域，靠近极限值的只是少数。在成批产品装配中，尺寸链各组成环恰为两极限尺寸相结合的情况更少出现。因此，利用这一规律，按概率法解尺寸链，在相同的封闭环公差条件下可使各组成环公差放大，从而获得良好的技术经济效果。

概率法解尺寸链，公称尺寸的计算与极限值法相同，所不同的是公差和极限偏差的计算。

8.3.1　解线性尺寸链

1. 公差的计算

根据概率论原理，将尺寸链各组成环看成独立的随机变量，若各组成环实际尺寸均按正态分布，则封闭环尺寸也按正态分布。各环取相同的置信概率 $p_c = 99.73\%$，则封闭环和各组成环的公差分别为

$$T_0 = 6\sigma_0,\ T_i = 6\sigma_i$$

式中：σ_0—封闭环的标准差；σ_i—组成环的标准差。

根据正态分布规律，有 $\sigma_0 = \sqrt{\sum_{i=1}^{m} \sigma_i^2}$，于是封闭环公差等于各组成环公差二次方和的方均根，即

$$T_0 = \sqrt{\sum_{i=1}^{m} T_i^2} \tag{8-12}$$

当各组成环尺寸为非正态分布（如三角分布、均匀分布、瑞利分布和偏差分布等），且随着组成环数的增加（如环数大于或等于5）而 T_i 又相差不大时，封闭环尺寸仍趋向正态分布。

2. 中间偏差的计算

上极限偏差与下极限偏差的平均值称为中间偏差，用符号Δ表示，即$\Delta=(ES+EI)/2$，如图 8-13 所示。

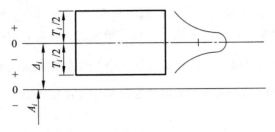

图 8-13 中间偏差的计算

当各组成环为对称分布（如正态分布）时，封闭环中间偏差等于增环中间偏差之和减去减环中间偏差之和，即

$$\Delta_0 = \sum_{i=1}^{n} \Delta_{zi} - \sum_{k=n+1}^{m} \Delta_{jk} \tag{8-13}$$

3. 极限偏差的计算

封闭环上极限偏差等于其中间偏差加上 1/2 封闭环公差，封闭环下极限偏差等于其中间偏差减去 1/2 封闭环公差，即

$$ES_0 = \Delta_0 + T_0/2, \; EI_0 = \Delta_0 - T_0/2 \tag{8-14}$$

8.3.2 解平面尺寸链

考虑到传递系数 ε_i，按正态分布，封闭环的公差为

$$T_0 = \sqrt{\sum_{i=1}^{m} \varepsilon_i^2 T_i^2} \tag{8-15}$$

封闭环的中间偏差为

$$\Delta_0 = \sum_{i=1}^{m} \varepsilon_i \Delta_i \tag{8-16}$$

若各组成环的概率分布为非正态分布（这种情况较少），其计算可参阅《尺寸链 计算方法》（GB/T 5847—2004）。

概率法解尺寸链，根据不同要求，也有正计算、反计算和中间计算三种类型，现举例说明用概率法计算的方法。

例 8-5　改用概率法计算例 8-2 的尺寸链。

解：（1）画尺寸链图，确定封闭环、增环和减环。步骤同例 8-2。

（2）计算各组成环公差。为了分配公差方便，先由式（8-12）求出各组成环的平均公差值 T_i，作为参考值，即

$$T_i = \frac{T_0}{\sqrt{m}} = \frac{0.75}{\sqrt{5}} \approx 0.34 \text{ mm}$$

然后，以平均公差值 $T_i = 0.34$ mm 为基础，根据各组成环尺寸大小、加工难易程度和功能要求，适当调整为：$T_1 = 0.6$ mm（例 8-2 为 0.3 mm），$T_2 = 0.4$ mm（例 8-2 为 0.25 mm），$T_3 = 0.05$ mm（同例 8-2）。

为满足式（8-12），T_4 应进行计算

$$\begin{aligned}
T_4 &= \sqrt{T_0^2 - T_1^2 - T_2^2 - T_3^2 - T_5^2} \\
&= \sqrt{0.75^2 - 0.6^2 - 0.4^2 - 0.05^2 - 0.05^2} \approx 0.19 \text{ mm}
\end{aligned}$$

（3）确定各组成环极限偏差。根据单向体内原则，各组成环极限偏差定为

$$L_1 = 101^{+0.600}_{0} \text{ mm}, \quad L_2 = 50^{+0.400}_{0} \text{ mm}, \quad L_3 = L_5 = 5^{0}_{-0.050} \text{ mm}$$

则 $\Delta_1 = +0.300$ mm，$\Delta_2 = +0.200$ mm，$\Delta_3 = \Delta_5 = -0.025$ mm。L_4 待定，为协调环（已知 $L_0 = 1^{+0.750}_{0}$ mm，$\Delta_0 = +0.375$ mm）。

由式（8-13）得

$$\Delta_0 = (\Delta_1 + \Delta_2) - (\Delta_3 + \Delta_4 + \Delta_5)$$

$$\begin{aligned}
\Delta_4 &= \Delta_1 + \Delta_2 - \Delta_3 - \Delta_5 - \Delta_0 \\
&= [+0.300 + 0.200 - (-0.025) - (-0.025) - 0.375] \text{ mm} \\
&= +0.175 \text{ mm}
\end{aligned}$$

由式（8-14）得

$$ES_4 = \Delta_4 + \frac{T_4}{2} = \left(+0.175 + \frac{0.190}{2} \right) \text{ mm} = +0.270 \text{ mm}$$

于是得

$$L_4 = 140^{+0.270}_{+0.080} \text{ mm}$$

（4）验算。由式（8-12）得

$$T_0 = \sqrt{0.6^2 + 0.4^2 + 0.05^2 + 0.19^2 + 0.05^2} \approx 0.75 \text{ mm}$$

验算结果表明，设计计算无误。

通过本例两种解尺寸链的方法可以看出，相比极值法求解，用概率法解尺寸链，其组成环公差可明显放大，而实际上出现的不合格件的可能性很小（概率只有 0.27%），因此可得到明显的经济效果。

例8-6 图8-14所示为车床床鞍走刀装置的齿轮（装在走刀箱3上）与齿条啮合简图。床鞍1与床身2的导轨之间有塑料导轨板。现已知各有关零件的尺寸、公差与偏差（均列于表8-1），试用概率法验算齿轮与齿条之间的啮合间隙（过小将使床鞍移动困难，过大则齿轮空程大）。

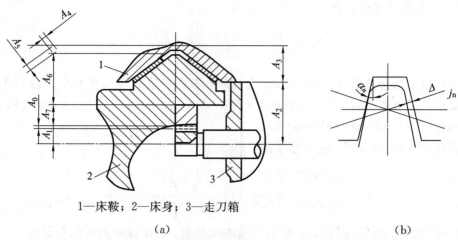

1—床鞍；2—床身；3—走刀箱

(a)　　　　　　　　　　　　　　　　(b)

图8-14　车床床鞍走刀装置中齿轮与齿条啮合简图

表8-1　各组成环数据

（单位：mm）

环	传递系数	公称尺寸	公差	偏差	中间偏差
A_1	-1	21	0.10	$-0.10 \sim +0.20$	-0.15
A_2	1	86	0.10	± 0.05	0
A_3	1	40.07	0.10	± 0.05	0
A_4	-0.707	5	0.05	$-0.05 \sim 0$	-0.025
A_5	-0.707	5	0.05	$-0.05 \sim 0$	-0.025
A_6	-1	68	0.30	$-0.03 \sim 0$	-0.15
A_7	-1	30	0.10	$-0.20 \sim -0.10$	-0.15

注：各环尺寸按正态分布。

解：此为正计算问题。封闭环A_0为齿轮的径向侧隙Δ，组成环A_4、A_5，导轨板厚度不平行于A_0，其传递系数为（导轨角度为90°）

$$\varepsilon_4 = \varepsilon_5 = -\cos 45° = -0.707（均为减环）$$

由式（8-7），封闭环公称尺寸为

$$A_0 = [86 + 40.07 - (21 + 0.707 \times 5 \times 2 + 68 + 30)]\ \text{mm} = 0\ \text{mm}$$

由式（8-15），封闭环公差为

$$T_0 = \sqrt{0.10^2 \times 4 + 0.707^2 \times 0.05^2 \times 2 + 0.3^2} = 0.365\ \text{mm}$$

由式 (8−16), 封闭环中间偏差为

$$\Delta = [(-1) \times (-0.15) \times 3 + (-0.707) \times (-0.025) \times 2] \text{ mm} \approx 0.485 \text{ mm}$$

由式 (8−14), 封闭环极限偏差为

$$ES_0 = (0.485 + 0.183) \text{ mm} = 0.668 \text{ mm}$$

$$EI_0 = (0.485 - 0.183) \text{ mm} = 0.302 \text{ mm}$$

径向侧隙与法向侧隙之间的关系式为 $j_n = A_0 \sin \alpha$, $\alpha = 20°$, 则 $j_n = 0.342 A_0$, 于是

最大间隙: $j_{n\max} = 0.342 \times 0.668 \text{ mm} \approx 0.228 \text{ mm}$

最小间隙: $j_{n\min} = 0.342 \times 0.302 \text{ mm} \approx 0.103 \text{ mm}$

8.3.3 解装配尺寸链的其他方法

在生产中, 装配尺寸链各组成环的公差和极限偏差若按前述方法进行计算, 那么在装配时一般不需要进行修配和调整就能顺利进行装配, 且能满足封闭环的技术要求。但在某些场合, 为了获得更高的装配准确度, 同时生产条件又不允许提高组成环的制造准确度, 则可采用分组装配法、修配法和调整法来完成这一任务。

1. 分组装配法

分组装配法是先将各组成环按极值法求出公差值和极限偏差值, 并将其公差扩大若干倍, 即按经济可行的公差制造零件, 然后将扩大后的公差等分为若干组 (分组数与公差扩大倍数相等), 最后按对应组别进行装配, 同组零件可以互换。采取这些措施后仍可保证封闭环原精度要求。这种只限于同组内的互换性, 称为有限互换或不完全互换。

图 8−15 (a) 为发动机活塞销与活塞销孔的装配图, 要求在常温下装配时, 应有 $-0.0025 \sim -0.0075$ mm 的过盈。若用极值法, 活塞销的尺寸应为 $d = \phi28_{-0.0025}^{0}$ mm, 活塞销孔应为 $D = \phi28_{-0.0075}^{-0.0050}$ mm, 即孔轴公差都为 IT2, 加工相当困难。若采用分组装配 (分为四组), 活塞销的尺寸扩大为 $\phi28_{-0.010}^{0}$ mm, 活塞销孔的尺寸则相应为 $\phi28_{-0.015}^{-0.005}$ mm (孔、轴公差与 IT5 大体相当)。如图 8−15 (b) 所示, 将各组成环公差带分为公差相等的四组。按对应组别进行装配, 即能保证最小过盈为 -0.0025 mm 及最大过盈为 -0.0075 mm 的技术要求。各组相配尺寸见表 8−2。

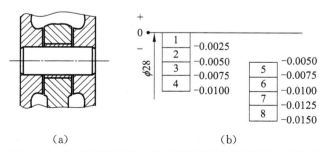

(a)　　　　　　　　(b)

图 8−15　发动机活塞销与活塞销孔的装配图及分组装配法

表 8-2　活塞销和活塞销孔分组相配尺寸

（单位：mm）

组别	活塞直径	活塞销直径	配合情况	
			最小过盈	最大过盈
1	$\phi 28^{\ 0}_{-0.0025}$	$\phi 28^{-0.0050}_{-0.0075}$	-0.0025	-0.0075
2	$\phi 28^{-0.0025}_{-0.0050}$	$\phi 28^{-0.0075}_{-0.0100}$	-0.0025	-0.0075
3	$\phi 28^{-0.0050}_{-0.0075}$	$\phi 28^{-0.0100}_{-0.0125}$	-0.0025	-0.0075
4	$\phi 28^{-0.0075}_{-0.0100}$	$\phi 28^{-0.0125}_{-0.0150}$	-0.0025	-0.0075

分组装配法既可扩大零件的制造公差，又可保持原有的高装配精度。其主要缺点：检验费用增加；仅仅小组内零件可以互换，一般称为有限互换；在一些组内可能有多余零件。由于分组装配法存在上述缺点，故一般只宜用于大批量生产的高精度、零件形状简单易测、环数少的尺寸链。另外，由于分组后零件的形状误差不能减少，这就限制了分组数，一般为 2~4 组。

2. 修配法

当尺寸链环数较多而封闭环精度要求很高时，可采用修配法。

采用修配法时，考虑零件加工工艺的可能性，对组成环规定经济合理的公差，使之便于制造，而装配时在事先选定的某一组成环零件上切除少量的一层金属（修配），来抵消封闭环上产生的累积误差，以达到规定的技术要求。这个被事先选定的要修配的组成环称为修配环。修配环应选择易于拆装修配，且对其他尺寸链没有影响的尺寸。公共环不能选作修配环。

设按经济可行的要求规定各组成环公差 T'_i，此时，封闭环公差值变为 T'_0，与技术要求给定值 T_0 相比，其增量 T_k 为

$$T_k = T'_0 - T_0 = \sum_{i=1}^{m} T'_i - T_0 \tag{8-17}$$

T_k 即预留的修配裕量，称为修配量。修配量放在选定的修配环上，以便装配时通过切除修配环上少量的一层金属，满足对封闭环的要求。

例 8-7　如图 8-1 所示，已知 $L_{0max}=0.02$ mm，$L_1=200$ mm，$L_2=50$ mm，$L_3=150$ mm，试用修配法解尺寸链。

解：（1）画尺寸链图，确定封闭环、增环和减环。尺寸链图从图 8-1 中可直接看出，封闭环 $L_0 = 0^{+0.020}_{\ 0}$ mm，$T_0=0.02$ mm；L_2、L_3 为增环，L_1 为减环。

（2）规定各组成环的经济公差（按 IT10），有

$$T'_1 = 0.185 \text{ mm}, \quad T'_2 = 0.1 \text{ mm}, \quad T'_3 = 0.16 \text{ mm}$$

$$T'_0 = T'_1 + T'_2 + T'_3 = (0.185 + 0.1 + 0.16) \text{ mm} = 0.445 \text{ mm}$$

$$T_k = T'_0 - T_0 = (0.445 - 0.02) \text{ mm} = 0.425 \text{ mm}$$

（3）确定底板尺寸 L_2 为修配环，其修配量为 T_k。

（4）确定各组成环极限偏差。为避免出现不可修配的组件，应使修配前封闭环的下极限尺寸 $L'_{0min} = 0$（或稍大于零），故取

$$L_1 = 200^{\ 0}_{-0.185} \text{ mm}, \quad L_2 = 50^{+0.100}_{\ 0} \text{ mm}, \quad L_3 = 150^{+0.160}_{\ 0} \text{ mm}$$

（5）确定封闭环极限尺寸。

$$\begin{aligned}
L'_{0max} &= L_{2max} + L_{3max} - L_{1min} \\
&= (50.100 + 150.160 - 199.815) \text{ mm} \\
&= 0.445 \text{ mm}
\end{aligned}$$

$$\begin{aligned}
L'_{0min} &= L_{2min} + L_{3min} - L_{1max} \\
&= (50 + 150 - 200) \text{ mm} \\
&= 0 \text{ mm}
\end{aligned}$$

由此可知，$L'_{0max} > L_{0max}$，$L'_{0min} = L_{0min}$。

当遇到 L'_{0max} 时，可修复 L_2，其最大修配量为 0.425 mm。当装配后 $L_0 = 0 \sim 0.02$ mm 时可不必修配，即尺寸 L_2 可不改变。

修配法的优点：扩大了组成环的制造公差，能够得到较高的装配精度。其缺点：修配环是封闭环，达到要求后，各组成环即失去互换性；装配时增加了修配工作量和费用；不易组织流水生产。由此可见，修配法只适用于单件、小批量生产中的多环高精度尺寸链。

3. 调整法

调整法与修配法基本类似，也是将尺寸链各组成环按经济公差制造。此时，由于组成环尺寸公差放大而使封闭环产生累积误差，因此不是采取切除修配环少量的一层金属来抵消，而是采取调整补偿环的尺寸或位置来补偿。

常用的补偿环可分为以下两种：

（1）固定补偿环。在尺寸链中选择一个合适的组成环作为补偿环（如垫片、垫圈或轴套）。补偿环可根据需要按尺寸大小分为若干组，装配时从合适的尺寸组中取一补偿件，装入尺寸链中的预定位置，即可保证装配精度，使封闭环达到规定的技术要求。

例如，图 8-16 所示部件，两固定补偿环用于使锥齿轮处于正确的啮合位置。装配时根据所测得的实际间隙选择合适的调整垫片作为补偿环，使间隙达到装配要求。

（2）可动补偿环。这是一种位置可调整的补偿环。装配时，调整其位置即可达到封闭环的精度要求。这种补偿环在机构设计中应用很广，而且有各种各样的结构形式，如机床中常用的镶条、锥套、调节螺旋副等。图 8-17 为用螺钉调整镶条位置以达到装配精度（间隙 L_0）的例子。

调整法的优点：扩大了组成环的制造公差，使制造容易；改变补偿环可使封闭环达到很高的精度；装配时不需修配，易组织流水生产；使用过程中可调整补偿环或更换补偿环，以恢复机器原有精度。其缺点：有时需要增加尺寸链中的零件数（补偿环）；不具备完全互换性。故调整法只宜用于封闭环要求精度很高的尺寸链，以及使用过程中某些零件尺寸（环）会发生变化（如磨损）的尺寸链。

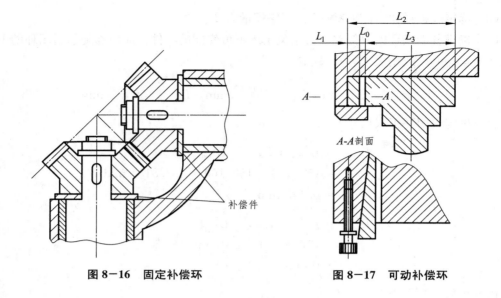

图 8-16　固定补偿环　　　　　　　图 8-17　可动补偿环

8.4　本章学习要求

理解尺寸链的基本概念和尺寸链的计算方法。

思考题和习题

8-1　图（a）所示零件各尺寸为 $A_1=30h9$，$A_2=16h9$，$A_3=14\pm IT9/2$，$A_4=6H10$，$A_5=24h10$，试分析图（b）～（e）所示四种尺寸标注中，哪种尺寸注法可使封闭环 A_6 的变动范围最小。

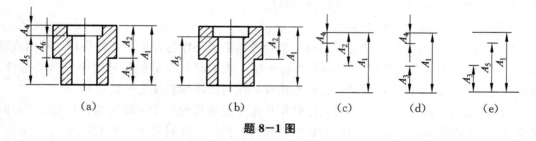

（a）　　　　　　　（b）　　　　　　（c）　　　　　　（d）　　　　　　（e）

题 8-1 图

8-2　加工如图所示的钻套，先按尺寸 $\phi30F7$ 磨内孔，再按 $\phi42n6$ 磨外圆，外圆对内孔的同轴度公差为 $\phi0.012\ mm$，试计算钻套壁厚尺寸的变动范围。

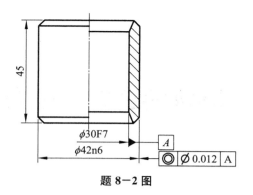

题 8-2 图

8-3 有一孔和轴，要求镀铬后保证 $\phi 50H8/f7$ 的配合，镀层厚度为（10±2）μm，试求孔、轴在镀铬前应各按什么标准公差带来加工。

第 9 章　圆锥的公差、配合与检测

▶ 导读

本章学习的主要内容和要求：

1. 了解有关锥度与锥角的基本概念；
2. 掌握圆锥公差的确定及标注方法；
3. 熟悉锥度的测量方法。

    圆锥结合是机器制造中的典型结构，它具有较高的同轴度，配合自锁性好，密封性好，间隙和过盈可以调整，能传递一定扭矩，传动副简单可靠、装拆方便等优点，被广泛应用于各种机构中。因此，锥度公差的标准化是提高产品质量，保证零件、部件的互换性不可缺少的环节。对于间隙配合的圆锥体，机件磨损后经调整可继续投入使用（如机床主轴轴承的配合）；对于过盈配合的圆锥体，拆卸更方便，不损坏零件，可反复使用（如机床主轴锥孔与刀杆或工具尾部的配合）；某些密封性好的配合零件（如液压装置中的锥度阀芯与阀体的配合）也常常采用圆锥配合，通过配研法达到其要求。相对于圆柱体配合而言，圆锥体配合在生产中装配调整比较费事，检测也比较麻烦。

9.1　锥度与锥角

9.1.1　常用术语及定义

    1. 圆锥角（α）
在通过圆锥轴线的纵截面内，两条素线之间的夹角称为圆锥角。
    如图 9-1 所示，内圆锥角用 α_1 表示，外圆锥角用 α 表示。相互结合的内、外圆锥，其基本圆锥角是相等的。
    2. 圆锥直径
圆锥直径分为最大圆锥直径 D、最小圆锥直径 d 和给定截面的圆锥直径 d_x，如图 9-1（b）所示。
    3. 圆锥长度（L）
内（外）圆锥最大圆锥直径与最小圆锥直径之间的轴向距离称为圆锥长度，如图 9-

1（b）所示。

4. 锥度（C）

两个垂直于圆锥轴线截面的圆锥直径之差与这两个截面的轴向距离之比称为锥度，用公式表示为

$$C = \frac{D-d}{L}$$

由图 9-1 中圆锥参数的几何关系，可得出锥度的另一关系式为

$$C = 2\tan\frac{\alpha}{2}$$

锥度在图样标注中常写成比例、分数或百分数形式，如 $C=1:5$ 或 $C=1/5$ 或 $C=20\%$。

5. 圆锥配合长度（H）

圆锥配合长度指内、外圆锥配合部分的长度。

6. 基面距（a）

基面距指内、外圆锥配合时，外圆锥基准面（轴肩或轴端面）与内圆锥基准面（端面）之间的距离，如图 9-1（a）所示。

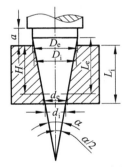

（a）圆锥配合的几何参数

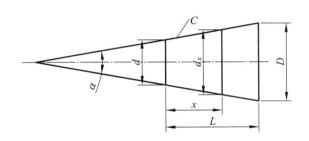

（b）单个圆锥的几何参数

图 9-1　圆锥体的几何参数

9.1.2　锥度与锥角系列

一般用途圆锥的锥度与锥角系列见表 9-1，选用时应优先选用系列 1，当不能满足需要时选用系列 2。

特殊用途圆锥的锥度与锥角系列见表 9-2。

表 9-1　一般用途圆锥的锥度与锥角系列

基本值		推算值			
系列 1	系列 2	圆锥角 α			锥度 C
		(°)(′)(″)	(°)	/rad	
120°		—	—	2.09439510	1：0.2886751
90°		—	—	1.57079633	1：0.5000000
	75°	—	—	1.30899694	1：0.6516127
60°		—	—	1.04719755	1：0.8660254
45°		—	—	0.78539816	1：1.2071068
30°		—	—	0.52359878	1：1.8660254
1：3		18°55′28.7199″	18.92464442°	0.33029735	—
	1：4	14°15′0.1177″	14.25003270°	0.24870999	
1：5		11°25′16.2706″	11.42118627°	0.19933730	—
	1：6	9°31′38.2202″	9.52728338°	0.16628246	
	1：7	8°10′16.4408″	8.17123356°	0.14261493	
	1：8	7°9′9.6075″	7.15266875°	0.12483762	
1：10		5°43′29.3176″	5.72481045°	0.09991679	
	1：12	4°46′18.7970″	4.77188806°	0.08328516	
	1：15	3°49′5.8975″	3.81830487°	0.06664199	
1：20		2°51′51.0925″	2.86419237°	0.04998959	
1：30		1°54′34.8570″	1.90968251°	0.03333025	
1：50		1°8′45.1586″	1.14587740°	0.01999933	
1：100		34′22.6309″	0.57295302°	0.00999992	
1：200		17′11.3219″	0.28647830°	0.00499999	
1：500		6′52.5295″	0.11459152°	0.00200000	

注：摘自 GB/T 157—2001。

表 9-2　特殊用途圆锥的锥度与锥角系列

基本值	推算值				标准号 GB/T (ISO)	用途
	圆锥角 α			锥度 C		
	(°)(′)(″)	(°)	/rad			
11°54′	—	—	0.20769418	1 : 4.7974511	(5237) (8489-5)	纺织机械 和附件
8°40′	—	—	0.15126187	1 : 6.5984415	(8489-3) (8489-4) (324.575)	
7°	—	—	0.12217305	1 : 8.1749277	(8489-2)	
1 : 38	1°30′27.7080″	1.50769667°	0.02631427	—	(368)	
1 : 64	0°53′42.8220″	0.89522834°	0.01562468	—	(368)	
7 : 24	16°35′39.4443″	16.59429008°	0.28962500	1 : 3.4285714	3837.3 (297)	机床主轴 工具配合
1 : 12.262	4°40′12.1514″	4.67004205°	0.08150761	—	(239)	贾各锥度 No.2
1 : 12.972	4°24′52.9039″	4.41469552°	0.07705097	—	(239)	贾各锥度 No.1
1 : 15.748	3°38′13.4429″	3.63706747°	0.06347880	—	(239)	贾各锥度 No.33
6 : 100	3°26′12.1776″	3.43671600°	0.05998201	1 : 16.6666667	1962 (594-1) (595-1) (595-2)	医疗设备
1 : 18.779	3°3′1.2070″	3.05033527°	0.05323839	—	(239)	贾各锥度 No.3
1 : 19.002	3°0′52.3956″	3.01455434°	0.05261390	—	1443 (296)	莫氏锥度 No.5
1 : 19.180	2°59′11.7258″	2.98659050°	0.05212584	—	1443 (296)	莫氏锥度 No.6
1 : 19.212	2°58′53.8255″	2.98161820°	0.05203905	—	1443 (296)	莫氏锥度 No.0
1 : 19.254	2°58′30.4217″	2.97511713°	0.05192559	—	1443 (296)	莫氏锥度 No.4
1 : 19.264	2°58′24.8644″	2.97357343°	0.05189865	—	(239)	贾各锥度 No.6
1 : 19.922	2°52′31.4463″	2.87540176°	0.05018523	—	1443 (296)	莫氏锥度 No.3
1 : 20.020	2°51′40.7960″	2.86133223°	0.04993967	—	1443 (296)	莫氏锥度 No.2
1 : 20.047	2°51′26.9283″	2.85748008°	0.04987244	—	1443 (296)	莫氏锥度 No.1
1 : 20.288	2°49′24.7802″	2.82355006°	0.04928025	—	(239)	贾各锥度 No.0
1 : 23.904	2°23′47.6244″	2.39656232°	0.04182790	—	1443 (296)	布朗夏普锥度 No.1 至 No.3
1 : 28	2°2′45.8174″	2.04606038°	0.03571049	—	(8382)	复苏器（医用）
1 : 36	1°35′29.2096″	1.59144711°	0.02777599	—	(5356-1)	麻醉器具
1 : 40	1°25′56.3516″	1.43231989°	0.02499870	—		

注：摘自 GB/T 157—2001。

9.1.3 圆锥尺寸在图上的标注

1. 公称圆锥

圆锥是由圆锥表面与一定尺寸所限定的几何体，而公称圆锥则是指由设计给定的理想形状圆锥。公称圆锥可用两种形式确定：

（1）一个公称圆锥直径（最大圆锥直径 D、最小圆锥直径 d、给定截面圆锥直径 d_x）、公称圆锥长度 L、公称圆锥角 α 或公称锥度 C 确定。

（2）两个公称圆锥直径和一个公称圆锥长度 L 确定。

2. 圆锥尺寸在图上的标注

（1）标注圆锥公称直径（只注一端，一般选用为大端）、公称圆锥角和公称圆锥长度，如图 9—2 所示。标注的圆锥角 α 和圆锥公称直径 D 可以加长方框，分别表示理论正确角度和理论正确直径。

（2）标注公称直径（只注一端，一般选用为大端）、公称锥度和公称圆锥长度，如图 9—3 所示。

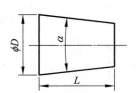 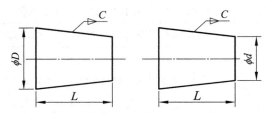

图 9—2　圆锥尺寸标注形式之一　　　　图 9—3　圆锥尺寸标注形式之二

同理，标注的锥度和圆锥公称直径也可以加长方框，此时表示理论正确锥度和理论正确直径。锥度的值可用百分数表示，如 20%，即 1/5＝1：5。

（3）标注给定截面公称圆锥直径 d_x、公称锥度 C 和轴向位置给定截面公称圆锥长度 L_x，如图 9—4 所示。

轴向位置给定截面公称圆锥长度和给定截面圆锥直径可加长方框，分别表示理论正确长度和理论正确直径。

（4）标注两端公称圆锥直径 D、d 与公称圆锥长度 L，如图 9—5 所示。

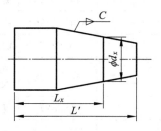 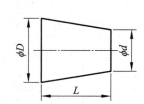

图 9—4　圆锥尺寸标注形式之三　　　　图 9—5　圆锥尺寸标注形式之四

一般考虑检测方便，生产中常采用的是前三种尺寸标注形式。

（5）对生产中常用的特殊用途的锥度（如工具与机床常用的莫氏锥度），可以不按以上形式标注，而按图 9-6 所示的形式。

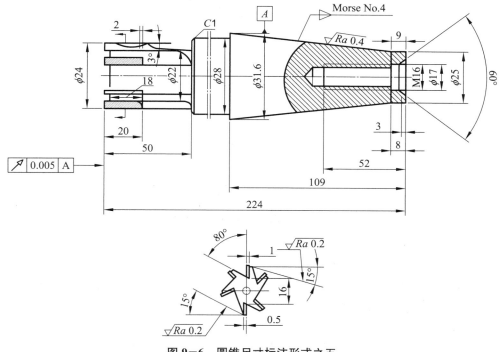

图 9-6　圆锥尺寸标注形式之五

9.2　圆锥的公差与圆锥配合

9.2.1　圆锥的公差

1. 圆锥的公差项目及给定方法

圆锥零件的精度主要是由圆锥直径、圆锥角和圆锥形状三项精度构成，在《产品几何量技术规范（GPS）　圆锥公差》（GB/T 11334—2005）中做了明确规定。

标准中对圆锥公差规定了以下两种给定方法：

（1）包容法（又称为基本锥度法）。

对圆锥给定了公称圆锥角 α 或公称锥度 C 和圆锥直径公差 T_D，如图 9-7 所示。这种方法由圆锥大端最大极限直径 D_{max} 和最小极限直径 D_{min} 确定的两同轴圆锥面（相当于圆锥要素的最大实体尺寸和最小实体尺寸）形成两个具有理想形状的包容面公差带（两圆锥之间的阴影部分），实际圆锥处处不得超越两包容面。因此，该公差带既控制圆锥直径的大小和圆锥角的大小，也控制圆锥表面的形状误差。

这种公差给定方法通常适用于有配合要求的结构型内、外圆锥。根据需要，可附加有关的几何公差要求做进一步的控制。

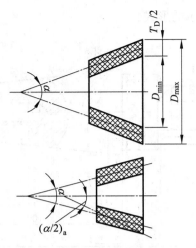

图 9−7　圆锥角与圆锥直径公差

（2）独立法（又称为公差锥度法）。

对圆锥给定了给定截面圆锥直径公差 T_D 和圆锥角公差 AT，如图 9−8（a）所示。这种方法是同时给出了圆锥直径公差和圆锥角公差。此时，给定截面圆锥直径公差仅控制圆锥的直径偏差，不再控制圆锥角偏差。T_D 和 AT 各自分别规定，各自分别满足要求，按独立原则解释，如图 9−8（b）所示。通过圆锥给定截面圆锥直径公差一半处（即 $T_{DS}/2$），分别作平行于锥角为 α_{max} 与 α_{min} 的两组平行线，所得到的阴影部分为此时所允许的圆锥误差范围（含素线形状误差）。

这种公差给定方法仅适用于对某给定截面圆锥直径有较高要求的圆锥和有密封要求以及非配合的圆锥。根据需要，可附加有关的几何公差要求做进一步的控制。

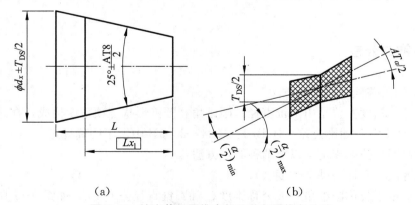

（a）　　　　　　　　　　　　　　　　（b）

图 9−8　给定截面圆锥直径公差和圆锥角公差

2. 圆锥公差数值

（1）圆锥直径公差 T_D（含给定截面圆锥直径公差 T_{DS}）的取值。

①圆锥直径公差 T_D（以大端最大圆锥直径为公称尺寸）和给定截面圆锥直径公差 T_{DS}（以给定截面圆锥直径 d_x 为公称尺寸）可按《产品几何技术规范（GPS） 极限与配合 第 1 部分：公差、偏差和配合的基础》（GB/T 1800.1—2009）规定的标准公差取值。

②当按包容法给定圆锥公差时，圆锥直径公差 T_D 所能限制的最大圆锥角误差 $\Delta\alpha_{max}$ 见

表 9-3（当公称圆锥长度 $L=100$ mm 时）。

③按包容法标注的推荐符号在圆锥直径极限偏差后标注 Ⓔ 符号，如 $\phi 80^{+0.039}_{0}$ Ⓔ。

表 9-3　圆锥直径公差所能限制的最大圆锥角误差

圆锥直径公差等级	圆锥直径/mm												
	≤3	>3~6	>6~10	>10~18	>18~30	>30~50	>50~80	>80~120	>120~180	>180~250	>250~315	>315~400	>400~500
	$\Delta\alpha_{max}/\mu rad$												
IT01	3	4	4	5	6	6	8	10	12	20	25	30	40
IT0	5	6	6	8	10	10	12	15	20	30	40	50	60
IT1	8	10	10	12	15	15	20	25	35	45	60	70	80
IT2	12	15	15	20	25	25	30	40	50	70	80	90	100
IT3	20	25	25	30	40	40	50	60	80	100	120	130	150
IT4	30	40	40	50	60	70	80	100	120	140	160	180	200
IT5	40	50	60	80	90	110	130	150	180	200	230	250	270
IT6	60	80	90	110	130	160	190	220	250	290	320	360	400
IT7	100	120	150	180	210	250	300	350	400	460	520	570	630
IT8	140	180	220	270	330	390	460	540	630	720	810	890	970
IT9	250	300	360	430	520	620	740	870	1000	1150	1300	1400	1550
IT10	400	480	580	700	840	1000	1200	1400	1600	1850	2100	2300	2500
IT11	600	750	900	1000	1300	1600	1900	2200	2500	2900	3200	3600	4000
IT12	1000	1200	1500	1800	2100	2500	3000	3500	4000	4600	5200	5700	6300
IT13	1400	1800	2200	2700	3300	3900	4600	5400	6300	7200	8100	8900	9700
IT14	2500	3000	3600	4300	5200	6200	7400	8700	10000	11500	13000	14000	15500
IT15	4000	4800	5800	7000	8400	10000	12000	14000	16000	18500	21000	23000	25000
IT16	6000	7500	9000	11000	13000	16000	19000	22000	25000	29000	32000	36000	40000
IT17	10000	12000	15000	18000	21000	25000	30000	35000	40000	46000	52000	57000	63000
IT18	14000	18000	22000	27000	33000	39000	46000	54000	63000	72000	81000	89000	97000

注：摘自 GB/T 11334—2005。

（2）圆锥角公差 AT 的取值。

①分级。圆锥角公差共分 12 个公差等级，用 AT1，AT2，…，AT12 表示。

AT1~AT6 用于角度量块、高精度的角度量规及角度样板。

AT7~AT8 用于工具锥体、锥销、传递大扭矩的摩擦锥体。

AT9~AT10 用于中等精度的圆锥零件。

AT11~AT12 用于低精度的圆锥零件。

②表示形式。圆锥角公差可用两种形式表示：一种是角度值 AT_α；另一种是线性值 AT_D。

两者的关系为

$$AT_D = AT_\alpha \times L \times 10^{-3}$$

式中：AT_D—圆锥角公差，μm；AT_α—圆锥角公差，μrad；L—公称圆锥长度，mm。

不同公差等级的 AT_D 和 AT_α 见表 9-4。

表 9-4　圆锥角公差数值

公称圆锥长度 L/mm	圆锥角公差等级								
	AT1			AT2			AT3		
	AT_α		AT_D	AT_α		AT_D	AT_α		AT_D
	/μrad	(″)	/μm	/μrad	(″)	/μm	/μrad	(″)	/μm
≥6～10	50	10″	>0.3～0.5	80	16″	>0.5～0.8	125	26″	>0.8～1.3
>10～16	40	8″	>0.4～0.6	63	13″	>0.6～1.0	100	21″	>1.0～1.6
>16～25	31.5	6″	>0.5～0.8	50	10″	>0.8～1.3	80	16″	>1.3～2.0
>25～40	25	5″	>0.6～1.0	40	8″	>1.0～1.6	63	13″	>1.6～2.5
>40～63	20	4″	>0.8～1.3	31.5	6″	>1.3～2.0	50	10″	>2.0～3.2
>63～100	16	3″	>1.0～1.6	25	5″	>1.6～2.5	40	8″	>2.5～4.0
>100～160	12.5	2.5″	>1.3～2.0	20	4″	>2.0～3.2	31.5	6″	>3.2～5.0
>160～250	10	2″	>1.6～2.5	16	3″	>2.5～4.0	25	5″	>4.0～6.3
>250～400	8	1.5″	>2.0～3.2	12.5	2.5″	>3.2～5.0	20	4″	>5.0～8.0
>400～630	6.3	1″	>2.5～4.0	10	2″	>4.0～6.3	16	3″	>6.3～10.0

公称圆锥长度 L/mm	圆锥角公差等级								
	AT4			AT5			AT6		
	AT_α		AT_D	AT_α		AT_D	AT_α		AT_D
	/μrad	(″)	/μm	/μrad	(′)(″)	/μm	/μrad	(′)(″)	/μm
≥6～10	200	41″	>1.3～2.0	315	1′05″	>2.0～3.2	500	1′43″	>3.2～5.0
>10～16	160	33″	>1.6～2.5	250	52″	>2.5～4.0	400	1′22″	>4.0～6.3
>16～25	125	26″	>2.0～3.2	200	41″	>3.2～5.0	315	1′05″	>5.0～8.0
>25～40	100	21″	>2.5～4.0	160	33″	>4.0～6.3	250	52″	>6.3～10.0
>40～63	80	16″	>3.2～5.0	125	26″	>5.0～8.0	200	41″	>8.0～12.5
>63～100	63	13″	>4.0～6.3	100	21″	>6.3～10.0	160	33″	>10.0～16.0
>100～160	50	10″	>5.0～8.0	80	16″	>8.0～12.5	125	26″	>12.5～20.0
>160～250	40	8″	>6.3～10.0	63	13″	>10.0～16.0	100	21″	>16.0～25.0
>250～400	31.5	6″	>8.0～12.5	50	10″	>12.5～20.0	80	16″	>20.0～32.0
>400～630	25	5″	>10.0～16.0	40	8″	>16.0～25.0	63	13″	>25.0～40.0

公称圆锥长度 L/mm	圆锥角公差等级								
	AT7			AT8			AT9		
	AT_α		AT_D	AT_α		AT_D	AT_α		AT_D
	/μrad	(')(")	/μm	/μrad	(')(")	/μm	/μrad	(')(")	/μm
≥6～10	800	2'45"	>5.0～8.0	1250	4'18"	>8.0～12.5	2000	6'52"	>12.5～20
>10～16	630	2'10"	>6.3～10.0	1000	3'26"	>10.0～16.0	1600	5'30"	>16～25
>16～25	500	1'43"	>8.0～12.5	800	2'45"	>12.5～20.0	1250	4'18"	>20～32
>25～40	400	1'22"	>10.0～16.0	630	2'10"	>16.0～25.0	1000	3'26"	>25～40
>40～63	315	1'05"	>12.5～20.0	500	1'43"	>20.0～32.0	800	2'45"	>32～50
>63～100	250	52"	>16.0～25.0	400	1'22"	>25.0～40.0	630	2'10"	>40～63
>100～160	200	41"	>20.0～32.0	315	1'05"	>32.0～50.0	500	1'43"	>50～80
>160～250	160	33"	>25.0～40.0	250	52"	>40.0～63.0	400	1'22"	>63～100
>250～400	125	26"	>32.0～50.0	200	41"	>50.0～80.0	315	1'05"	>80～125
>400～630	100	21"	>40.0～63.0	160	33"	>63.0～100	250	52"	>100～600

公称圆锥长度 L/mm	圆锥角公差等级								
	AT10			AT11			AT12		
	AT_α		AT_D	AT_α		AT_D	AT_α		AT_D
	/μrad	(')(")	/μm	/μrad	(')(")	/μm	/μrad	(')(")	/μm
≥6～10	3150	10'49"	>20～32	5000	17'10"	>32～50	8000	27'28"	>50～80
>10～16	2500	8'35"	>25～40	4000	13'44"	>40～63	6300	21'38"	>63～100
>16～25	2000	6'52"	>32～50	3150	10'49"	>50～80	5000	17'10"	>80～125
>25～40	1600	5'30"	>40～63	2500	8'35"	>63～100	4000	13'44"	>100～600
>40～63	1250	4'18"	>50～80	2000	6'52"	>80～125	3150	10'49"	>125～200
>63～100	1000	3'26"	>63～100	1600	5'30"	>100～600	2500	8'35"	>160～250
>100～160	800	2'45"	>80～125	1250	4'18"	>125～200	2000	6'52"	>200～320
>160～250	630	2'10"	>100～600	1000	3'26"	>160～250	1600	5'30"	>250～400
>250～400	500	1'43"	>125～200	800	2'45"	>200～320	1250	4'18"	>320～500
>400～630	400	1'22"	>160～250	630	2'10"	>250～400	1000	3'26"	>400～630

注：摘自 GB/T 11334—2005。

③圆锥角极限偏差的分布形式可分为单向分布和双向分布，如图 9－9 所示。

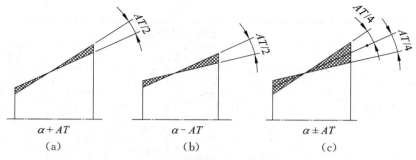

图 9—9　圆锥角的极限偏差

（3）圆锥形状公差 T_F 的取值。

圆锥形状公差包括素线直线度公差和截面圆度公差。要求不高时，圆锥的形状公差由圆锥的直径公差带限制；要求较高的圆锥工件应按几何公差标准的规定选取，其数值可从《形状和位置公差　未注公差值》（GB/T 1184—1996）中选用，但应不大于圆锥直径公差的 50%。

3. 圆锥公差的标注示例

（1）按包容法的标注示例见表 9—5。

表 9—5　包容法标注示例

给定条件	图样标注	说明
给定圆锥直径公差 T_D	$\phi D + T_D/2$　30°	$T_D/2$　ϕD_{max}　ϕD_{min}　30°　30°
给定截面圆锥直径公差 T_{DS}	1:5　$\phi d_x \pm T_{DS}/2$　L_x	$T_{DS}/2$　ϕd_{min}　L_x

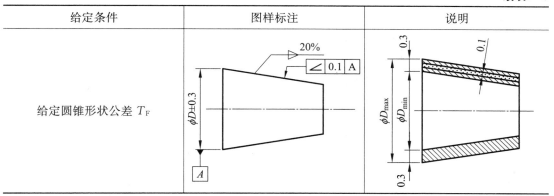

给定条件	图样标注	说明
给定圆锥形状公差 T_F		

（2）按独立法的标注示例，见表 9－6。

表 9－6　独立法标注示例

给定条件	图样标注	说明
给定圆锥直径公差 T_D 和圆锥角公差 AT	25°±30′	该圆锥的最大圆锥直径应由 $\phi D + T_D/2$ 和 $\phi D - T_D/2$ 确定；锥角应在 24°30′ 与 25°30′ 之间变化；圆锥素线直线度要求为 t。以上要求应独立考虑
给定截面圆锥直径公差 T_{DS} 和圆锥角公差 AT_D	$25° \pm \dfrac{AT8}{2}$	该圆锥的给定截面直径应由 $\phi d_x + T_{DS}/2$ 和 $\phi d - T_{DS}/2$ 确定；锥角应在 $25° - AT8/2$ 与 $25° + AT8/2$ 之间变化。以上要求应独立考虑

9.2.2　圆锥配合

1. 圆锥配合的种类

（1）结构型圆锥配合。

由内、外圆锥的结构确定装配的最终位置或由内、外圆锥基准面之间的尺寸（基面距）确定装配的最终位置而获得的配合，都称为结构型圆锥配合。它可分为间隙配合、过渡配合和过盈配合，如图 9－10 所示。

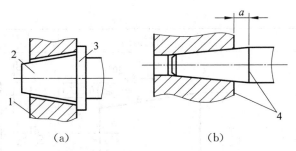

1—内圆锥；2—外圆锥；3—轴肩；4—基准面

图 9－10　由圆锥的结构形成配合

这类配合的内、外圆锥在进行装配时，其配合间隙或过盈是不能调整的，大小取决于机构的相关尺寸精度（如内、外圆锥的大端与小端直径尺寸或基面距的精度）。

考虑到圆锥的大、小端直径尺寸不便测量，实际生产中可采用以下方法：若对圆锥结构要求不严，则加工时可借助内圆锥大端预留的工艺圆柱面与外圆锥小端的工艺圆柱面进行精确测量，以控制其直径尺寸（工艺圆柱面可留 2～3 mm），如图 9－11 所示；若对圆锥结构要求较严，则可在内圆锥大端直径尺寸与外圆锥小端直径尺寸达到要求后，将工艺圆柱面倒角（图 9－11 所示虚线部分）。

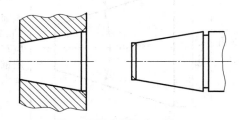

图 9－11　实际生产中圆锥直径尺寸的控制

（2）位移型圆锥配合。

内、外圆锥进行装配时，在不施加力的情况下，相互结合的内、外圆锥表面刚好处于接触时（初始位置），再通过作相对轴向位移所获得的配合，称为位移型圆锥配合。它分为间隙配合和过盈配合，如图 9－12 所示。这类配合所获得的配合间隙或过盈大小完全取决于轴向的终止位置（相对于初始位置）。

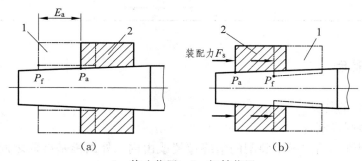

1—终止位置；2—初始位置

图 9－12　由圆锥的轴向位移形成配合

显然，对过盈配合必须施加一定的装配力才能产生轴向位移。因此，装配时控制轴向位移量的大小是保证圆锥配合间隙或过盈的关键。由于圆锥配合的间隙或过盈是直径方向，无法直接测量，所以实际生产中装配时主要控制轴向位移量，这就需要将直径方向的量转换成轴向位移量，二者的关系为

$$E_a = \frac{1}{C}|X| \tag{9-1}$$

或

$$E_a = \frac{1}{C}|Y|$$

式中：Y—配合的过盈量（可为最大、最小过盈量）；X—配合的间隙量（可为最大、最小间隙量）；E_a—轴向位移量（可为最大、最小位移量）。

例 9-1　有一位移型圆锥配合，锥度为 1：50，圆锥的公称直径为 40 mm，要求内、外圆锥装配后配合为 H7/u6（过盈配合），已知该配合 $Y_{min}=-9\ \mu m$，$Y_{max}=-50\ \mu m$。试求圆锥装配时轴向位移的最大、最小与位移公差量。

解：由式（9-1）得

$$E_{amax} = \frac{1}{C}|Y| = 50 \times 50 = 2500\ \mu m$$

$$E_{amin} = \frac{1}{C}|Y| = 50 \times 9 = 450\ \mu m$$

则
$$T_E = (2500-450)\ \mu m = 2050\ \mu m$$

由上可知，对位移型圆锥配合，装配时将内、外圆锥置于初始位置后，根据所换算的轴向位移量，只需轴内移动圆锥即可达到所要求配合的间隙或过盈。实际生产中，轴向位移的精度可通过观察百分表的读数进行控制。

必须指出，由于相互配合的圆锥零件在加工时存在圆锥角误差和形状误差，会影响换算的轴向位移量的准确性，因此对要求较高的位移型圆锥配合，应分别规定严格的锥度公差和形状公差。

2. 圆锥配合的一般规定

（1）对于结构型圆锥配合，可按《产品几何技术规范（GPS）　极限与配合　公差带和配合的选择》（GB/T 1801—2009）选取基准制和公差带（推荐优先选用基孔制）。

（2）对于位移型圆锥配合，内圆锥直径公差带的基本偏差推荐选用 H 和 JS，外圆锥直径公差带的基本偏差推荐选用 h 和 js。根据间隙配合或过盈配合的要求，再换算内、外圆锥的轴向位移量及其公差（见例 9-1）。

9.3　圆锥的检测

9.3.1　圆锥量规检验法

用圆锥量规可以综合检验圆锥体的圆锥角、圆锥直径和圆锥表面的形状是否合格。检

验外圆锥用的量规称为圆锥环规，检验内圆锥用的量规称为圆锥塞规，其外形如图 9—13（a）所示。常用于检验机床主轴内孔与工具尾部的莫氏圆锥塞规与环规，按其莫氏锥度的尺寸大小，市场上有成套莫氏圆锥量规供应。

在圆锥塞规的大端有两条细的刻线，距离为 Z；在环规的小端也有一个由端面和条刻线所代表的距离 Z（有的做成台阶）。该距离值 Z 代表被检圆锥直径公差 T 在轴向的量，被检圆锥件若直径合格，其端面（外圆锥为小端，内圆锥为大端）应在距离为 Z 的两条刻线之间，如图 9—13（b）所示。检测时，在圆锥面上均匀地涂上 2~3 条极薄的涂层（若被检验的工件为内圆锥，将红丹或兰油涂在塞规上；若被检验的工件为外圆锥，可将红丹或兰油涂在外圆锥工件上），并使被检验的圆锥与量规面接触后转动 1/3~1/2 周，取出后观看涂层被擦掉的情况，由此来判断圆锥角误差与圆锥表面的形状误差合格与否。若涂层被均匀地擦掉，表明圆锥角误差与圆锥表面的形状误差都较小；反之，则表明存在较大误差。用圆锥塞规检验内圆锥时，若塞规小端的涂层被擦掉，则表明被检内圆锥的锥角大了；若塞规大端的涂层被擦掉，则表明被检内圆锥的锥角小了，但不能检测出具体的误差值。

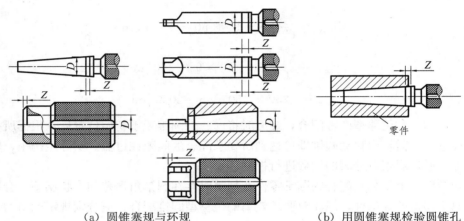

（a）圆锥塞规与环规　　　　　　（b）用圆锥塞规检验圆锥孔

图 9—13　圆锥量规

9.3.2　圆锥的锥角测量法

1. 用正弦规进行测量

正弦规的外形结构如图 9—14 所示。正弦规的主体下面两边各安装一个直径相等的圆柱体。利用正弦规测量锥度时，测量精度可达 $\pm 1''\sim\pm 3''$，但适宜测量小于 $40°$ 的锥角。

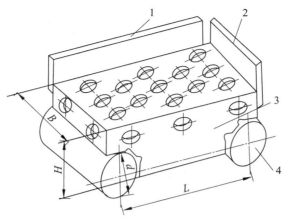

1—侧挡板；2—前挡板；3—主体；4—圆柱

图 9—14　正弦规

用正弦规测量锥角的原理如图 9—15 所示。在图 9—15（a）中，按照所测锥角的理论值 α 算出所需的量块尺寸 h（h 与 α 的关系为 $h = L \sin \alpha$），然后将组合好的量块和正弦规按如图 9—15（a）所示位置放在平板上，再将被测工件（图中被测工件为一圆锥量规）放在正弦规上。若工件的实际锥角等于理论值 α，工件上端的素线将与平板平行，在 a、b 两点用表测量，则表的读数应是相等的；若工件的实际锥角不等于理论值 α，工件上端的素线将与平板不平行，在 a、b 两点用表测量将得到不同的读数。若两点读数差为 n，又知 a、b 两点的距离为 L，则被测圆锥的锥度偏差 ΔC 为

$$\Delta C = n/L$$

相应的锥角偏差 $\Delta \alpha$ 为

$$\Delta \alpha = 2 \times \Delta C \times 10^5$$

具体测量时，须注意 a、b 两点测值的大小。若 a 点值大于 b 点值，则实际锥角大于理论锥角 α，算出的 $\Delta \alpha$ 为正；反之，$\Delta \alpha$ 为负。

图 9—15（b）为用正弦规测量内锥角的示意图，其原理与测量外锥角相似。

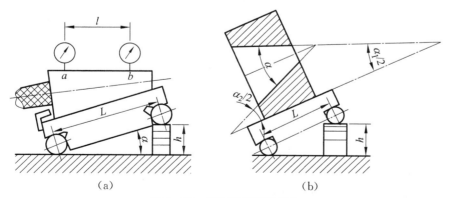

(a)　　　　　　　　　　　(b)

图 9—15　用正弦规测量锥角

223

2. 用钢球和滚柱测量锥角

用精密钢球和精密量柱（滚柱）也可以间接测量圆锥角。图 9-16 为用钢球测量内锥角的示例。已知大、小球的直径分别为 D_0 和 d_0，测量时，先将小球放入，测得 H，再将大球放入，测得 h，则内锥角 α 可通过下式求出：

$$\tan\frac{\alpha}{2} = \frac{D_0/2 - d_0/2}{(H-h) + d_0/2 - D_0/2}$$

图 9-17 为用滚柱和量块组测量外锥角的示例。先将两个尺寸相同的滚柱夹在圆锥的小端处，测得 m，再将这两个滚柱放在尺寸组合相同的量块上，测得 M，则外锥角 α 可通过下式求出：

$$\tan\frac{\alpha}{2} = \frac{M-m}{2h}$$

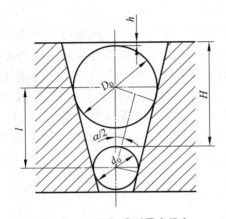

图 9-16　用钢球测量内锥角

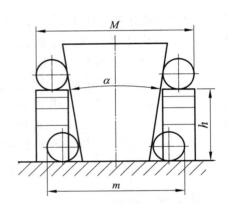

图 9-17　用滚柱和量块组测量外锥角

3. 圆锥的坐标法测量

生产中，凡有坐标测量装置的仪器都可采用坐标法测量圆锥的角度。目前车间广泛使用的万能工具显微镜和三坐标测量机就是这样的仪器。图 9-18（a）为在万能工具显微镜上借助测量刀对准圆锥体零件进行测量的例子。通过万能工具显微镜上的横向读数装置先分别测出大端和小端的直径 D 与 d，再由纵向读数装置测出 L，便可计算出圆锥半角 α，

$$\tan\alpha = \frac{(D-d)}{2L}$$

$$\alpha = \arctan\left[\frac{(D-d)}{2L}\right]$$

图 9-18（b）为在三坐标测量机上测量内锥角的实例。以 X-Y 平面（即零件的下端面）为测量基准面，然后调整测头的位置，找到通过零件轴心线的 X-Z 平面，利用坐标装置的移动使测量头与零件接触，读出 z_1 和 X 方向的起始值，再沿 X 方向移动读出 x_1 值，接着测量头沿 Z 方向移动又与零件接触，读出 x 起始值，最后再向左移动与零件接触后读出 x_2 值，同时读出 z_2 值，即可计算出圆锥半角 α。

$$\tan \alpha = \frac{(x_2 - x_1)}{2(z_2 - x_1)}$$

$$\alpha = \arctan \frac{(x_2 - x_1)}{2(z_2 - x_1)}$$

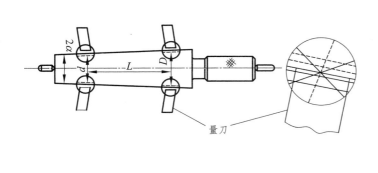
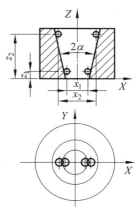

（a）用万能工具显微镜测量锥度　　　　（b）用三坐标测量机测量内锥角

图 9－18　用坐标法测量圆锥的角度

9.4　本章学习要求

理解圆锥结合的特点及锥度与锥角、圆锥公差中的术语、定义及锥度和锥角的检测方法；掌握圆锥公差项目及给定方法和圆锥公差的标注。

思考题和习题

9－1　圆锥公差如何给出和标注在图样上？

9－2　圆锥体的配合分哪几类？各用于什么场合？

9－3　圆锥体的极限与配合有哪些特点？

9－4　有一圆锥体，其尺寸参数 D、d、L、c、z、a，试说明在零件图上是否需要把这些参数的尺寸和极限偏差都注上？为什么？

9－5　圆锥公差的给定方法有哪几种？它们各适用于什么样的场合？

9－6　为什么钻头、铰刀、铣刀等的尾柄与机床主轴孔联接多用圆锥结合？

9－7　C620-1 车床尾座顶针套与顶针结合采用莫氏 4 号锥度，顶针的基本圆锥长度 $L=118$ mm，圆锥角公差为 AT8，试查表确定其基本圆锥角 α、锥度 C 和锥度角公差的数值。

9－8　已知内圆锥的最大直径 $D_i=\phi23.825$ mm，最小直径 $d_i=\phi20.2$ mm，锥度 $C=1:19.922$，基本圆锥长度 $L=120$ mm，其直径公差带为 H8，试查表确定内圆锥直径公差 T_D 所限制的最大圆锥角误差 $\Delta\alpha_{max}$。

第10章　键和花键的公差与配合

▶ 导读

本章学习的主要内容和要求：

1. 平键结合的结构和几何参数、平键配合尺寸的公差带、表面的几何公差和表面粗糙度；

2. 矩形花键结合的几何参数和定心方式、矩形花键结合的精度设计；

3. 平键和花键公差在图样上的标注。

10.1　键联接

本节主要介绍键联接的类型以及键联接的公差和配合。

10.1.1　概述

键联接是通过键来实现轴和轴上零件间的轴向固定以传递运动和转矩。其中，有些类型的键可实现轴向固定和传递轴向力，有些类型的键还能实现轴向动连接。键和键联接的类型、特点及应用见表 10-1。

表 10-1　键和键联接的类型、特点及应用

	类型和标准	简　图	特点和应用
平面	普通型　平键 (GB/T 1096—2003) 薄型　平键 (GB/T 1567—2003)	A型 B型 C型	键的侧面为工作面，靠侧面传力，对中性好，拆装方便。无法实现轴上零件的轴向固定。定位精度较高，用于高速或承受冲击变载荷的轴。薄型平键用于薄壁结构和传递转矩较小的地方。A 型键用端铣刀加工轴上键槽，键在槽中固定好，但应力集中较大；B 型键用盘铣刀加工轴上键槽，应力集中较小；C 型键用于轴端
	导向型　平键 (GB/T 1097—2003)	A型 B型	键的侧面为工作面，靠侧面传力，对中性好，拆装方便。无轴向固定作用。用螺钉把键固定在轴上，中间的螺纹孔用于取出键。用于轴上零件沿轴移动量不大的场合，如变速箱中的滑移齿轮

类型和标准		简　图	特点和应用
平面	滑键		键的侧面为工作面，靠侧面传力，对中性好，拆装方便。键固定在轮毂上，轴上零件能带着键作轴向移动，用于轴上零件移动量较大的地方
半圆键	半圆键 (GB/T 1099—2003)		键的侧面为工作面，靠侧面传力，键可在轴槽中沿槽底圆弧滑动，拆装方便，但要加长键时，必定使键槽加深使轴强度削弱。一般用于轻载，常用于轴的锥形轴端处
楔键	普通型　楔键 (GB/T 1564—2003) 钩头型　楔键 (GB/T 1565—2003) 薄型　楔键 (GB/T 16922—1997)		键的上、下面为工作面，键的上表面和毂槽都有 1：100 的斜度，装配时被打入、楔紧，造成轴与轴上零件的偏心。键的上、下面与轴和轮毂相接触。对轴上零件有轴向固定作用。由于楔紧力的作用，轴上零件偏心，导致对中精度不高，转速也受到限制。钩头供拆装用，但应加保护罩
	切向键 (GB/T 1974—2003)		由两个斜度为 1：100 的楔键组成。能传递较大的转矩，一对切向键只能传递一个方向的转矩，传递双向转矩时，要用两对切向键，互成120°～135°，用于载荷大、对中要求不高的场合。键槽对轴的削弱大，常用于直径大于 100 mm 的轴
端面键	端面键		在圆盘端面嵌入平键，可用于凸缘间传力，常用于铣床主轴

键联接属于可拆卸联接，在机械结构中应用很广泛。根据键联接的功能，其使用要求如下：

（1）键和键槽侧面应有足够的接触面积以承受负荷，保证键联接的可靠性和寿命；

（2）键嵌入轴槽要牢固可靠，以防止松动脱落，又要便于拆装；

（3）对于导向键，键与键槽之间应有一定间隙，以保证相对运动和导向精度要求。

10.1.2　键联接的公差与配合

键联接的公差与配合的特点如下：

（1）配合的主要参数为键宽。由于扭矩的传递是通过键侧来实现的，因此配合的主要参数是键和键槽的宽度。键联接的配合性质也是以键和键槽宽度的配合性质来体现。

（2）采用基轴制。由于键侧面同时与轴和轮毂键槽侧面联接，且二者一般有不同的配合要求，且键是标准件，可用标准的精拔钢制造，因此，用键宽作基准，采用基轴制。

这里介绍平键和半圆键的公差与配合（GB/T 1095—2003 及 GB/T 1098—2003）。在平键和半圆键联接中，配合尺寸是键和键槽的宽度（图 10－1），其公差带如图 10－2 所示。

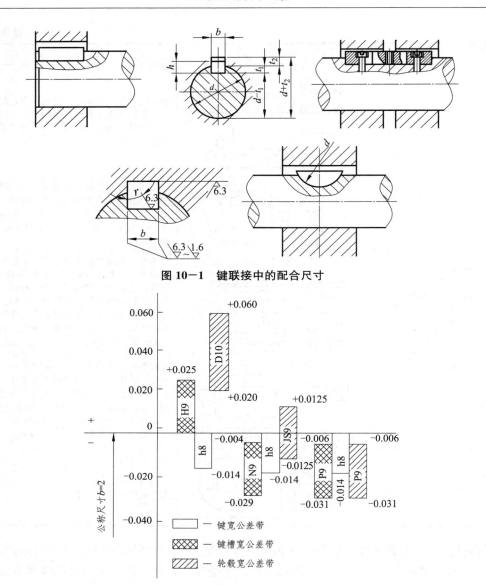

图 10－1　键联接中的配合尺寸

图 10－2　键和键槽的公差带图

各种配合的配合性质及应用见表 10－2。

表 10－2　各种配合的配合性质及应用

配合种类	尺寸 b 公差			配合性质及应用
	键	键槽	轮毂槽	
较松联接		H9	D10	键在轴上及轮毂中均能滑动，主要用于导向平键，轮毂可在轴上做轴向移动
一般联接	h8	N9	JS9	键在轴上及轮毂中均固定，用于载荷不大的场合
较紧联接		P9	P9	键在轴上及轮毂中均固定，而且比一般联接更紧。主要应用于载荷较大，具有冲击性，以及双向传递扭矩的场合

228

非配合尺寸公差规定：t_1，t_2—见表 10-3 或表 10-5，L（轴槽长）—H14，L（键长）—h14，h—h11，d（半圆键直径）—h12。各要素公差见表 10-3～表 10-6。

表 10-3　平键键槽的尺寸及公差（摘录）

键的公称直径 d	键尺寸 b×h	键槽 宽度 b 公称尺寸	极限偏差 正常联接 轴 N9	极限偏差 正常联接 毂 JS9	极限偏差 紧密联接 轴和毂 P9	极限偏差 松联接 轴 H9	极限偏差 松联接 毂 D10	深度 轴 t_1 公称尺寸	深度 轴 t_1 极限偏差	深度 毂 t_2 公称尺寸	深度 毂 t_2 极限偏差	半径 r 最小	半径 r 最大
≥6~8	2×2	2	-0.004 / -0.029	±0.0125	-0.006 / -0.031	+0.025 / 0	+0.060 / +0.020	1.2	+0.10	1.0	+0.10	0.08	0.16
>8~10	3×3	3						1.8		1.4			
>10~12	4×4	4	0 / -0.030	±0.015	-0.012 / -0.042	+0.030 / 0	+0.078 / +0.030	2.5		1.8			
>12~17	5×5	5						3.0		2.3			
>17~22	6×6	6						3.5		2.8		0.16	0.25
>22~30	8×7	8	0 / -0.036	±0.018	-0.015 / -0.051	+0.036 / 0	+0.098 / +0.040	4.0	+0.20	3.3	+0.20		
>30~38	10×8	10						5.0		3.3		0.25	0.40
>38~44	12×8	12	0 / -0.043	±0.0215	-0.018 / -0.061	+0.043 / 0	+0.120 / +0.050	5.0		3.3			
>44~50	14×9	14						5.5		3.8			
>50~58	16×10	16						6.0		4.3			
>58~65	18×11	18						7.0		4.4			
>65~75	20×12	20	0 / -0.052	±0.026	-0.022 / -0.074	+0.052 / 0	+0.149 / +0.065	7.5		4.9		0.40	0.60
>75~85	22×14	22						9.0		5.4			
>85~95	25×16	25						9.0		5.4			
>95~110	28×18	28						10.0		6.4			
>110~130	32×18	32	0 / -0.062	±0.031	-0.026 / -0.088	+0.062 / 0	+0.180 / +0.080	11.0		7.4		0.70	1.00
>130~150	36×20	36						12.0		8.4			
>150~170	40×22	40						13.0		9.4			
>170~200	45×25	45						15.0		10.4			
>200~230	50×28	50						17.0		11.4			
>230~260	56×32	56	0 / -0.074	±0.037	-0.032 / -0.106	+0.074 / 0	+0.220 / +0.100	20.0	+0.30	12.4	+0.30	1.20	1.60
>260~290	63×32	63						20.0		12.4			
>290~330	70×36	70						22.0		14.4			
>330~380	80×40	80						25.0		15.4			
>380~440	90×45	90	0 / -0.087	±0.0435	-0.037 / -0.124	+0.087 / 0	+0.260 / +0.120	28.0		17.4		2.00	2.50
>440~500	100×50	100						31.0		19.4			

注：1.（$d-t_1$）和（$d+t_2$）两个组合尺寸的偏差按相应的 t_1 和 t_2 的偏差选取，但（$d-t_1$）的偏差值应取负号；2. 导向平键的轴槽和轮毂槽用较松键联接的公差。

在键联接中除对有关尺寸有公差要求外，对有关表面的形状和位置也有公差要求。因为键和键槽的形位误差除了造成装配困难，影响联接的松紧程度，还使键的工作负荷不均匀，联接性质变坏，对中性不好。因此，对键和键槽的形位误差必须加以限制。国家标准对键及键槽的形位公差做了如下规定：

(1) 键槽对轴及轮毂轴线的对称度，根据不同的功能要求和键宽公称尺寸 b，可按《形状和位置公差 未注公差值》(GB/T 1184—1996) 对称度公差 7~9 级选取。

(2) 当键长 L 与键宽 b 之比大于或等于 8 时，键宽的两侧面在长度方向的平行度应符合《形状和位置公差 未注公差值》(GB/T 1184—1996) 的规定。当 $b \leqslant 6$ mm 时，按 7 级；当 $8 \leqslant b < 36$ mm 时，按 6 级；当 $b \geqslant 40$ mm 时，按 5 级。

表 10-4 平键公差 (摘录)

宽度 b	公称尺寸	2	3	4	5	6	8	10	12	14	16	18	20	22
	极限偏差 (h8)	0 −0.014			0 −0.018		0 −0.022		0 −0.027			0 −0.033		

高度 h		公称尺寸	2	3	4	5	6	7	8	8	9	10	11	12	14
	极限偏差	矩形 (h11)	—							0 −0.090			0 −0.110		
		方形 (h8)	0 −0.014			0 −0.018		—							

C 或 r	0.16~0.25		0.25~0.40		0.40~0.60			0.60~0.80	

宽度 b	公称尺寸	25	28	32	36	40	45	50	56	63	70	80	90	100
	极限偏差 (h8)	0 −0.033			0 −0.039				0 −0.046			0 −0.054		

高度 h		公称尺寸	14	16	18	20	22	25	28	32	32	36	40	45	50
	极限偏差	矩形 (h11)	0 −0.110			0 −0.130				0 −0.160					
		方形 (h8)	—												

C 或 r	0.16~0.25		0.25~0.40		1.60~2.00		2.50~3.00	

表 10−5　半圆键键槽的尺寸及公差（摘录）

键尺寸 $b \times h \times d$	键槽											
	宽度 b						深度				半径 r	
	公称尺寸	极限偏差					轴 t_1		毂 t_2			
		正常联接		紧密联接	松联接		公称尺寸	极限偏差	公称尺寸	极限偏差	最小	最大
		轴 N9	毂 JS9	轴和毂 P9	轴 H9	毂 D10						
$1 \times 1.4 \times 4$ $1 \times 1.1 \times 4$	1						1.0		0.6			
$1.5 \times 2.6 \times 7$ $1.5 \times 2.1 \times 7$	1.5						2.0	$+0.10$ 0	0.8			
$2 \times 2.6 \times 7$ $2 \times 2.1 \times 7$	2						1.8		1.0			
$2 \times 3.7 \times 10$ $2 \times 3 \times 10$	2	-0.004 -0.029	± 0.0125	-0.006 -0.031	$+0.025$ 0	$+0.060$ $+0.020$	2.9		1.0		0.08	0.16
$2.5 \times 3.7 \times 10$ $2.5 \times 3 \times 10$	2.5						2.7		1.2			
$3 \times 5 \times 13$ $3 \times 4 \times 13$	3						3.8		1.4	$+0.10$ 0		
$3 \times 5 \times 13$ $3 \times 4 \times 13$	3						5.3		1.4			
$4 \times 6.5 \times 16$ $4 \times 5.2 \times 16$	4						5.0	$+0.20$ 0	1.8			
$4 \times 7.5 \times 19$ $4 \times 6 \times 19$	4						6.0		1.8			
$5 \times 6.5 \times 16$ $5 \times 5.2 \times 19$	5						4.5		2.3			
$5 \times 7.5 \times 19$ $5 \times 6 \times 19$	5	0 -0.030	± 0.015	-0.012 -0.042	$+0.030$ 0	$+0.078$ $+0.030$	5.5		2.3		0.16	0.25
$5 \times 9 \times 22$ $5 \times 7.2 \times 22$	5						7.0		2.3			
$6 \times 9 \times 22$ $6 \times 7.2 \times 22$	6						6.5		2.8			
$6 \times 10 \times 25$ $6 \times 8 \times 25$	6						7.5	$+0.30$ 0	2.8			
$8 \times 11 \times 28$ $8 \times 8.8 \times 28$	8	0 -0.036	± 0.018	-0.015 -0.051	$+0.036$ 0	$+0.098$ $+0.040$	8.0		3.3	$+0.20$ 0	0.25	0.40
$10 \times 13 \times 32$ $10 \times 10.4 \times 32$	10						10		3.3			

注：$(d - t_1)$ 和 $(d + t_2)$ 两个组合尺寸的偏差按相应的 t_1 和 t_2 的偏差选取，但 $(d - t_1)$ 的偏差值应取负号。

表 10－6 普通半圆键的尺寸及公差

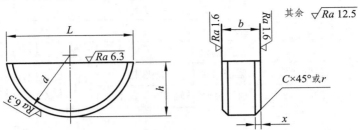

键尺寸 $b \times h \times d$	宽度 b		高度 h		直径 d		C 或 r	
	公称尺寸	极限偏差	公称尺寸	极限偏差（h12）	公称尺寸	极限偏差（h12）	最小	最大
1×1.4×4	1		1.4		4	0 −0.12		
1.5×2.6×7	1.5		2.6	0 −0.10	7			
2×2.6×7	2		2.6		7	0 −0.15	0.16	0.25
2×3.7×10	2		3.7		10			
2.5×3.7×10	2.5		3.7	0 −0.12	10			
3×5×13	3		5		13			
3×6.5×16	3		6.5		16	0 −0.18		
4×6.5×16	4	0 −0.025	6.5		16			
4×7.5×19	4		7.5		19	0 −0.21		
5×6.5×16	5		6.5	0 −0.15	16	0 −0.18	0.25	0.40
5×7.5×19	5		7.5		19			
5×9×22	5		9		22	0 −0.21		
6×9×22	6		9		22			
6×10×25	6		10		25			
8×11×28	8		11	0 −0.18	28	0 −0.25	0.40	0.60
10×13×32	10		13		32			

10.2　花键联接

10.2.1　概述

与键联接相比，花键联接具有以下优点：①定心精度高；②导向性好；③承载能力强。因此，花键联接在机械中应用非常广泛。花键联接分为固定联接和滑动联接两种。

花键联接的使用要求：保证联接强度及传递扭矩可靠；定心精度高；滑动联接还要求导向精度及移动灵活性，固定联接要求可装配性。按齿形的不同，花键分为矩形花键和渐开线花键，其中矩形花键应用最广泛。

表 10-7　花键的类型、特点及应用

类型	特点	应用
矩形花键（GB/T 1144—2001） 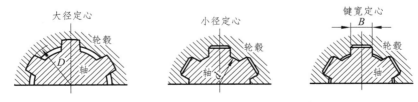	花键联接为多齿工作，其承载能力强，对中性和导向性好，齿根较浅，应力集中小，轴与毂强度削弱小。矩形花键加工方便，能用磨削方法获得较高的精度。标准中规定两个系列：轻系列，用于载荷较轻的静联接；中系列，用于中等载荷的联接	应用广泛，如飞机、汽车、拖拉机、机床制造业、农业机械及一般机械传动装置等
渐开线花键（GB/T 3478.1—2008）	渐开线花键的齿廓为渐开线，受载时齿上有径向力，能起定心作用，使各齿受力均匀，强度高、寿命长。加工工艺与齿轮相同，易获得较高精度和互换性。渐开线花键标准压力角 α 有 $30°$、$37.5°$ 和 $45°$ 三种	用于载荷较大、定心精度要求较高，以及尺寸较大的联接

10.2.2　矩形花键

1. 花键的定心方式

花键联接的主要要求是保证内、外花键联接后具有较高的同轴度，并能传递扭矩。花键有大径 D、小径 d 和键（槽）宽 B 三个主要尺寸参数，若要求这三个尺寸同时配合定心作用以保证内、外花键同轴度是很困难的，而且也没有必要。因此，为了改善其加工工艺性，只需将尺寸 B 和 D 或 d 做得较准确，使其配合定心作用，而另一尺寸 d 或 D 则按较低精度加工，并给予较大的间隙。

由于扭矩的传递是通过键和键槽两侧面来实现的，所以键和槽宽不论是否作为定心尺寸，都要求具有较高的尺寸精度。

根据定心要素的不同，花键联接有三种定心方式：按大径 D 定心；按小径 d 定心；按键宽 B 定心。如图 10-3 所示。

图 10-3　花键联接的定心方式

《矩形花键尺寸、公差和检验》（GB/T 1144—2001）规定，矩形花键用小径定心。原因如下：如果采用大径定心，则内花键定心表面的精度依靠拉刀保证，而当内花键定心表面硬度要求高（HRC 40 以上）时，热处理后的变形难以用推刀修正；当内花键定心表面粗糙度要求高（$Ra<0.63~\mu m$）时，用拉削工艺难以保证；在单件、小批量生产及大规格花键中，内花键难以用拉削工艺（加工方式不经济）。采用小径定心时，热处理后的变形可用内圆磨修复，而且内圆磨可达到很高的尺寸精度和表面粗糙度。因此，小径定心的定心精度更高、定心稳定性更好、使用寿命更长，有利于产品质量的提高。外花键小径精度可用成形磨削保证。

矩形花键的优点是定心精度高，定心的稳定性好，能用磨削的方法消除热处理变形，定心直径尺寸公差和位置公差都可获得较高的精度。

2. 矩形花键的公差与配合

内、外花键的尺寸公差带及表面粗糙度见表 10−8。

表 10−8　内、外花键的尺寸公差带及表面粗糙度

内花键							外花键						装配型式
d		D		B			d		D		B		
公差带	Ra /μm	公差带	Ra /μm	公差带		Ra /μm	公差带	Ra /μm	公差带	Ra /μm	公差带	Ra /μm	
				拉削后不热处理	拉削后热处理								
一般用													
H7	0.8~1.6	H10	3.2	H9	H11	3.2	f7	0.8~1.6	a11	3.2	d10	1.6	滑动
							g7				f9		紧滑动
							h7				h10		固定
精密传动用													
H5	0.4	H10	3.2	H7, H9		3.2	f5	0.4	a11	3.2	d8	0.8	滑动
							g5				f7		紧滑动
							h5				h8		固定
H6	0.8						f6	0.8			d8		滑动
							g6				f7		紧滑动
							h6				h8		固定

注：1. 精密传动用的内花键，当需要控制键侧配合间隙时，槽宽可选 H7，一般情况下可选 H9；
2. d 为 H6 和 H7 的内花键，允许与提高一级的外花键配合。

根据表 10−8，对花键键宽规定了拉削后热处理和拉削后不热处理两种方式。标准规定，按装配型式分为滑动、紧滑动和固定三种配合。区别在于：前两种在工作过程中既可以传递扭矩，花键套又可在轴上移动；后者只用来传递扭矩，花键套在轴上无轴向移动。

花键联接采用基孔制，目的是减少拉刀的数目。

为保证配合性能要求，小径极限尺寸应遵守包容原则。

各尺寸（D，d 和 B）的极限偏差可按公差带代号及公称尺寸，在极限与配合国家标

准的相应表格查出。

　　内、外花键除尺寸公差外，还有形位公差，主要是位置度公差（包括键、槽的等分度），见表 10-9。

表 10-9　矩形花键的位置度公差

键槽宽和键宽 B			3	3.5～6	7～10	12～18		
t_1	键槽宽		0.010	0.015	0.020	0.025		
	键宽	滑动、固定		0.010		0.015	0.020	0.025
		紧滑动	0.006	0.010	0.013	0.016		

　　键（槽）宽位置度公差与小径尺寸公差的关系应符合最大实体要求。

　　也可规定键（槽）对称度公差（代替位置度公差）。键（槽）宽度对称度公差与小径尺寸公差的关系则遵守独立原则，其公差值见表 10-10。

表 10-10　矩形花键的对称度公差值

键槽宽和键宽 B		3	3.5～6	7～10	12～18
t_2	一般用	0.010	0.012	0.015	0.018
	精密传动用	0.006	0.008	0.009	0.011

　　对于较长的花键，可根据产品性能自行规定键侧对轴线的平行度公差。

　　花键联接在图纸上的标注按顺序包括以下项目：键数 N、小径 d、大径 D、键宽 B、花键公差代号。实例如下：

　　花键：$N = 6$；$d = 23\dfrac{H7}{f7}$；$D = 26\dfrac{H10}{a11}$；$B = 6\dfrac{H11}{d10}$。其标记如下：

　　花键规格：　　　　　$N \times d \times D \times B$　　$6 \times 23 \times 26 \times 6$

　　花键副：　　$6 \times 23\dfrac{H7}{f7} \times 26\dfrac{H10}{a11} \times 6\dfrac{H11}{d10}$　GB/T 1144—2001

　　内花键：　　　　$6 \times 23H7 \times 26H10 \times 6H11$　GB/T 1144—2001

　　外花键：　　　　$6 \times 23f7 \times 26a11 \times 6d10$　GB/T 1144—2001

　　键和花键的检测与一般长度尺寸的检查类同，这里不赘述。

10.3　本章学习要求

　　掌握键联接的种类和用途、公差与配合的特点及其在图样上的标注；了解花键联接的种类和用途、定心方式，矩形花键公差与配合的特点及其在图样上的标注。

思考题和习题

10-1 减速器中有一传动轴与一零件孔采用平键联接，要求键在轴槽和轮毂中均固定，并且承受的载荷不大，轴与孔的直径为 40 mm，先选定键的公称尺寸为 12 mm×8 mm，试按 GB/T 1095—2003 确定孔及轴槽宽与键宽的配合，并将各项公差值标注在零件图上。

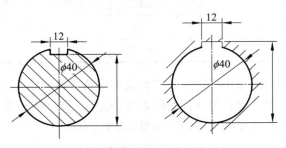

习题 10-1 图

10-2 在装配图上，花键联接的标注为

$$6 \times 23 \frac{H7}{g7} \times 26 \frac{H10}{a11} \times 6 \frac{H11}{f9}$$

试指出该花键的键数和三个主要参数的基本尺寸，并查表确定内、外花键各尺寸的极限偏差。

10-3 有一普通机床变速箱用矩形花键联接，要求定向精度较高且采用滑动联接，若选定花键规格为 6 mm×32 mm×36 mm×6 mm 的矩形花键，试选择内、外花键各主要参数的公差带代号，并标注在装配图和零件图上。

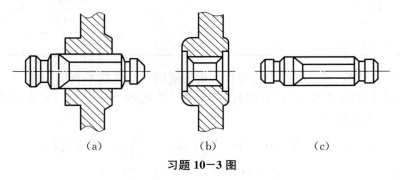

(a)　　　　　(b)　　　　　(c)

习题 10-3 图

第11章　螺纹公差及检测

▶ **导读**

本章学习的主要内容和要求：

1. 螺纹的分类、使用要求及主要几何参数；
2. 螺纹的几何参数对互换性的影响；
3. 普通螺纹的公差及其选用；
4. 螺纹标记和螺纹检测。

11.1　概述

11.1.1　螺纹的分类及使用要求

螺纹结合在机械制造和仪器制造中使用非常广泛。常用的螺纹按照用途主要可以分为以下三类。

1. 普通螺纹

普通螺纹也称为紧固螺纹，主要用于可拆联接，分为粗牙和细牙两种，如螺栓与螺母的结合，螺钉与机体的联接。对这类螺纹的要求：一是具有良好的可旋入性，以便于装配与拆卸；二是保证有一定的联接强度，使其不过早地损坏和不自动松脱。这类螺纹的结合，其牙侧间的最小间隙等于或接近于零，相当于圆柱体配合中的小间隙配合。

2. 传动螺纹

传动螺纹主要用于螺旋传动，是由螺杆和螺母组成的螺旋副来实现传动要求的，将回转运动转变为直线运动。因此，对它的主要要求：要有足够的位移精度，即保证传动的准确性，运动的灵活性、稳定性和较小的空行程；要求螺距误差要小，而且应有足够的最小间隙。

3. 紧密螺纹

这类螺纹的结合要求是在起联接作用的同时还要保证足够的紧密性，即不漏水、油和气，如用于管道联接的螺纹。显然，这类螺纹的结合必须有一定的过盈，相当于圆柱体配合中的过盈配合。

本章主要介绍应用最广泛的米制普通螺纹、传动丝杠和滚珠丝杠副的公差与配合、检测和应用。为满足普通螺纹的使用要求，保证其互换性，我国制定的普通螺纹的国家标准有《螺纹 术语》（GB/T 14791—2013）、《普通螺纹 基本牙型》（GB/T 192—2003）、《普通螺纹 直径与螺距系列》（GB/T 193—2003）、《普通螺纹 公差》（GB/T 197—2018）和《普通螺纹量规 技术条件》（GB/T 3934—2003）。对机床的传动丝杠、螺母制定了行业标准为《机床梯形丝杠、螺母 技术条件》（JB/T 2886—2008）。《滚珠丝杠副》（GB/T 17587—2017）规定了与滚珠丝杠副相关的术语、定义及验收条件等。

11.1.2 普通螺纹的几何参数

1. 普通螺纹的基本牙型

普通螺纹的基本牙型是指螺纹轴向剖面内截去原始三角形的顶部和底部所形成的螺纹牙型。该牙型具有螺纹的公称尺寸，图 11-1 中的粗实线就是基本牙型。

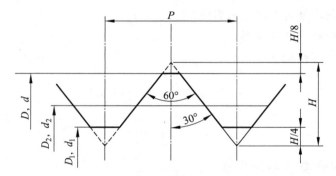

图 11-1 普通螺纹的基本牙型

2. 普通螺纹的主要几何参数

（1）大径（D、d）。

大径是指与外螺纹牙顶或内螺纹牙底相重合的理想圆柱的直径。D 表示内螺纹大径，d 表示外螺纹大径。国家标准规定，普通螺纹大径的基本尺寸为螺纹的公称尺寸。

（2）小径（D_1、d_1）。

小径是指与外螺纹牙底或内螺纹牙顶相重合的理想圆柱的直径。D_1 和 d_1 分别表示内、外螺纹的小径。外螺纹大径 d 和内螺纹小径 D_1 又称为螺纹顶径，外螺纹小径 d_1 和内螺纹大径 D 又称为螺纹底径。

（3）中径（D_2、d_2）。

中径是指一个假想圆柱的直径，在该圆柱上，母线通过牙型上沟槽和凸起的宽度相等。中径的大小决定了螺纹牙侧相对于轴线的径向位置，它的大小直接影响了螺纹的使用。因此，中径是螺纹公差与配合中的主要参数之一。中径的大小不受大径和小径尺寸变化的影响，也不是大径和小径的平均值。中径（d_2 或 D_2）与大径（d 或 D）和原始三角形高度 H 有如下的关系：

内螺纹：
$$D_2 = D - 2 \times \frac{3}{8} H$$

外螺纹：
$$d_2 = d - 2 \times \frac{3}{8} H$$

（4）单一中径（D_{2s}、d_{2s}）。

单一中径是指一个假想圆柱的直径，该圆柱的母线通过牙型上沟槽的宽度等于螺距基本尺寸一半的地方，如图 11-2 所示，其中 P 为基本螺距，ΔP 为螺距误差。单一中径是按照三针法测量中径定义的。当螺距没有误差时，中径就是单一中径；当螺距有误差时，中径不等于单一中径。

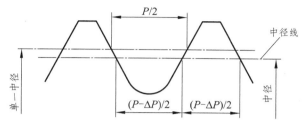

图 11-2 普通螺纹单一中径

（5）螺距（P）与导程（L）。

螺距是指相邻两牙在中径线上对应两点间的轴向距离。导程是指在同一条螺旋线上相邻两牙在中径线上对应两点间的轴向距离。对于单线（头）螺纹，$L = P$；对于 n 线螺纹，$L = nP$。

（6）牙型角（α）与牙型半角（$\alpha/2$）。

牙型角是指通过螺纹轴线剖面内螺纹牙型上相邻的两牙侧间的夹角。米制普通螺纹牙型角 $\alpha = 60°$。牙型半角是指牙侧与螺纹轴线的垂线间的夹角，$\alpha/2 = 30°$，如图 11-1 所示。牙型半角的大小和方向会影响螺纹的旋合性和接触面积。牙型角正确时，牙型半角仍可能有误差，测量时应测量牙型半角。因此，牙型半角也是螺纹公差与配合的主要参数之一。

（7）螺纹旋合长度。

螺纹旋合长度是指内、外配合螺纹沿螺纹轴线方向相互旋合部分的长度。

（8）螺纹最大实体牙型。

由设计牙型和各直径的基本偏差和公差所决定的最大实体状态下的螺纹牙型。对于普通外螺纹，它是基本牙型的三个基本直径分别减去基本偏差（上偏差 es）后所形成的牙型。对于普通内螺纹，它是基本牙型的三个基本直径分别加上基本偏差（下偏差 EI）后所形成的牙型。

（9）螺纹最小实体牙型。

由设计牙型和各直径的基本偏差和公差所决定的最小实体状态下的螺纹牙型。对于普通外螺纹，它是在最大实体牙型的顶径和中径上分别减去它们的顶径公差和中径公差（底径未做规定）后所形成的牙型。对于普通内螺纹，它是最大实体牙型的顶径和中径上分别加上它们的顶径公差和中径公差（底径未做规定）后所形成的牙型。

（10）螺距误差中径当量。

在普通螺纹中，未单独规定螺距公差来限制螺距误差，而是将螺距误差换算成在中径上的影响量，即螺距误差中径当量，用规定的中径公差来间接地限制螺距误差。对于牙型角 $\alpha = 60°$ 的普通螺纹，螺距累积误差的中径当量按照下式计算：

$$f_{P_\Sigma} = 1.732 \left| \Delta P_\Sigma \right| \tag{11-1}$$

式中：f_{P_Σ}—螺距累积误差的中径当量，μm；ΔP_Σ—螺距误差，μm。

（11）牙侧角误差中径当量。

在普通螺纹中，未单独规定牙侧角公差来限制牙侧角的误差，而是将牙侧角的误差换算成在中径上的影响量，即牙侧角误差中径当量，用规定的中径公差来间接地限制牙侧角误差。例如牙型半角为 30° 的普通外螺纹，当牙型半角误差 $\Delta\frac{\alpha}{2}$ 为负值时，牙型半角误差的中径当量 $f_{\frac{\alpha}{2}}$ 按照式（11−2）计算；当牙型半角误差 $\Delta\frac{\alpha}{2}$ 为正值时，牙型半角误差的中径当量按照式（11−3）计算。

$$f_{\frac{\alpha}{2}} = 0.44P\Delta\frac{\alpha}{2} \qquad (11-2)$$

$$f_{\frac{\alpha}{2}} = 0.291P\Delta\frac{\alpha}{2} \qquad (11-3)$$

式中：$f_{\frac{\alpha}{2}}$—牙型半角误差的中径当量，μm；P—基本螺距，mm；$\Delta\frac{\alpha}{2}$—牙型半角误差，$'$。

（12）作用中径（D_{2m}、d_{2m}）。

在规定旋合长度内，恰好包容实际螺纹的一个假想螺纹的中径。这个假想螺纹具有理想的螺距、牙型半角以及牙型高度，并在牙顶处和牙底处留有间隙，以保证包容时与实际螺纹的大、小径不发生干涉。外螺纹的作用中径如图 11−3 所示。

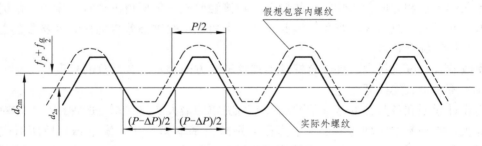

图 11−3　外螺纹的作用中径

11.1.3　影响螺纹互换性的因素

在螺纹加工过程中，加工误差是不可避免的，螺纹几何参数的加工误差对螺纹的互换性（可旋合性和联接强度）具有不利影响。影响螺纹互换性的几何参数有螺纹的大径、中径、小径、螺距和牙型半角。螺纹的大径和小径处一般有间隙，不会影响螺纹的配合性质，而内、外螺纹联接是依靠旋合后牙侧面接触的均匀性来实现的。因此，影响螺纹互换性的主要因素是螺距误差、牙型半角误差和中径误差。其中，螺距误差和牙型半角误差为螺牙间的形位误差，中径误差为螺牙的尺寸误差。

螺纹中径是决定螺纹旋合性和配合性质的主要参数。另外，由于作用中径的存在以及螺纹中径公差的综合性，中径合格与否是衡量螺纹互换性的主要依据。

　　当外螺纹存在螺距误差和牙型半角误差时，其效果相当于外螺纹的中径增大，只能与一个中径较大的内螺纹旋合。这个增大的假想中径称为外螺纹的作用中径 d_{2m}，其值等于外螺纹的实际中径与螺距误差及牙型半角误差的中径当量之和，即

$$d_{2m} = d_{2a} + \left(f_P + f_{\frac{\alpha}{2}}\right)$$

　　当内螺纹存在螺距误差和牙型半角误差时，其效果相当于内螺纹的中径减小，只能与一个中径较小的外螺纹旋合。这个减小的假想中径称为内螺纹的作用中径 D_{2m}，其值等于内螺纹的实际中径与螺距误差及牙型半角误差的中径当量之差，即

$$D_{2m} = D_{2a} - \left(f_P + f_{\frac{\alpha}{2}}\right)$$

　　国家标准中没有单独规定普通螺纹螺距和牙型半角误差，只规定了内、外螺纹的中径公差，通过中径公差同时限制实际中径、螺距及牙型半角三个参数的误差，如图 11-4 所示。

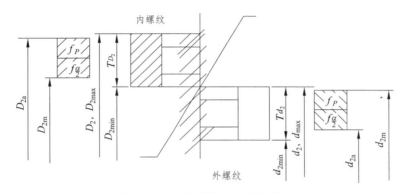

图 11-4　普通螺纹的中径公差带

　　由于螺距和牙型半角误差的影响可以折算为中径当量，因此，只要规定中径公差就可以控制中径本身的尺寸误差、螺距误差和牙型半角误差的共同影响，中径公差是一项综合公差。

　　判断螺纹中径合格性应遵守泰勒原则，即螺纹的作用中径不能超越最大实体牙型的中径；任意位置的实际中径（单一中径）不能超越最小实体牙型的中径。所谓最大和最小实体牙型是指在螺纹中径公差范围内，分别具有材料量最多和最少且与基本牙型形状一致的螺纹牙型。

　　对于外螺纹，作用中径不大于中径的最大极限尺寸；任意位置的实际中径不小于中径的最小极限尺寸，即

$$\begin{cases} d_{2m} = d_{2a} + \left(f_P + f_{\frac{\alpha}{2}}\right) \leqslant d_{2max} \\ d_{2a}(d_{2s}) \geqslant d_{2min} \end{cases}$$

　　对于内螺纹，作用中径不小于中径的最小极限尺寸；任意位置的实际中径不大于中径的最大极限尺寸，即

$$\begin{cases} D_{2m} = D_{2a} - \left(f_P + f_{\frac{\alpha}{2}}\right) \geqslant D_{2min} \\ D_{2a}(d_{2s}) \leqslant D_{2max} \end{cases}$$

11.2 普通螺纹的公差与配合

11.2.1 普通螺纹的公差带

普通螺纹的公差带与尺寸公差带一样，其位置由基本偏差决定，大小由标准公差决定。《普通螺纹 公差》(GB/T 197—2003)规定了螺纹的大、小和中径的公差带。

1. 螺纹公差带的大小和公差等级

螺纹的公差等级见表 11-1。其中，6 级为中间等级，是基本级；3 级精度最高，公差值最小；9 级精度最低。各级公差值见表 11-2 和表 11-3。由于内螺纹的加工比较困难，同一公差等级内螺纹中径公差比外螺纹中径公差大 32% 左右。

表 11-1 螺纹的公差等级

螺纹直径	公差等级	螺纹直径	公差等级
外螺纹中径 d_2	3、4、5、6、7、8、9	内螺纹中径 D_2	4、5、6、7、8
外螺纹大径 d	4、6、8	内螺纹小径 D_1	4、5、6、7、8

表 11-2 普通螺纹的基本偏差和顶径公差

(单位：μm)

螺距 P/mm	内螺纹的基本偏差 EI		外螺纹的基本偏差 es				内螺纹小径公差 T_{D_1} 公差等级					外螺纹大径公差 T_d 公差等级		
	G	H	e	f	g	h	4	5	6	7	8	4	6	8
1	+26		-60	-40	-26		150	190	236	300	375	112	180	280
1.25	+28		-63	-42	-28		170	212	265	335	425	132	212	335
1.5	+32		-67	-45	-32		190	236	300	375	485	150	236	375
1.75	+34		-71	-48	-34		212	265	335	425	530	170	365	425
2	+38	0	-71	-52	-38	0	236	300	375	475	600	180	380	450
2.5	+42		-80	-58	-42		280	355	450	560	710	212	225	530
3	+48		-85	-63	-48		315	400	500	630	800	236	275	600
3.5	+53		-90	-70	-53		355	450	560	710	900	265	425	670
4	+60		-95	-75	-60		375	475	600	750	950	300	475	750

表 11-3　普通螺纹的中径公差

（单位：μm）

公称直径 D/mm		螺距 P/mm	内螺纹中径公差 T_{D_2}					外螺纹中径公差 T_{d_2}						
大于	至		公差等级					公差等级						
			4	5	6	7	8	3	4	5	6	7	8	9
5.6	11.2	0.5	71	90	112	140	—	42	53	67	85	106	—	—
		0.75	85	106	132	170	—	50	63	80	100	125	—	—
		1	95	118	150	190	236	56	71	90	112	140	180	224
		1.25	100	125	160	200	250	60	75	95	118	150	190	236
		1.5	112	140	180	224	280	67	85	106	132	170	212	295
11.2	22.4	0.5	75	95	118	150		45	56	71	90	112	—	—
		0.75	90	112	140	180		53	67	85	106	132	—	—
		1	100	125	160	200	250	60	75	95	118	150	190	236
		1.25	112	140	180	224	280	67	85	106	132	170	212	265
		1.5	118	150	190	236	300	71	90	112	140	180	224	280
		1.75	125	160	200	250	315	75	95	118	150	190	236	300
		2	132	170	212	265	335	80	100	125	160	200	250	315
		2.5	140	180	224	280	355	85	106	132	170	212	265	335
22.4	45	0.75	95	118	150	190	—	56	71	90	112	140	—	—
		1	106	132	170	212		63	80	100	125	160	200	250
		1.5	125	160	200	250	315	75	95	118	150	190	236	300
		2	140	180	224	280	355	85	106	132	170	212	265	335
		3	170	212	265	335	425	100	125	160	200	250	315	400
		3.5	180	224	280	355	450	106	132	170	212	265	335	425
		4	190	236	300	375	475	112	140	180	224	280	355	450
		4.5	200	250	315	400	500	118	150	190	236	300	375	475

　　由于外螺纹小径 d_1 与中径 d_2、内螺纹大径 D 和中径 D_2 是同时由刀具切出的，其尺寸在加工过程中自然形成，由刀具保证，因此，国家标准中对内螺纹的大径和外螺纹的小径均不规定具体的公差值，只规定内、外螺纹牙底实际轮廓的任何点均不能超过基本偏差所确定的最大实体牙型。

　　2. 螺纹公差带的位置和基本偏差

　　螺纹公差带是以基本牙型为零线布置的，其位置如图 11-5 所示。螺纹的基本牙型是计算螺纹偏差的基准。国家标准中对内螺纹只规定了两种基本偏差 G、H，基本偏差为下偏差 EI，如图 11-5（a）和（b）所示。国家标准中对外螺纹规定了四种基本偏差 e、f、g、h，基本偏差为上偏差 es，如图 11-5（c）和（d）所示。H 和 h 的基本偏差为 0，G 的基本偏差值为正，e、f、g 的基本偏差值为负（参见表 11-2）。

按照螺纹的公差等级和基本偏差可以组成很多公差带，普通螺纹的公差带代号由表示公差等级的数字和基本偏差字母组成，如 6H、5g 等。与一般的尺寸公差带不同，其公差等级符号在前，基本偏差代号在后。

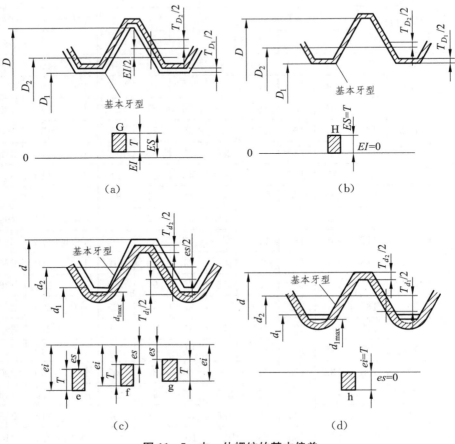

图 11-5　内、外螺纹的基本偏差

11.2.2　螺纹公差带的选用

在生产过程中为了减少刀具、量具的规格和种类，国家标准规定了常用公差带，见表 11-4。表 11-4 中规定了优先、其次和尽可能不用的选用顺序。除特殊需要外，一般不要选择标准规定以外的公差带。

1. 配合精度的选用

《普通螺纹　公差》（GB/T 197—2018）规定螺纹的配合精度分为精密、中等和粗糙三个等级。精密级用于精密螺纹；中等级用于一般用途螺纹；粗糙级用于制造螺纹有困难场合，如在热轧棒料上和深盲孔内加工螺纹。一般以中等旋合长度下的 6 级公差等级为中等精度的基准。

表 11-4　普通螺纹选用公差带

旋合长度		内螺纹选用公差带			外螺纹选用公差带		
		S	N	L	S	N	L
配合精度	精密	4H	4H5H	5H6H	3h4h	4h*	(5h4h)
	中等	5H* (5G)	6H * (6G)	7H* (7G)	(5h6h) (5g6g)	6h* 6g * 6e* 6f*	(7h6h) (7g6g)
	粗糙	—	7H (7g)	—	—	(8h) 8g	—

注：大量生产的精制紧固螺纹，推荐采用带方框的公差带；带*的公差带优先选用，其次是不带*的公差带，带（）的公差带尽可能不用。

2. 旋合长度的确定

一般来讲，短件易于加工和装配，长件难于加工和装配。螺纹旋合长度越长，加工时产生螺距累积偏差和牙型半角偏差可能越大，因此螺纹旋合长度影响螺纹联接件的配合精度和互换性。国家标准中对螺纹联接规定了短、中和长三种旋合长度，分别用 S、N、L 表示（见表 11-5），一般优先选用中等旋合长度。从表 11-4 可以看出，在同一精度中，对不同的旋合长度，其中径所采用的公差等级也不同，这是考虑到不同旋合长度对螺纹的螺距累积误差有不同的影响。

表 11-5　螺纹的旋合长度（摘录）

（单位：mm）

公称直径 D、d		螺距 P	旋合长度			
			S	N		L
>	≤		≤	>	≤	>
5.6	11.2	0.5	1.6	1.6	4.7	4.7
		0.75	2.4	2.4	7.1	7.1
		1	2	2	9	9
		0.25	4	4	12	12
		1.5	5	5	15	15
11.2	22.4	0.5	1.8	1.8	5.4	5.4
		0.75	2.7	2.7	8.1	8.1
		1	3.8	3.8	11	11
		1.25	4.5	4.5	13	13
		1.5	5.6	5.6	16	16
		1.75	6	6	18	18
		2	8	8	24	24
		2.5	10	10	30	30

3. 公差等级和基本偏差的确定

根据配合精度和旋合长度，由表11-4选定公差等级和基本偏差，具体数值见表11-3和表11-2。

4. 配合的选用

内、外螺纹配合的公差带可以任意组合成多种配合。在实际使用中，主要根据使用要求选用螺纹的配合。为保证螺母、螺栓旋合后同轴度较好和有足够的联接强度，选用最小间隙为0的配合（H/h）；为了拆装方便和改善螺纹的疲劳强度，可以选用小间隙配合（H/g 和 G/h）；需要涂镀保护层的螺纹，间隙大小取决于镀层厚度，如 5 μm 选用 6H/6g，10 μm 选用 6H/6e，内外均涂则选用 6G/6e。

11.2.3　普通螺纹的标记

螺纹的完整标记由螺纹代号、螺纹公差带代号和旋合长度代号等组成。螺纹公差带代号包括中径公差带代号和顶径公差带代号。公差带代号是由表示其大小的公差等级数字和表示其位置的基本偏差代号组成。对细牙螺纹还需要标注出螺距。在零件图上的普通螺纹标记示例：

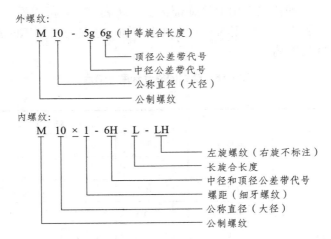

在装配图上，内、外螺纹公差带代号用斜线分开，左内右外，如 M10×2-6H/5g6g。必要时，在螺纹公差带代号后加注旋合长度代号 S 或 L（中等旋合长度代号 N 不用标注），如 M10-5g6g-S。有特殊需要时，可以标注旋合长度的数值，如 M10-5g6g-30 表示螺纹的旋合长度为 30 mm。

11.3　螺纹的检测

根据使用要求，螺纹检测分为综合检验和单项测量两类。

11.3.1　综合检验

对于大量生产的用于紧固联接的普通螺纹，只要求保证可旋合性和一定的联接强度，其螺距误差及牙型半角误差按照包容要求，由中径公差综合控制，不单独规定公差。因此，检测时应按照泰勒原则（极限尺寸判断原则），用螺纹量规（综合极限量规）来检验。用牙型完整的通规，检测螺纹的作用中径；用牙型不完整的止规，采用两点法检测螺纹的实际中径。

综合检验时，被检测螺纹的合格标志是通端量规能顺利地与被测螺纹在被检全长上旋合，而止端量规不能完全旋合或部分旋合。螺纹量规有塞规和环规，分别检验内、外螺纹（螺母和螺栓）。螺纹量规也分为工作量规、验收量规和校对量规，其功能、区别与光滑圆柱极限量规相同。

外螺纹的大径尺寸和内螺纹的小径尺寸是在加工螺纹之前的工序完成的，它们分别用光滑极限卡规和塞规检验。因此，螺纹量规主要检验螺纹的中径，同时还要限制内螺纹的大径和外螺纹的小径，否则螺纹不能旋合使用。图 11-6 为用卡规检验外螺纹。通端螺纹环规用来控制外螺纹的作用中径和小径的最大尺寸，止端螺纹环规用来控制外螺纹的实际中径。外螺纹的大径用光滑卡规检验。

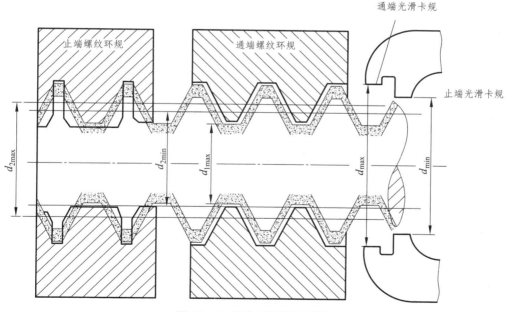

图 11-6　用卡规检验外螺纹

图 11-7 为用塞规检验内螺纹。通端螺纹塞规用来控制内螺纹的作用中径和大径的最小尺寸，止端螺纹塞规用来控制内螺纹的实际中径。内螺纹的小径用光滑塞规检验。

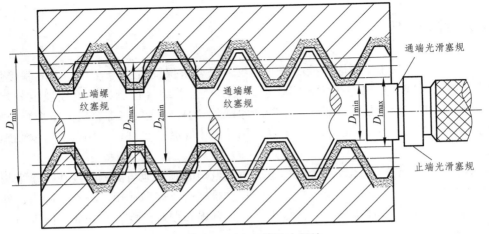

图 11-7　用塞规检验内螺纹

通端螺纹量规主要用来控制被检螺纹的作用中径。要采用完整的牙型，且量规的长度应与被检螺纹的旋合长度相同，这样可以按照包容要求来控制被检螺纹中径的最大实体尺寸；止端螺纹量规要求控制被检螺纹中径的最小实体尺寸，判断其合格的标志是不能完全旋合或不能旋入被检螺纹。为了避免螺距误差和牙型半角误差对检验结果的影响，止端螺纹量规应做成截短牙型，其螺纹的圈数也很少。

11.3.2　单项测量

对于精密螺纹，除了可旋合性和联接可靠性，还有其他精度要求和功能要求，应按照公差原则的独立原则对其中径、螺距和牙型半角等参数分别规定公差，分项进行测量。

分项测量螺纹的方法很多，最典型的是用万能工具显微镜测量螺纹的中径、螺距和牙型半角。万能工具显微镜是一种应用很广泛的光学计量仪器，测量螺纹是其主要用途之一。用万能工具显微镜将被测螺纹的牙型轮廓放大成像，按照被测螺纹的影像测量其螺距、牙型半角和中径，这种方法又称为影像法。各种精密螺纹，如螺纹量规、丝杠等，都可以在万能工具显微镜上测量。

在实际生产中测量外螺纹中径多采用三针法。该方法简单，测量精度高，应用广泛。图 11-8 用三针法测量外螺纹中径。测量时，将三根直径相同的精密量针分别放在被测螺纹的牙槽中，然后用精密量仪（光学计、测长仪）测出针距 M，然后根据如图 11-8 所示的几何关系推算出的公式来计算被测外螺纹的中径 d_2。

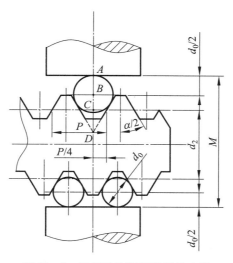

由图 11－8 可以看出：

$$d_2 = M - 2 \times AC = M - 2 \times (AD - CD)$$

$$AD = AB + BD = \frac{d_0}{2} + \frac{d_0}{2\sin\frac{\alpha}{2}} = \frac{d_0}{2}\left(1 + \frac{1}{\sin\frac{\alpha}{2}}\right)$$

$$CD = \frac{P}{4}\cot\frac{\alpha}{2}$$

代入得

$$d_2 = M - d_0\left(1 + \frac{1}{\sin\frac{\alpha}{2}}\right) + \frac{P}{2}\cot\frac{\alpha}{2}$$

对于米制螺纹（$\alpha = 60°$）：　　　$d_2 = M - 3d_0 + 0.866P$

对于梯形螺纹（$\alpha = 30°$）：　　$d_2 = M - 4.863d_0 + 1.866P$

式中：d_0—量针的直径（d_0 值保证量针在被测螺纹的单一中径处接触）；d_2、P、$\alpha/2$—被测螺纹的中径、螺距和牙型半角。

对于低精度外螺纹中径，还常用螺纹千分尺测量。内螺纹的分项测量比较困难，具体方法可以参阅有关资料。

11.4　梯形丝杠的公差

梯形丝杠螺母副是滑动螺旋副的一种，其特点是摩擦阻力大，传动效率低，易于自锁，运转平稳，主要用于传动螺旋，如金属切削机床的进给传动丝杠、分度机构、摩擦压力机、千斤顶等的传动螺旋。

梯形丝杠螺母副常用牙型角 $\alpha = 30°$ 的梯形螺纹，其基本牙型如图 11-9 所示。国家标准规定的梯形螺纹是由原始三角形截去顶部和底部所形成的，其原始三角形为顶角等于 30° 的等腰三角形。丝杠螺母副的特点是丝杠与螺母的大、小径公称直径不相同，二者结合后，在大径、中径和小径上均有间隙，以保证旋合的灵活性。

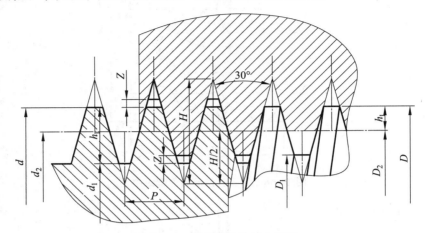

图 11-9　梯形螺纹的基本牙型

对于作精确运动的传动螺旋（如金属切削机床的丝杠），不仅要传递运动和动力，有的还要精确地传递位移或定位，对丝杠螺母精度要求高，特别是丝杠的螺旋线（螺距 P）、丝杠的螺旋线误差、螺距误差、中径尺寸变动量、牙型角偏差等都会影响其传动精度，需要分项提出严格要求。

我国对机床传动用的丝杠、螺母制定了行业标准（JB/T 2886—2008）。JB/T 2886—2008 根据用途和使用要求，将机床丝杠的精度分为 3 级、4 级、5 级、6 级、7 级、8 级、9 级共七个等级，其精度等级依次降低，其应用范围见表 11-6，选用时可以参考。为了适应不同精度等级的要求，设置了相应的公差项目。

表 11-6　各级精度丝杠的应用范围

丝杠精度	应用范围
3、4	目前很少应用
5	坐标镗床和没有校正装置的分度机构和测量仪器等
6	大型螺纹磨床、齿轮磨床、坐标镗床、刻线机和没有校正装置的分度机构和测量仪器
7	铲床、精密螺纹车床和精密齿轮机床
8	普通螺纹车床
9	没有分度盘的进给机构

梯形螺纹在零件图上的标记示例如下：

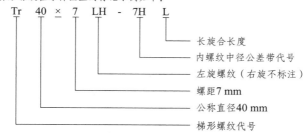

梯形螺纹副的标记示例如下：

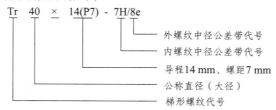

11.4.1　对梯形丝杠的精度要求

1. 螺旋线公差

螺旋线误差是指在中径线上，实际螺旋线相对于理论螺旋线偏离的最大代数差。可分为以下几项误差：

(1) 丝杠一转内螺旋线误差；

(2) 丝杠在指定长度上（25 mm、100 mm 或 200 mm）的螺旋线误差；

(3) 丝杠全长的螺旋线误差。

螺旋线误差较全面地反映了丝杠的位移精度，但由于测量螺旋线误差的动态测量仪器尚未普及，标准中只对 3、4、5、6 级的丝杠规定了螺旋线公差。

2. 螺距公差

标准中规定了各级精度丝杠的螺距公差。螺距误差分为：

(1) 单个螺距误差（ΔP），在螺纹全长上任意单个实际螺距与公称螺距之差，如图 11-10 所示。

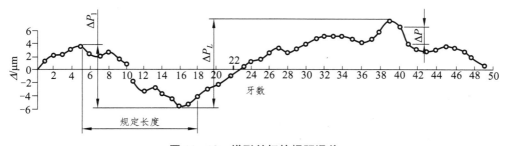

图 11-10　梯形丝杠的螺距误差

(2) 螺距累积误差（ΔP_l 和 ΔP_L），在规定的螺纹长度 l 内或在螺纹的全长 L 上，实际累积螺距与其公称值的最大差值。

（3）分螺距误差（$\Delta P/n$），在梯形丝杠的若干等分转角内，螺旋面在中径线上的实际轴向位移与公称轴向位移之差，如图 11-11 所示。

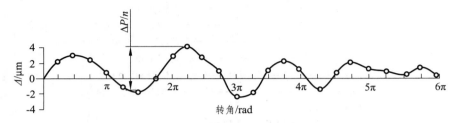

图 11-11　梯形丝杠的分螺距误差

分螺距误差近似地反映了一转内的螺旋线误差，在标准中，对 3、4、5、6 级丝杠规定了分螺距公差，并规定分螺距误差应在单个螺距误差最大处测量 3 转，每转内等分数 n 不少于表 11-7 中的规定。

表 11-7　测量分螺距的每转等分数

螺距/mm	2~5	5~10	10~20
等分数 n	4	6	8

3. 牙型半角的极限误差

对 3、4、5、6、7、8 级的丝杠，标准规定有牙型半角极限偏差。对 9 级精度的丝杠，标准未作规定，它可以同普通螺纹一样，由中径公差综合控制。

4. 大径、中径和小径公差

为了使丝杠易于存储润滑油和便于旋合，大径、小径和中径处都有间隙。其公差值的大小，理论上只影响配合的松紧程度，不影响传动精度，故均规定了较大的公差值。

5. 丝杠全长上中径尺寸变动量公差

中径尺寸变动会影响丝杠与螺母配合间隙的均匀性及丝杠螺母副两螺旋面的一致性，应规定公差。对中径尺寸变动量规定在同一轴向截面内测量。

6. 丝杠中径跳动公差

为了控制丝杠与螺母的配合偏心，提高位移精度，标准中规定了丝杠的中径跳动公差。

11.4.2　对螺母的精度要求

1. 中径公差

螺母的螺距和牙型角较难测量，标准中未单独规定公差，而是由中径公差来综合控制，所以中径公差是一个综合公差。对高精度丝杠螺母副（6 级以上），在生产中主要按照丝杠来配做螺母。为了提高合格率，标准中规定中径公差带对称于公称尺寸零线分布。非配做螺母，中径下偏差为零，上偏差为正值。

2. 大径和小径公差

在螺母的大径和小径处均有较大间隙，对其尺寸无严格要求，因而公差值较大，选取方法同丝杠。

在梯形螺纹标准 GB/T 5796.4—2005 中，对内螺纹的大径、中径和小径只规定了一种公差带 H，对外螺纹的大径和小径也只规定了一种公差带 h，基本偏差为零。只有外螺纹中径规定了三种公差带 h、e 和 c，以满足不同的传动要求。表 11-8 为梯形螺纹的中径公差带。表 11-9 为梯形螺纹的公差等级。

表 11-8　梯形螺纹的中径公差带

精度	内螺纹		外螺纹	
	N	L	N	L
中等	7H	8H	7h、7e	8e
粗糙	8H	9H	8e、8c	9c

表 11-9　梯形螺纹的公差等级

直径	公差等级	直径	公差等级
内螺纹小径 D_1	4	外螺纹中径 d_2	6、7、8、9
内螺纹中径 D_2	7、8、9	外螺纹小径 d_1	7、8、9
外螺纹大径 d	4		

注：在设计时，外螺纹的小径应与其中径一致。

11.5　本章学习要求

了解普通螺纹主要几何误差对互换性的影响、梯形螺纹的公差与配合，掌握普通螺纹公差与配合的特点及螺纹精度的选择；掌握螺纹的标记和标注方法。

思考题和习题

11-1　影响螺纹互换性的主要因素有哪些？

11-2　为什么说普通螺纹的中径公差是一种综合公差？

11-3　为了满足普通螺纹的使用要求，螺纹中径的合格条件是什么？

11-4　以外螺纹为例，说明螺纹中径、单一中径和作用中径的联系与区别，三者在什么情况下是相等的。

11-5　说明下列螺纹标注中各代号的含义：

(1) M24-6H。

(2) M36×2-5g6g-S。

(3) M30×2-6H/5h6h。

(4) M10-7H-L-LH。

11-6　螺纹的综合检验和单项测量各有什么特点？

11-7　丝杠螺纹和普通螺纹的精度要求有什么不同之处？

11-8　查表确定 M24×2-6H/5g6g 内螺纹中径、小径和外螺纹中径、大径的极限偏差。

11-9 有一螺纹 M20-5h6h，加工后测得实际大径 d_a=19.980 mm，实际中径 d_{2a}=18.255 mm，螺距累积偏差ΔP_Σ=+0.04 mm，牙侧角偏差分别为$\Delta\alpha_1$=−35′，$\Delta\alpha_2$=−40′，判断该螺纹是否合格。

11-10 用三针法测量代号为 M24×3-6h 的外螺纹单一中径，若测得$\Delta\alpha/2$=0，ΔP=0，M=24.514 mm，试确定测量三针直径。问此螺纹中径是否合格？

11-11 试选择螺纹联接 M20×2 的公差与基本偏差。其工作条件要求旋合性好，有一定的联接强度，螺纹的生产条件是大批量生产。

第 12 章　渐开线圆柱齿轮精度及检验

▶ 导读

本章学习的主要内容和要求：

1. 了解齿轮常用加工方法，知道齿坯和齿形误差种类；

2. 熟悉齿轮传动的装配过程，知道齿轮传动装配误差来源。

齿轮传动是用来传递运动和动力的一种常用机构，广泛应用于机器、仪器仪表中，如图 12−1 所示。现代生产技术和科技的不断发展要求机械产品质量小、传递功率大、工作平稳可靠、传递运动准确，从而对齿轮传动提出了更高的要求。研究齿轮传动误差、学习齿轮精度标准及齿轮检测技术，对合理设计齿轮传动精度和提高齿轮加工质量具有非常重要的意义。本章主要讨论渐开线直齿圆柱齿轮传动的公差设计与应用。

（a）直齿圆柱齿轮传动　　　（b）锥齿轮传动　　　（c）蜗杆传动

图 12−1　常用齿轮传动

12.1　齿轮传动误差概述

齿轮传动首先是由毛坯加工成齿坯，然后由齿坯加工成齿轮，最后装配成齿轮传动，如图 12−2 所示。在齿轮传动加工成形的过程中会产生齿坯误差、齿形误差和装配误差三种误差。

（a）毛坯　　　　（b）齿坯　　　　（c）齿轮　　　　（d）齿轮传动

图 12−2　齿轮传动的形成

12.1.1　齿坯误差来源

齿坯一般是用毛坯通过车削加工得到的，如图 12−3 所示。齿坯在车削加工过程中，由于机床误差、刀具误差以及加工人员的水平不同会产生齿轮内孔与齿顶圆的尺寸误差、齿顶圆与基准端面的圆跳动误差以及齿轮表面的表面粗糙度等，图 12−4 标注的是控制齿坯误差的公差。

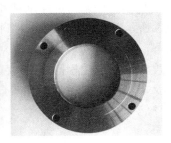

（a）毛坯　　　　（b）车削加工　　　　（c）齿坯

图 12−3　齿坯的加工过程

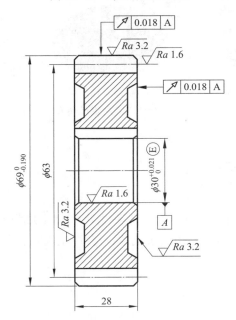

图 12−4　控制齿坯误差的公差

12.1.2　齿形误差来源

齿形一般是在齿坯上，通过滚齿、铣齿或插齿等某一种方法加工得到的，如图 12-5 所示。齿形在加工过程中，由于机床误差、刀具误差以及加工人员的水平不同同样会产生许多齿形误差。控制齿形误差的参数一般标注在齿轮零件图的右上角。

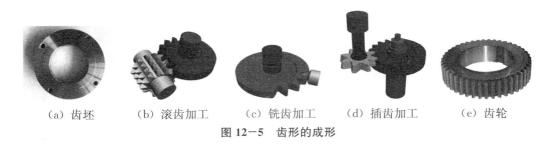

(a) 齿坯　　　(b) 滚齿加工　　(c) 铣齿加工　　(d) 插齿加工　　(e) 齿轮

图 12-5　齿形的成形

12.1.3　装配误差来源

齿轮加工完后必须与相关零件连接与配合，并安装在机座或壳体上，如图 12-6 所示。

图 12-6　齿轮传动的形成

由于机座或壳体孔加工后存在中心距尺寸误差和中心距平行度误差，因此装配后的两个齿轮不可避免地会产生中心距尺寸误差和中心距平行度误差。图 12-7 标注的是控制装配误差的公差，一般标注在机座或壳体零件图上。

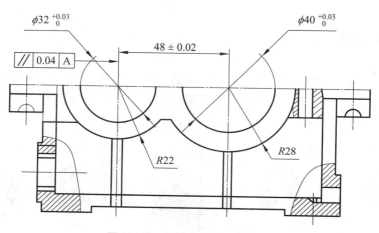

图 12-7　控制装配误差的公差

12.2　齿形误差与公差

由于机床误差、刀具误差以及加工人员的水平不同等多种因素的影响，齿轮加工出来后一定存在许多齿形误差。根据误差的种类，齿形误差可分为影响传动准确性误差、影响传动平稳性误差、影响载荷均匀性误差以及影响侧隙合理性误差等四种。由于齿形误差绝大部分是负值，所以下面讲述的齿形误差都称为偏差。

12.2.1　传动准确性偏差

1. 传动准确性偏差的种类

齿轮传动的准确性也称为齿轮的传动精度，要求齿轮在一转范围内，最大转角误差限制在一定范围内，以保证主动齿轮和从动齿轮在运转过程中的协调一致。钟表齿轮、分度机构齿轮以及计量机构齿轮对齿轮传动的准确性要求较高，如图 12-8 所示。

（a）钟表齿轮　　　　（b）分度机构齿轮　　　　（c）计量机构齿轮

图 12-8　传动准确性要求较高的齿轮

影响齿轮传动准确性的偏差有齿距累积总偏差、切向综合偏差、径向综合偏差、齿圈径向跳动及公法线长度变动等项目。其中，齿距累积总偏差是影响齿轮传动准确性的主要偏差，也是齿轮传动准确性偏差的必检项目。

2. 齿距累积总偏差

（1）齿距累积偏差 F_{pk}。齿距累积偏差是指在分度圆上任意 k 个同侧齿面间的实际弧长与理论弧长的代数差，如图 12－9 所示。

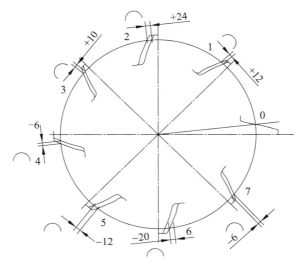

图 12－9　齿距累积偏差

图 12－9 中不同齿距累积偏差为：$F_{p1} = +12\ \mu m$，$F_{p2} = +24\ \mu m$，$F_{p3} = +10\ \mu m$，$F_{p4} = -6\ \mu m$，$F_{p5} = -12\ \mu m$，$F_{p6} = -20\ \mu m$，$F_{p7} = -6\ \mu m$。

（2）齿距累积总偏差 F_p。齿距累积总偏差是指在分度圆上一圈内两个同侧齿面间的最大正齿距累积偏差的绝对值与最大负齿距累积偏差的绝对值之和。图 12－9 中齿距累积总偏差为

$$F_p = |+24|\ \mu m + |-20|\ \mu m = 44\ \mu m$$

齿距累积总偏差可以比较正确地反映齿轮传递运动的准确性。

齿距累积总偏差见表 12－1。

表 12－1　齿距累积总偏差 F_p

（单位：μm）

分度圆直径 d/mm	法向模数 m_n/mm	精度等级			
		5	6	7	8
>20~50	>2~3.5	15	21	30	42
	>3.5~6	15	22	31	44
>50~125	>2~3.5	19	27	38	53
	>3.5~6	19	28	39	55
	>6~10	20	29	41	58

分度圆直径 d/mm	法向模数 m_n/mm	精度等级			
		5	6	7	8
>125~280	>2~3.5	25	35	50	70
	>3.5~6	25	36	51	72
	>6~10	26	37	53	75
>280~560	>2~3.5	33	46	65	92
	>3.5~6	33	47	66	94
	>6~10	34	48	68	97

12.2.2 传动平稳性偏差

1. 传动平稳性偏差的种类

影响齿轮传动平稳性的因素主要是由齿轮转角的局部误差引起的齿轮瞬时传动比的变化。瞬时传动比的变化将引起齿轮传动的冲击、振动和噪声，如图 12—10 所示。

影响齿轮传动平稳性的偏差有单齿切向综合偏差、单齿径向综合偏差、齿廓总偏差及单个齿距偏差等项目。其中，齿廓总偏差及单个齿距偏差是影响齿轮传动平稳性的主要偏差，也是齿轮传动平稳性偏差的必检项目。

（a）传动平稳的齿轮　　　　　　（b）传动不平稳的齿轮

图 12—10　传动平稳性偏差

2. 齿廓总偏差

齿廓总偏差 F_α 是指在齿轮的端截面上，包容实际齿形且距离最小的两条理论齿形间的法向距离，如图 12—11 所示。

齿廓总偏差见表 12—2。

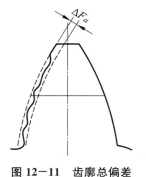

图 12－11　齿廓总偏差

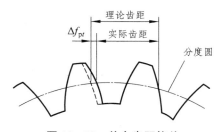

图 12－12　单个齿距偏差

表 12－2　齿廓总偏差 F_α

（单位：μm）

分度圆直径 d/mm	法向模数 m_n/mm	精度等级			
		5	6	7	8
>20~50	>2~3.5	7	10	14	20
	>3.5~6	9	12	18	25
>50~125	>2~3.5	8	11	16	22
	>3.5~6	9.5	13	19	27
	>6~10	12	16	23	33
>125~280	>2~3.5	9	13	18	25
	>3.5~6	11	15	21	30
	>6~10	13	18	25	36
>280~560	>2~3.5	10	15	21	29
	>3.5~6	12	17	24	34
	>6~10	14	20	28	40

3. 单个齿距偏差

单个齿距偏差 f_{pt} 是指在端平面上，在接近齿高中部的一个与齿轮轴线同心的圆上，实际齿距与理论齿距的代数差，如图 12－12 所示。

$\pm f_{pt}$ 为单个齿距极限偏差，是允许单个齿距偏差 Δf_{pt} 的两个极限值。单个齿距极限偏差见表 12－3。

表 12－3　单个齿距极限偏差 $\pm f_{pt}$

（单位：μm）

分度圆直径 d/mm	法向模数 m_n/mm	精度等级			
		5	6	7	8
>20~50	>2~3.5	5.5	7.5	11	15
	>3.5~6	6	8.5	12	17

261

分度圆直径 d/mm	法向模数 m_n/mm	精度等级			
		5	6	7	8
>50～125	>2～3.5	6	8.5	12	17
	>3.5～6	6.5	9	13	18
	>6～10	7.5	10	15	21
>125～280	>2～3.5	6.5	9	13	18
	>3.5～6	7	10	14	20
	>6～10	8	11	16	23
>280～560	>2～3.5	7	10	14	20
	>3.5～6	8	11	16	22
	>6～10	8.5	12	17	25

12.2.3　载荷均匀性偏差

1．载荷均匀性偏差的种类

两个理想齿轮啮合时，载荷是沿啮合线均匀分布的。但是，由于齿轮在加工过程中存在齿形误差，所以载荷在啮合线上的分布是不均匀的。载荷的不均匀性可使齿面接触不好，引起应力集中，造成齿面局部磨损加剧并断裂，影响齿轮的使用寿命，如图12－13所示。

影响载荷均匀性的偏差主要有螺旋线总偏差，也是齿轮载荷均匀性偏差的必检项目。

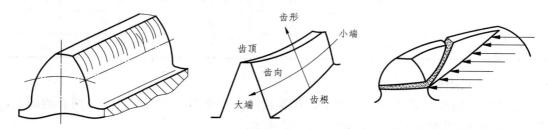

图 12－13　载荷不均匀引起的齿面局部磨损和断裂

2．螺旋线总偏差

对于直齿轮来说，螺旋线总偏差 F_β 又称为齿向总偏差，是指在分度圆柱面上，齿宽范围内，包容实际齿线且距离为最小的两条设计齿线之间的端面距离，如图12－14所示。齿线是指齿面与分度圆柱面的交线。螺旋线总偏差见表12－4。

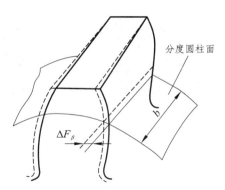

图 12-14　螺旋线总偏差

表 12-4　螺旋线总偏差 F_β

（单位：μm）

分度圆直径 d/mm	齿轮宽度 b/mm	精度等级			
		5	6	7	8
>20~50	>10~20	7	10	14	20
	>20~40	8	11	16	23
>50~125	>10~20	7.5	11	15	21
	>20~40	8.5	12	17	24
	>40~80	10	14	20	28
>125~280	>10~20	8	11	16	22
	>20~40	9	13	18	25
	>40~80	10	15	21	29
>280~560	>10~20	8.5	12	17	24
	>20~40	9.5	13	19	27
	>40~80	11	15	22	31

12.2.4　侧隙合理性偏差

1. 侧隙合理性偏差的种类

侧隙是齿轮啮合时轮齿非工作面之间的间隙。合理的侧隙有利于贮藏润滑油，补偿轮齿受力后的弹性变形、升温后的热膨胀以及消除齿轮加工、安装误差的影响等，如图 12-15 所示。

影响侧隙合理性的偏差主要有齿厚偏差和公法线平均长度偏差两个项目。

（a）无侧隙传动齿轮　　　（b）有侧隙传动齿轮

图 12—15　侧隙合理性偏差

2. 齿厚偏差

齿厚是分度圆柱面上齿厚的圆弧公称尺寸，用 s 表示。齿厚偏差 ΔE_{sn} 是指分度圆柱面上齿厚实际值与公称尺寸之差，如图 12—16 所示。T_{sn} 为齿厚公差，是齿厚偏差的最大允许值，如图 12—17 示。图中，E_{sns} 为齿厚上偏差，E_{sni} 为齿厚下偏差，为保证齿轮传动侧隙，齿厚上、下偏差均为负值。齿厚偏差由计算得到。

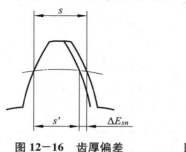

图 12—16　齿厚偏差　　　　　图 12—17　齿厚公差

3. 公法线平均长度偏差

（1）公法线长度 W 与公法线长度偏差 ΔE_w。公法线长度是指跨 k 个齿的异侧齿廓的公法线公称长度，公法线长度偏差是指跨 k 个齿的异侧齿廓间的实测公法线长度 W' 与公法线长度 W 之差，如图 12—18 所示。

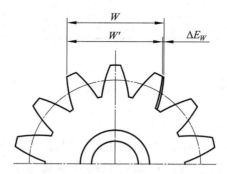

图 12—18　公法线长度与公法线长度偏差

（2）公法线平均长度偏差 ΔE_{Wm}。公法线平均长度偏差是指在齿轮一周范围内，实测公法线长度的平均值与公法线长度的公称值之差，即

$$\Delta E_{Wm} = \sum_{i=1}^{m} W'_i/m - W \qquad (12-1)$$

式中：m —实测公法线长度的个数。

E_{Wms} 为公法线平均长度上偏差，E_{Wmi} 为公法线平均长度下偏差，T_{Wm}（E_{Wms} — E_{Wmi}）为公法线平均长度偏差的最大允许值，即公法线平均长度公差。公法线平均长度偏差由计算得到。

测量公法线平均长度偏差与测量齿厚偏差不同，不受齿顶圆误差的影响，而且可以同时测量公法线长度变动误差 ΔF_W，方法简便，因而被广泛应用。

12.2.5　齿形其他偏差与公差

影响齿轮传动精度的因素很多，对于一些有特殊要求的齿轮以及为了研究方便，国家还制定了齿轮的其他齿形偏差与公差标准，主要有以下几种。

1. 一齿切向综合偏差

一齿切向综合偏差 f_i' 也称为一齿转角误差，是指被测齿轮与理想精确齿轮单面啮合时，在被测齿轮一齿距角内的实际转角与公称转角之差的最大幅度值，如图 12-19 所示。f_i'/K 的比值见表 12-5。

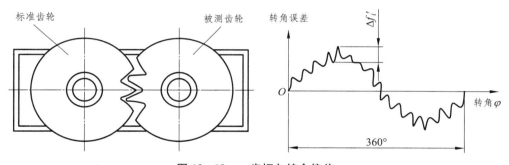

图 12-19　一齿切向综合偏差

表 12-5　f_i'/K 的比值

（单位：μm）

分度圆直径 d/mm	法向模数 m_n/mm	精度等级			
		5	6	7	8
>20~50	>2~3.5	17	24	34	48
	>3.5~6	19	27	38	54
>50~125	>2~3.5	18	25	36	51
	>3.5~6	20	29	40	57
	>6~10	23	33	47	66
>125~280	>2~3.5	20	28	39	56
	>3.5~6	22	31	44	62
	>6~10	25	35	50	70

分度圆直径 d/mm	法向模数 m_n/mm	精度等级			
		5	6	7	8
>280~560	>2~3.5	22	31	44	62
	>3.5~6	24	34	48	68
	>6~10	27	38	54	76

2. 切向综合总偏差

切向综合总偏差 F_i' 也称为齿轮的一周转角误差，是指被测齿轮与理想精确的测量齿轮单面啮合时，在被测齿轮一转内的实际转角与公称转角之差的总幅值，如图 12—20 所示。

切向综合总偏差是齿轮加工系统的周期性误差所造成的齿轮一转时的转角误差，可导致齿轮运动不均匀，在一转过程中忽快忽慢。

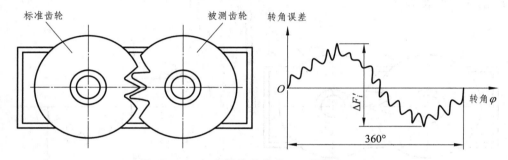

图 12—20 切向综合总偏差（一周转角误差）

3. 一齿径向综合偏差

一齿径向综合偏差 f_i'' 是指被测齿轮与理想精确的测量齿轮双面啮合时，在被测齿轮一齿距角内的双啮中心距的最大变动量，如图 12—21 所示。

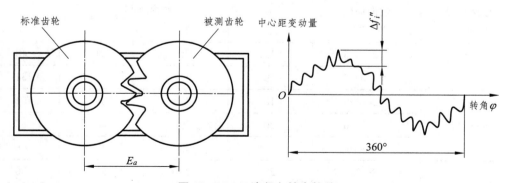

图 12—21 一齿径向综合偏差

一齿径向综合偏差见表 12—6。

表 12-6　一齿径向综合偏差 f_i''

（单位：μm）

分度圆直径 d/mm	法向模数 m_n/mm	精度等级			
		5	6	7	8
>20~50	>1~1.5	4.5	6.5	9	13
	>1.5~2.5	6.5	9.5	13	19
>50~125	>1~1.5	4.5	6.5	9	13
	>1.5~2.5	6.5	9.5	13	19
	>2.5~4	10	14	20	29
>125~280	>1~1.5	4.5	6.5	9	13
	>1.5~2.5	6.5	9.5	13	19
	>2.5~4	10	15	21	29
	>4~6	15	22	31	44
>280~560	>1~1.5	4.5	6.5	9	13
	>1.5~2.5	6.5	9.5	13	19
	>2.5~4	10	15	21	29
	>4~6	15	22	31	44

4. 径向综合总偏差

径向综合总偏差 F_i'' 也称为齿轮的一周中心距误差，是指被测齿轮与理想精确的测量齿轮双面啮合时，在被测齿轮一转内的双啮中心距 E_a 的最大变动量，如图 12-22 所示。径向综合总偏差见表 12-7。

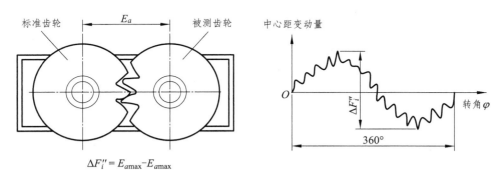

图 12-22　径向综合总偏差

267

表 12-7 径向综合总偏差 F_i''

(单位：μm)

分度圆直径 d/mm	法向模数 m_n/mm	精度等级			
		5	6	7	8
>20~50	>1~1.5	16	23	32	45
	>1.5~2.5	18	26	37	52
>50~125	>1~1.5	19	27	39	55
	>1.5~2.5	22	31	43	61
	>2.5~4	25	36	51	72
>125~280	>1~1.5	24	34	48	68
	>1.5~2.5	26	37	53	75
	>2.5~4	30	43	61	86
	>4~6	36	51	72	102
>280~560	>1~1.5	30	43	61	86
	>1.5~2.5	33	46	65	92
	>2.5~4	37	52	73	104
	>4~6	42	60	84	119

5. 齿圈径向跳动公差

齿圈径向跳动公差 F_r 是指在齿轮一转范围内，测头在齿槽内与齿高中部双面接触，测头相对于齿轮轴线的最大变动量，如图 12-23 所示。

齿圈径向跳动公差见表 12-8。

表 12-8 齿圈径向跳动公差 F_r

(单位：μm)

分度圆直径 d/mm	法向模数 m_n/mm	精度等级			
		5	6	7	8
>20~50	>2~3.5	12	17	24	34
	>3.5~6	12	17	25	35
>50~125	>2~3.5	15	21	30	43
	>3.5~6	16	22	31	44
	>6~10	16	23	33	46
>125~280	>2~3.5	20	28	40	56
	>3.5~6	20	29	41	58
	>6~10	21	30	42	60

续表12—8

分度圆直径 d/mm	法向模数 m_n/mm	精度等级			
		5	6	7	8
>280~560	>2~3.5	26	37	52	74
	>3.5~6	27	38	53	75
	>6~10	27	39	55	77

6. 公法线长度变动公差

公法线长度变动ΔF_W是指在齿轮一周范围内，实测公法线长度最大值与实测公法线长度最小值之差，即$\Delta F_W = W_{max} - W_{min}$，如图12—24所示。

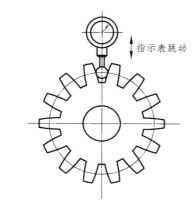

图 12—23　齿圈径向跳动公差

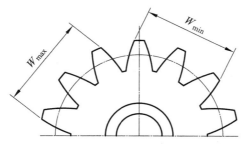

图 12—24　公法线长度变动公差

F_W是公法线长度变动的最大允许值，即公法线长度变动公差。公法线长度变动公差见表12—9。

表 12—9　公法线长度变动公差 F_W

（单位：μm）

分度圆直径 d/mm	法向模数 m_n/mm	精度等级			
		5	6	7	8
>20~50	>2~3.5	12	16	23	32
	>3.5~6				

分度圆直径 d/mm	法向模数 m_n/mm	精度等级			
		5	6	7	8
>50~125	>2~3.5	14	19	28	37
	>3.5~6				
	>6~10				
>125~280	>2~3.5	16	22	31	44
	>3.5~6				
	>6~10				
>280~560	>2~3.5	19	26	37	53
	>3.5~6				
	>6~10				

12.3 齿轮装配误差与公差

齿轮加工好之后，装配在壳体或机座上形成了齿轮副（一对齿轮装配后），如图12-25所示。

图 12-25 齿轮装配在壳体上

由于壳体或机座加工后也存在误差，因此装配后的齿轮副必然存在装配误差。齿轮副的装配误差主要有齿轮副的中心距极限偏差、轴线的平行度误差及齿轮副的接触斑点三个项目。

12.3.1 齿轮副的中心距极限偏差

齿轮副的中心距偏差 f_a 是指齿轮副的齿宽中间平面内实际中心距与公称中心距之差，如图12-26所示。

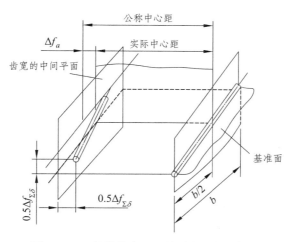

图 12-26　轴线的中心距偏差和平行度偏差

$\pm f_a$ 为齿轮副的中心距极限偏差，是允许齿轮副的中心距偏差变动的两个极限值。齿轮副的中心距极限偏差见表 12-10。

表 12-10　齿轮副的中心距极限偏差 $\pm f_a$

（单位：μm）

齿轮精度等级		5~6	7~8	9~10
f_a		$\frac{1}{2}$ IT7	$\frac{1}{2}$ IT8	$\frac{1}{2}$ IT9
齿轮副的中心距 a/mm	>6~10	7.5	11	18
	>10~18	9	13.5	21.5
	>18~30	10.5	16.5	26
	>30~50	12.5	19.5	31
	>50~80	15	23	37
	>80~120	17.5	27	43.5
	>120~180	20	31.5	50
	>180~250	23	36	57.5
	>250~315	26	40.5	65
	>315~400	28.5	44.5	70
	>400~500	31.5	48.5	77.5
	>500~630	35	55	87
	>630~800	40	62	100
	>800~1000	45	70	115
	>1000~1250	52	82	130
	>1250~1600	62	97	155
	>1600~2000	75	115	185
	>2000~2500	87	140	220
	>2500~3150	105	165	270

12.3.2 轴线的平行度偏差

$f_{\Sigma\delta}$ 是指一对齿轮的轴线在其基准面上投影的平行度偏差，$f_{\Sigma\beta}$ 是指一对齿轮的轴线在垂直于其基准面且平行于基准轴线的平面上投影的平行度偏差，如图 12－26 所示。

基准面是包含基准轴线并通过由另一轴线与齿宽中间平面相交的点所形成的平面。两条轴线中任何一条轴线都可作为基准轴线。

为了保证载荷分布均匀和齿面接触精度，平行度偏差应分别限制在平行度公差以内。

12.3.3 齿轮副的接触斑点

齿轮副的接触斑点是指对安装好的齿轮副，在轻微制动下（既不使轮齿脱离，又不使轮齿和传动装置发生较大变形），运转后齿面上分布的接触擦亮痕迹，如图 12－27 所示。

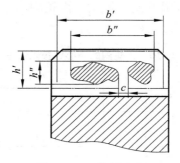

图 12－27　接触斑点

接触痕迹的大小在齿面展开图上用百分比计算。

沿齿宽方向，接触痕迹的长度 b''（扣除超过模数值的断开部分 c）与工作长度 b' 之比的百分数，即 $(b''-c)/b' \times 100\%$。

沿齿高方向，接触痕迹的平均高度 h'' 与工作高度 h' 之比的百分数，即 $h''/h' \times 100\%$。

沿齿宽方向接触斑点的多少主要影响齿轮副的承载能力，沿齿高方向接触斑点的多少主要影响工作平稳性。

齿轮副的接触斑点综合反映了齿轮副的加工误差和安装误差，是评定齿轮接触精度的综合性指标。对接触斑点的要求应标注在齿轮传动装配图的技术要求中。各精度齿轮的接触斑点值由表 12－11 查找。

表 12－11　接触斑点

接触斑点	精度等级				
	5	6	7	8	9
按齿高不小于	55%（45%）	50%（40%）	45%（35%）	40%（30%）	30%
按齿宽不小于	80%	70%	60%	50%	40%

12.4 齿坯误差与公差

1. 齿坯尺寸公差

齿坯尺寸公差主要有齿顶圆公差和齿轮内孔公差。

(1) 齿顶圆公差。

齿顶圆公差由表 12－12 查找。

表 12－12 齿顶圆公差

齿轮精度等级	1	2	3	4	5	6	7	8	9	10	11	12
齿顶圆公差	IT6 (h6)		IT7 (h7)			IT8 (h8)			IT9 (h9)		IT11 (h11)	

(2) 齿轮内孔公差。

齿轮内孔公差由表 12－13 查找。

表 12－13 齿轮内孔公差

齿轮精度等级	1	2	3	4	5	6	7	8	9	10	11	12
齿轮内孔公差	IT4 (H4)				IT5 (H5)	IT6 (H6)	IT7 (H7)		IT8 (H8)		IT9 (H9)	

2. 齿坯几何公差

齿坯几何公差主要有齿顶圆与基准端面的圆跳动公差，其公差值由表 12－14 查找。

表 12－14 齿顶圆径向圆跳动和基准端面轴向圆跳动公差

(单位：μm)

分度圆直径 d/mm		精度等级		
大于	至	5～6	7～8	9～12
—	125	11	18	28
125	400	14	22	36
400	800	20	32	50

3. 齿轮表面粗糙度

齿轮各主要表面的表面粗糙度也将影响加工方法、使用性能和经济性。各主要表面的表面粗糙度由表 12－15 查找。

表 12－15 各主要表面的表面粗糙度 Ra

(单位：μm)

精度等级	5	6	7		8	9	
齿轮齿面	≤0.4	≤0.8	≤1.6	≤3.2	≤3.2	≤6.3	≤12.5
齿面加工方法	磨	磨或珩齿	剃或珩齿	精滚齿或精插齿	插齿或铣齿	插齿	铣齿
齿轮基准孔	≤0.4	≤1.6	≤1.6	≤3.2	≤3.2	≤3.2	≤6.3
端面及齿顶圆	0.4～0.8	0.4～0.8	0.8～1.6	1.6～3.2	≤3.2	≤3.2	≤3.2

12.5 圆柱齿轮传动公差设计方法

齿轮传动公差的设计是一项烦琐而又细致的工作。其公差的合理设计对于保证齿轮传动的使用要求、提高齿轮加工质量、降低生产成本具有非常重要的意义。本节主要讨论圆柱直齿轮传动的公差设计。

12.5.1 齿轮公差设计内容

在一张齿轮的零件图中，除了有齿轮的图形和基本尺寸，还有尺寸公差、几何公差及表面粗糙度要求，另外在齿轮零件图的右上角还一个齿轮参数表，如图 12−28 所示。

由齿轮零件图和齿轮参数表可知，齿轮精度设计主要有以下六个内容：

（1）确定齿轮精度等级；

（2）确定齿轮偏差检测项目及公差值；

（3）计算齿厚偏差；

（4）计算公法线长度及公法线平均长度偏差；

（5）确定齿坯公差及表面粗糙度；

（6）绘制齿轮零件图。

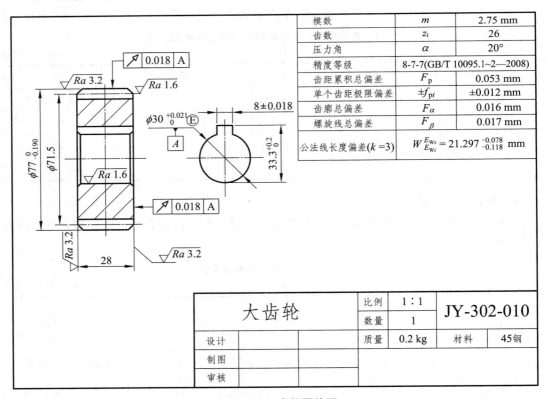

图 12−28 齿轮零件图

12.5.2　齿轮公差设计步骤及方法

1. 确定齿轮精度等级

（1）齿轮精度等级。

按齿轮各项误差对传动的主要影响，将齿轮的各项公差归类为Ⅰ（影响运动的准确性）、Ⅱ（影响传动的平稳性）、Ⅲ（影响载荷的均匀性）三个公差组。同时又对齿轮Ⅰ、Ⅱ、Ⅲ三个公差组及齿轮副规定了 13 个精度等级，精度由高到低依次为 0，1，2，3，…，12 级。其中，7 级是制定标准的基础级，用一般的切齿加工便能达到，在设计中应用最广。一般将 3～5 级视为高精度齿轮，6～8 级为中等精度齿轮，9～12 级为低精度齿轮，0～2 级是为了发展前景而规定的（目前加工工艺尚未达到如此高的水平）。

（2）精度等级选择原则。

选择齿轮的精度等级时，必须根据其使用要求、工作条件、技术要求等方面来选定，同时还应考虑其加工的工艺性和经济性等。

一般情况下，齿轮的三个公差组选用相同的精度等级。但根据齿轮使用要求和工件条件的不同，允许对三个公差组选用不同的精度等级。

①分度、测量齿轮精度等级的选择。分度、测量齿轮对传递运动的准确性要求较高，对这类齿轮，首先确定第Ⅰ公差组的精度等级，然后再确定第Ⅱ、Ⅲ公差组的精度等级。

②高速动力齿轮精度等级的选择。高速动力齿轮的特点是传递功率较大、转速高，主要要求是传动平稳，冲击、振动和噪声要小，同时对齿面接触也有较高要求。对这类齿轮，首先根据圆周速度和噪声强度的要求确定第Ⅱ公差组的精度等级。第Ⅰ、Ⅲ公差组的精度等级一般不宜低于第Ⅱ公差组的精度等级。

③低速动力齿轮精度等级的选择。低速动力齿轮的特点是传递功率大、转速低，主要要求是齿面接触良好，对运动的准确性和平稳性要求不高。对这类齿轮，首先根据强度和使用寿命的要求确定第Ⅲ公差组的精度等级。第Ⅰ、Ⅱ公差组的精度等级可以比第Ⅲ公差组的精度等级低一级。表 12-16 为各类常用机械齿轮精度等级选用的推荐数值。

表 12-16　各类常用机械齿轮精度等级选用的推荐数值

应用范围	精度等级	应用范围	精度等级
分度、测量齿轮	3～5	航空发动机	5～7
汽轮机减速器	4～6	常用减速器	7～8
金属切削机床	6～7	矿山机械	7～9
内燃机车与电气机车	6～7	起重轧钢机械	7～9
轻型汽车	5～7	拖拉机	7～9
重型汽车	6～8	农业机械	8～10

（3）精度等级定量选择。

对于非常精密的齿轮传动系统，有时精度等级应用计算法来确定。

①第Ⅰ公差组的精度等级定量选择。对于传动准确性要求非常高的齿轮传动（如读数

齿轮传动链），可按使用要求计算出所允许的转角误差来确定第Ⅰ公差组的精度等级。

②第Ⅱ公差组的精度等级定量选择。对于高速动力齿轮，可按齿轮圆周速度和噪声强度要求选定第Ⅱ公差组的精度等级。表 12-17 为按齿轮圆周速度和噪声强度要求推荐选定第Ⅱ公差组的精度等级。

表 12-17　第Ⅱ公差组精度等级选择

噪声强度/dB		圆周速度/m·s⁻¹		
	直齿	<3	3~15	>15
	斜齿	<5	5~30	>30
大	85~95	8 级	7 级	6 级
中	75~85	7 级	6 级	5 级
小	<75	6 级	5 级	5 级

③第Ⅲ公差组的精度等级定量选择。对于重载齿轮可按齿轮负荷性质及噪声强度要求选定第Ⅲ公差组的精度等级。表 12-18 为按齿轮负荷性质及噪声强度要求推荐选定第Ⅲ公差的精度等级。

表 12-18　第Ⅲ公差组精度等级选择

噪声强度/dB		负荷性质		
		重负荷	中负荷	轻负荷
大	85~95	6 级	7 级	8 级
中	75~85	5 级	6 级	7 级
小	<75	5 级	5 级	6 级

2. 确定齿轮偏差检测项目及公差值

（1）确定齿轮偏差检测项目原则。

在生产中，不必对所有齿轮偏差检测项目同时进行检验。

①对于精度等级较高的齿轮，应该选择同侧齿面的检测项目，如齿廓偏差、齿距偏差、螺旋线偏差及切向综合偏差等项目，因为同侧齿面的检测项目比较接近齿轮的实际工作状态。

②对于精度等级较低的齿轮，可以选择径向综合偏差或齿圈径向跳动等双侧齿面的检测项目。

（2）单件加工齿轮偏差检测项目及公差值选择。

单件加工齿轮必须检测的项目如下：

①齿距累积总偏差 F_p 根据所选择的精度等级在表 12-1 中选定；

②齿廓总偏差 F_α 根据所选择的精度等级在表 12-2 中选定；

③单个齿距极限偏差 $\pm \Delta f_{pt}$ 根据所选择的精度等级在表 12-3 中选定；

④螺旋线总偏差 F_β 根据所选择的精度等级在表 12-4 中选定；

⑤齿厚偏差 ΔE_{sn} 由计算确定；

⑥公法线平均长度偏差 ΔE_{Wm} 计算确定。

3. 计算齿厚偏差

齿厚偏差是保证齿轮啮合时轮齿非工作面之间有合理间隙的公差。合理的齿厚偏差有利于齿轮啮合时贮藏润滑油、补偿齿轮受力后的弹性变形、升温后的热膨胀以及消除齿轮加工、安装误差的影响。确定齿厚偏差按下列步骤进行：

（1）齿厚计算。

由于在分度圆柱面上齿厚（是一段圆弧）不便于测量，所以图样上标注的齿厚实际上是弦齿厚。分度圆上的弦齿厚 s_a 和弦齿高 h_a 如图 12－29 所示。

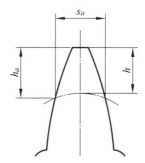

图 12－29　弦齿厚和弦齿高

①根据齿数从表 12－19 中查出模数 $m=1$ mm、$\alpha=20°$ 的标准直齿圆柱齿轮的分度圆处弦齿高 h_{a1} 和弦齿厚 s_{a1}。

表 12－19　$m=1$ mm 的标准直齿圆柱齿轮的分度圆处弦齿高 h_{a1} 和弦齿厚 s_{a1}

齿数 z	h_{a1}	s_{a1}	齿数 z	h_{a1}	s_{a1}	齿数 z	h_{a1}	s_{a1}
16	1.0385	1.5683	28	1.0220	1.5699	40	1.0154	1.5704
17	1.0363	1.5686	29	1.0213	1.5700	41	1.0150	1.5704
18	1.0342	1.5688	30	1.0205	1.5701	42	1.0146	1.5704
19	1.0324	1.5690	31	1.0199	1.5701	43	1.0143	1.5705
20	1.0308	1.5692	32	1.0193	1.5702	44	1.0140	1.5705
21	1.0294	1.5693	33	1.0187	1.5702	45	1.0137	1.5705
22	1.0280	1.5694	34	1.0181	1.5702	46	1.0134	1.5705
23	1.0268	1.5695	35	1.0176	1.5703	47	1.0131	1.5705
24	1.0257	1.5696	36	1.0171	1.5703	48	1.0128	1.5705
25	1.0247	1.5697	37	1.0167	1.5703	49	1.0126	1.5705
26	1.0237	1.5698	38	1.0162	1.5703	50	1.0124	1.5705
27	1.0228	1.5698	39	1.0158	1.5704	51	1.0121	1.5705

②计算模数为 m 时的弦齿高 h_a 和弦齿厚 s_a：

$$h_a = m \times h_{a1} \tag{12-2}$$

$$s_a = m \times s_{a1} \tag{12-3}$$

（2）确定一对齿轮在法向侧隙方向上总的减薄量 δ_{sn}：

$$\delta_{sn} = j_{n1} + j_{n2} + \delta_s \qquad (12-4)$$

式中：j_{n1}——保证正常的润滑所必需的最小侧隙；j_{n2}——补偿温升而引起变形所必需的最小侧隙；δ_s——补偿加工误差和安装误差所需的两齿轮齿厚减薄量。

①确定保证正常的润滑所必需的最小侧隙 j_{n1}。保证正常的润滑所必需的最小侧隙 j_{n1} 由表 12—20 查找。

表 12—20　保证正常的润滑所必需的最小侧隙 j_{n1} 的推荐值

润滑方式	圆周速度/m·s^{-1}			
	≤10	>10~25	>25~60	>60
喷油润滑	0.01 m_n	0.02 m_n	0.03 m_n	(0.03~0.05) m_n
油润滑	(0.001~0.01) m_n			

②确定补偿温升而引起变形所必需的最小侧隙 j_{n2}。补偿温升而引起变形所必需的最小侧隙由下式计算：

$$j_{n2} = 2a(\alpha_1 \Delta t_1 - \alpha_2 \Delta t_2)\sin \alpha \qquad (12-5)$$

式中：a——齿轮副中心距；α_1——齿轮的线胀系数；α_2——箱体材料的线胀系数；Δt_1——齿轮工作温度与标准温度之差，即 $\Delta t_1 = t_1 - 20℃$；Δt_2——箱体工作温度与标准温度之差，即 $\Delta t_2 = t_2 - 20℃$；α——齿轮压力角（20°）。

③确定补偿加工误差和安装误差所需的两齿轮齿厚减薄量 δ_s。补偿加工误差和安装误差所需的两齿轮齿厚减薄量由下式计算：

$$\delta_s = \sqrt{0.88 \times \{ f_{pt1}^2 + f_{pt2}^2 + [1.77 + 0.34(L/b)^2] F_\beta^2 \}} \qquad (12-6)$$

式中：f_{pt}——单个齿距偏差；F_β——螺旋线总偏差；L——齿轮副两轴承孔跨距；b——齿宽。

（3）确定齿厚上、下偏差。

①确定齿厚上偏差 E_{sns}。

$$E_{sns} = -\left(\frac{\delta_{sn}}{2\cos \alpha} + |f_a|\tan \alpha \right) \qquad (12-7)$$

式中：f_a——齿轮副中心距。

②确定齿厚公差 T_{sn}。齿厚公差计算值由齿圈径向跳动公差 F_r 和切齿时径向进刀公差 b_r 两项组成，将它们按随机误差合成，得

$$T_{sn} = 2\tan \alpha \sqrt{b_r^2 + F_r^2} \qquad (12-8)$$

式中：b_r 相当于一般尺寸的加工误差，按加工精度确定。通常 b_r 按齿轮第 I 公差组的精度等级在表 12—21 中查得对应的尺寸精度，再由分度圆直径的大小查表确定。

表 12－21　切齿径向进刀公差 b_r

切齿工艺	磨			磨、插		铣
第Ⅰ公差组精度等级	4	5	6	7	8	9
b_r	1.26IT7	IT8	1.26IT8	IT9	1.26IT9	IT10

③确定齿厚下偏差 E_{sni}。齿厚上偏差确定后，可根据齿厚公差 T_{sn} 确定齿厚下偏差 E_{sni}，即

$$E_{sni} = E_{sns} - T_{sn} \qquad (12-9)$$

4. 计算公法线长度及公法线平均长度偏差

对于大模数齿轮，在生产中通常测量齿厚尺寸；对于中、小模数齿轮，一般用测量公法线长度来代替测量齿厚。

（1）公法线长度计算。

①根据齿数从表 12－22 中查出模数 $m=1$ mm，$\alpha=20°$ 的标准直齿圆柱齿轮的公法线公称长度 W_1 及跨齿数 k；

表 12－22　$m=1$ mm，$\alpha=20°$ 的标准直齿圆柱齿轮的公法线公称长度 W_1 及跨齿数 k

齿数 z	跨齿数 k	公法线公称长度 W_1/mm	齿数 z	跨齿数 k	公法线公称长度 W_1/mm	齿数 z	跨齿数 k	公法线公称长度 W_1/mm
15	2	4.6383	27	4	10.7106	39	5	13.8308
16	2	4.6523	28	4	10.7246	40	5	13.8448
17	2	4.6663	29	4	10.7386	41	5	13.8588
18	3	7.6324	30	4	10.7526	42	5	13.8728
19	3	7.6464	31	4	10.7666	43	5	13.8868
20	3	7.6604	32	4	10.7806	44	5	13.9008
21	3	7.6744	33	4	10.7946	45	5	16.8670
22	3	7.6884	34	4	10.8086	46	6	16.8881
23	3	7.7024	35	4	10.8226	47	6	16.8950
24	3	7.7165	36	5	13.7888	48	6	16.9090
25	3	7.7305	37	5	13.8028	49	6	16.9230
26	3	7.7445	38	5	13.8168	50	6	16.9370

②计算模数为 m 时的公法线公称长度 W：

$$W = m \times W_1 \qquad (12-10)$$

（2）公法线平均长度偏差计算。

公法线平均长度上、下偏差及公差（E_{Wms}、E_{Wmi}、T_{Wm}）与齿厚上、下偏差及公差（E_{sns}、E_{sni}、T_{sn}）的换算关系如下：

①对外齿轮，

$$E_{Wms} = E_{sns}\cos\alpha - 0.72F_r\sin\alpha \qquad (12-11)$$

$$E_{Wmi} = E_{sni}\cos\alpha + 0.72F_r\sin\alpha \qquad (12-12)$$

$$T_{Wm} = T_{sn}\cos\alpha - 1.44F_r\sin\alpha \qquad (12-13)$$

②对内齿轮，

$$E_{Wms} = -E_{sni}\cos\alpha - 0.72F_r\sin\alpha \qquad (12-14)$$

$$E_{Wmi} = -E_{sns}\cos\alpha + 0.72F_r\sin\alpha \qquad (12-15)$$

$$T_{Wm} = T_{sn}\cos\alpha - 1.44F_r\sin\alpha \qquad (12-16)$$

5. 确定齿坯公差及表面粗糙度

齿坯公差及表面粗糙度选择方法前面已经讲述，这里不赘述。

6. 绘制齿轮零件图

绘制齿轮零件图时，除了要画出齿轮主要视图、标注尺寸及公差，还要在零件图右上角的列表中填写齿轮的基本参数、齿轮精度以及齿轮精度检验组数据等。

12.5.3 齿轮公差设计实例

例 $12-1$　某机床主轴箱传动轴上的一对直齿圆柱齿轮，小齿轮和大齿轮的齿数分别为 $z_1 = 26$，$z_2 = 56$，模数 $m = 2.75$ mm，齿宽分别为 $b_1 = 28$ mm，$b_2 = 24$ mm，小齿轮基准孔的公称尺寸为 $\phi 30$ mm，转速 $n_1 = 1650$ r/min，箱体上两对轴承孔的跨距 L 相等，均为 90 mm。齿轮材料为 45 钢，线膨胀系数 $\alpha_1 = 11.5 \times 10^{-6}/℃$，箱体材料为铸铁，线膨胀系数 $\alpha_2 = 10.5 \times 10^{-6}/℃$。单件小批量生产，齿轮箱用喷油润滑，齿轮工作温度为 80℃，箱体工作温度为 50℃。试设计小齿轮的精度，并画出齿轮工作图。

解：（1）确定齿轮精度等级。

①选齿轮精度等级。因为该齿轮为机床主轴箱传动齿轮，由表 $12-16$ 大致可以确定齿轮精度为 3~8 级。

②精选齿轮精度等级。因为该齿轮是高速动力齿轮，既传递运动，又传递动力，且转速较高，主要要求是传动平稳性精度，故按齿轮圆周速度和噪声强度要求首先选定第Ⅱ公差组的精度等级。

小齿轮圆周线速度为

$$v_1 = \pi d_1 n_1/(60 \times 1000) = \pi m z_1 n_1/(60 \times 1000) = 6.2 \text{ m/s}$$

参照表 $12-17$ 确定齿轮传动平稳性精度等级为 7 级（第Ⅱ公差组）。又由于齿轮对传递运动准确性要求不高，故可比第Ⅱ公差组精度等级降低一级，选定传递运动准确性精度等级为 8 级（第Ⅰ公差组）。动力齿轮对齿面载荷分布均匀性有一定要求，第Ⅲ公差组精度等级应不低于第Ⅱ公差组，故载荷均匀性精度等级定为 7 级。最后选择并在图样上标注齿轮精度为 8-7-7（GB/T 10095.1~2—2008）。

（2）确定齿轮偏差检测项目及公差值。因为齿轮单件小批量生产，确定齿轮偏差检测项目及公差值如下：

①齿距累积总偏差 F_p。齿距累积总偏差属于第 I 公差组（选定为 8 级），根据分度圆直径（$mz_1 = 2.75 \text{ mm} \times 26 = 71.5 \text{ mm}$），由表 12-1 查得 $F_p = 0.053 \text{ mm}$。

②单个齿距极限偏差 $\pm f_{pt}$。单个齿距偏差属于第 II 公差组（选定为 7 级），根据分度圆直径（$mz_1 = 2.75 \text{ mm} \times 26 = 71.5 \text{ mm}$），由表 12-3 查得 $\pm f_{pt} = \pm 0.012 \text{ mm}$。

③齿廓总偏差 F_a。齿廓总偏差也属于第 II 公差组（选定为 7 级），根据分度圆直径（$mz_1 = 2.75 \text{ mm} \times 26 = 71.5 \text{ mm}$），由表 12-2 查得 $F_a = 0.016 \text{ mm}$。

④螺旋线总偏差 F_β。螺旋线总偏差属于第 III 公差组（选定为 7 级），根据分度圆直径（$mz_1 = 2.75 \text{ mm} \times 26 = 71.5 \text{ mm}$），由表 12-4 查得 $F_\beta = 0.017 \text{ mm}$。

（3）计算齿厚偏差。

①齿厚计算。因为齿轮模数 $m = 2.75 \text{ mm}$，齿数 $z_1 = 26$，由表 12-19 查得 $m = 1 \text{ mm}$ 时的齿厚 $s_{a1} = 1.5698 \text{ mm}$。因此，由式（12-3）得 $m = 2.75 \text{ mm}$ 时的齿厚 $s_a = 2.75 \text{ mm} \times 1.5698 \approx 4.3170 \text{ mm}$。

②确定保证正常的润滑所必需的最小侧隙 j_{n1}。由表 12-20 按喷油润滑查得 $j_{n1} = 0.01 \times m = 0.01 \times 2.75 \text{ mm} = 0.0275 \text{ mm}$。

③确定补偿温升而引起变形所必需的最小侧隙 j_{n2}。由式（12-5）得

$$j_{n2} = 2a(\alpha_1 \Delta t_1 - \alpha_2 \Delta t_2)\sin\alpha$$

式中：$a = \dfrac{m}{2}(z_1 + z_2) = \dfrac{2.75}{2} \times (26 + 56) \text{ mm} = 112.75 \text{ mm}$。

则 $j_{n2} = 2 \times 112.75 \times [11.5 \times 10^{-6} \times (80 - 20) - 10.5 \times 10^{-6} \times (50 - 20)] \times \sin 20° = 0.0289 \text{ mm}$。

④定补偿加工误差和安装误差所需的两轮齿厚减薄量 δ_s。按式（12-6），由表 12-3 查得 $f_{pt2} = 13 \text{ μm}$，且 $f_{pt1} = 12 \text{ μm}$，$F_\beta = 17 \text{ μm}$，$L = 90 \text{ mm}$，$b = 28 \text{ mm}$，得

$$\delta_s = \sqrt{0.88 \times (f_{pt1}^2 + f_{pt2}^2) + 1.77 + 0.34 (L/b)^2 F_\beta^2} = 0.0425 \text{ mm}$$

⑤确定一对齿轮在法向侧隙方向上总的减薄量 δ_{sn}。由式（12-4）得

$$\delta_{sn} = j_{n1} + j_{n2} + \delta_s = 0.0989 \text{ mm}$$

⑥确定齿厚上偏差 E_{sns}。由式（12-7）得

$$E_{sns} = -\left(\frac{\delta_{sn}}{2\cos\alpha} + \left|f_a \tan\alpha\right|\right) = -0.075 \text{ mm}$$

由表 12-10 查得 $f_a = 0.027 \text{ mm}$。

⑦定齿厚公差 T_{sn}。按式（12-8），由表 12-8 查得 $F_r = 30 \text{ μm}$；由表 12-21 查得切齿时的径向进刀公差等级为 IT9，再按分度圆直径查得 $b_r = 74 \text{ μm}$，因此齿厚公差为

$$T_{sn} = 2\tan\alpha \sqrt{b_r^2 + F_r^2} = 0.058 \text{ mm}$$

⑧定齿厚下偏差 E_{sni}。由式（12-9）得

$$E_{sni} = E_{sns} - T_{sn} = -0.133 \text{ mm}$$

（4）计算公法线长度及公法线平均长度偏差。对于中、小模数齿轮，控制侧隙的指标宜采用公法线平均长度偏差，所以还需要把齿厚偏差转换成公法线长度偏差。

①确定公法线公称长度 W 及跨齿数 k。因为齿轮模数 $m=2.75$ mm，齿数 $z_1=26$，由表 12-22 查得 $m=1$ mm 时的跨齿数 $k=3$，公法线公称长度 $W_1=7.7445$ mm。因此，由式（12-10）得 $m=2.75$ mm 时的公法线公称长度 $W=2.75\times W_1\approx21.297$ mm。

②确定公法线长度上偏差 E_{Ws}。因是外齿轮，由式（12-11）得公法线长度上偏差为

$$E_{Ws}=E_{sns}\cos\alpha-0.72F_r\sin\alpha=-0.078\text{ mm}$$

③确定公法线长度下偏差 E_{Wi}。由式（11-12）得公法线长度下偏差为

$$E_{Wi}=E_{sni}\cos\alpha+0.72F_r\sin\alpha=-0.118\text{ mm}$$

（5）确定齿坯公差及表面粗糙度。

①齿坯尺寸公差选择。齿坯尺寸公差主要有齿顶圆公差和齿轮内孔公差。

a. 齿顶圆公差。因为齿轮精度等级为7级（按最高精度等级），齿顶圆直径 $d_{a1}=77$ mm，齿顶圆不作为测量齿厚的基准，则由表 12-12 查得齿顶圆公差为 $\phi77\text{h}11^{\ 0}_{-0.190}$。

b. 齿轮内孔公差。因为齿轮精度等级为7级，齿轮内孔直径为 30 mm，应采用基孔制及包容要求，则由表 12-13 查得齿轮内孔公差为 $\phi30\text{H}7^{+0.021}_{\ 0}$ Ⓔ。

②齿坯几何公差。齿坯几何公差主要有齿顶圆与基准端面的圆跳动公差。由表 12-14 查得齿顶圆与基准端面的圆跳动公差均为 0.018 mm。

③表面粗糙度选择。齿轮用精滚齿加工，齿轮内孔用精车加工，端面及齿顶圆用粗车加工，由表 12-15 查得表面粗糙度为：齿轮齿面 Ra 为 1.6 μm，齿轮内孔 Ra 为 1.6 μm，端面 Ra 为 3.2 μm，齿顶圆 Ra 为 3.2 μm。

（6）绘制齿轮零件图。齿轮零件图绘制如图 12-28 所示。因为齿轮模数较小，齿厚偏差不作为检验项目，所以齿轮参数表中没有写入齿厚偏差。

12.6 齿轮精度检测常用方法

齿轮按图样加工后必须通过若干项目的检测才能判断其是否合格。本节主要讲述齿厚偏差、公法线长度偏差、齿圈径向跳动及螺旋线总偏差检测的方法，为齿轮其他参数的检测奠定必要的基础。

12.6.1 齿厚偏差检测

在齿轮的加工误差中，齿厚偏差是影响齿轮副侧隙的误差之一。为保证齿轮副有适当的侧隙，必须控制齿厚偏差。对于大模数齿轮，常用齿厚游标卡尺来测量齿厚偏差，如图 12-30 所示。

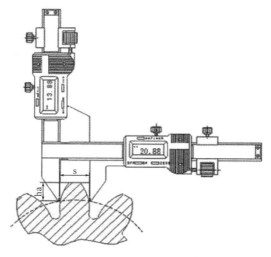

图 12-30　齿厚游标卡尺测量齿厚偏差

1. 齿厚游标卡尺

（1）结构组成。

齿厚游标卡尺主要用于测量直齿的齿厚，其结构组成如图 12-31 所示。齿厚游标卡尺由水平游标尺 1、水平微动螺母 2、垂直游标尺 3、垂直微动螺母 4、齿高定位尺 5 及外测量爪 6 等几部分组成。

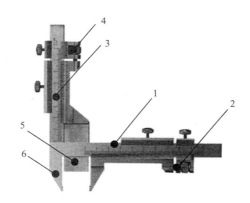

1—水平游标尺；2—水平微动螺母；3—垂直游标尺；

4—垂直微动螺母；5—齿高定位尺；6—外测量爪

图 12-31　齿厚游标卡尺

（2）测量范围。

齿厚游标卡尺的测量范围是以模数为单位的。一般有 1～18 模数和 1～26 模数范围两种。

（3）测量分度值。

齿厚游标卡尺的分度值（水平游标和垂直游标）均有 0.02 mm 和 0.05 mm 两种，实际使用时常选用 0.02 mm。

2. 齿厚偏差测量原理

由于在分度圆柱面上齿厚（是一段圆弧）不便于测量，所以齿厚偏差的测量实际上是用齿厚游标卡尺固定在分度圆弦齿高 h_a 上来测量分度圆上的弦齿厚 s_a，如图 12－32 所示。简单来说就是定高测厚原理。

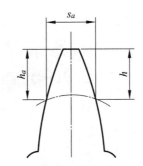

图 12－32 齿厚偏差测量位置

3. 齿厚偏差测量步骤及方法

（1）计算弦齿高 h_a 与弦齿厚 s_a。

①用游标卡尺测量齿顶圆直径 d'_a；

②根据齿数从表 12－19 中查出模数 $m=1$ mm 时的分度圆处弦齿高 h_{a1} 和弦齿厚 s_{a1}；

③计算模数为 m 时的分度圆处弦齿高 h_a 和弦齿厚 s_a。由式（12－2）和式（12－3）计算弦齿高 h_a 和弦齿厚 s_a。

（2）测量齿厚。

①将齿厚游标卡尺的垂直游标尺的读数调整为 h_a；

②把齿厚游标卡尺置于被测齿轮上，如图 12－33 所示；

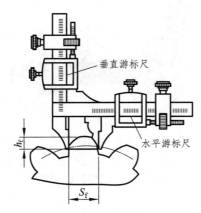

图 12－33 测量齿厚

③使齿高定位尺的下端面按垂直方向与齿顶圆接触，移动水平游标尺，使水平的两个卡脚与齿面接触，并从水平游标尺上读出齿厚的实际尺寸；

④将实测齿厚尺寸与齿厚公称值相减，得出齿厚偏差，与齿厚上、下偏差对比，最后判断被测齿厚是否合格（测量时，在齿圈上隔 90°测量一个齿，取最大偏差值与齿厚上、下偏差对比）。

12.6.2　公法线长度偏差检测

由上所述，测量齿厚须以齿顶圆为基准，其测量结果受齿顶圆直径误差的影响较大。对于小模数齿轮，常用测量公法线长度偏差的方法来保证齿轮副的适当侧隙，如图 12-34 所示。

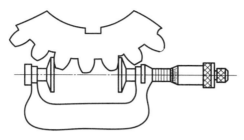

图 12-34　用公法线千分尺检测公法线长度偏差

1. 公法线千分尺

（1）结构组成。

公法线千分尺主要用来直接测量直齿、斜齿圆柱齿轮的公法线长度，其结构组成如图 12-35 所示。公法线千分尺与外径千分尺的结构基本相同，不同之处仅在于其测砧与活动测砧为圆盘形。

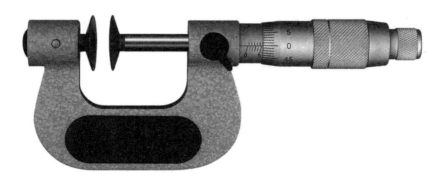

图 12-35　公法线千分尺

（2）测量范围。

公法线千分尺的测量范围有 0~25 mm，25~50 mm，…，275~300 mm 等几种。

（3）测量分度值。

公法线千分尺的分度值有 0.01 mm、0.002 mm、0.001 mm 三种，实际使用时常选用 0.01 mm。

2. 公法线长度偏差测量步骤及方法

（1）计算公法线公称长度 W。

①根据齿数从表 12-22 中查出模数 $m=1$ mm，$\alpha=20°$ 的标准直齿圆柱齿轮的公法线公称长度 W_1 及跨齿数 k；

②由式（12-10）计算模数为 m 时的公法线公称长度 W 并填入表 12-23 中。

（2）测量公法线长度偏差。

根据齿数 z 对应的跨齿数 k，用公法线千分尺沿齿圈的不同方位（间隔 $90°$）测量4个公法线长度实际尺寸（如图 12-36 所示），并将测量数据填入表 12-23。

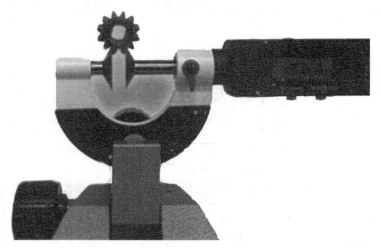

图 12-36　公法线长度偏差测量

表 12-23　测量数据

公法线公称长度	公法线测量值	偏差	平均偏差	偏差变动量

（3）数据处理与判断。

①计算公法线长度偏差 ΔE_W。

$$\Delta E_W = W_i - W \tag{12-17}$$

②计算公法线长度平均偏差 $\overline{\Delta E_W}$。

$$\overline{\Delta E_W} = (\Delta E_{W1} + \Delta E_{W2} + \Delta E_{W3} + \Delta E_{W4})/4 \tag{12-18}$$

将公法线长度平均偏差 $\overline{\Delta E_W}$ 与图样中的公法线长度上、下偏差对比，最后判断被测公法线长度是否合格。

（3）计算公法线长度变动量 ΔF_W。

$$\Delta F_W = W_{max} - W_{min} \tag{12-19}$$

将公法线长度变动偏差 ΔF_W 与图样中给出的公法线长度变动公差 F_W 对比，最后判断被测公法线长度变动偏差是否满足要求。

12.6.3　齿圈径向跳动检测

在齿轮的加工误差中，齿圈径向跳动是影响传递运动准确性的误差之一。为保证齿轮运行平稳，减少冲击、振动和噪声，必须控制齿圈径向跳动。

1. 测量装置

齿圈径向跳动由跳动仪加百分表来测量，如图 12－37 所示。

图 12－37　跳动仪加百分表测量齿圈径向跳动

2. 测量原理

齿圈径向跳动 ΔF_r 是指在齿轮一转范围内，测头在齿槽内与齿高中部双面接触，测头相对于齿轮轴线的最大变动量，如图 12－38 所示。

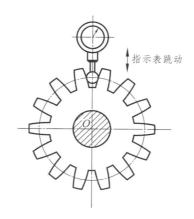

指示表跳动

图 12－38　齿圈径向跳动测量原理

3. 测量步骤

（1）组装跳动仪并将测量齿轮装在跳动仪的同轴顶尖上，调整两顶尖距离，使其能转动自如，但测量齿轮无轴向移动并用螺钉锁紧，如图 12－37 所示；

（2）把测头安装在百分表的测杆上（通常需根据测量齿轮的模数选择不同的测头）；

（3）在齿宽中间位置调整百分表高度，使测头随表架下降与某个齿槽双面接触，把百分表指针压缩 1~2 圈后紧固百分表，转动表盘对零，并在齿轮上做好标记；

（4）提起测杆，转动一齿，并将每齿测量数据填入表 12-24。表中最大值与最小值的差值即为齿圈径向跳动误差 ΔF_r；

（5）根据齿圈径向跳动误差 ΔF_r 与齿圈径向跳动公差 F_r 判断齿轮是否合格，并将结果填入表 12-24。

表 12-24　测量数据

测量点	1	2	3	4	5	6	7	8	齿圈径向跳动误差	齿圈径向跳动公差	合格否
测量值/mm											
测量点	9	10	11	12	13	14	15	16		0.08 mm	
测量值/mm											

12.6.4　螺旋线总偏差检测

螺旋线总偏差 ΔF_β 会导致齿面接触不良，引起载荷不均，造成齿面局部磨损或局部折断，影响齿轮的使用寿命。因此，必须控制螺旋线总偏差。对于直齿轮来说，螺旋线总偏差实际上是齿向误差。

1. 测量装置

齿向误差由跳动仪加杠杆百分表来测量，如图 12-39 所示。

图 12-39　跳动仪加杠杆百分表测量齿向误差

2. 测量原理

齿向误差 ΔF_β 是指在齿轮的一个齿面上，测头（测头接触分度圆齿面线）沿齿宽方向移动时杠杆百分表的最大变动量,如图 12−40 所示。

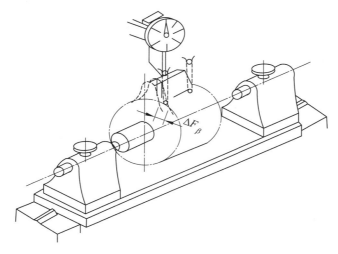

图 12−40　齿向误差测量原理

3. 测量步骤

(1) 组装跳动仪,并将测量齿轮装在跳动仪的同轴顶尖上,调整两顶尖距离,使用轻力可转动测量齿轮,无轴向移动,并用螺钉锁紧,如图 12−39 所示;

(2) 调整杠杆百分表高度,使杠杆百分表测头随表架下降并与实际被测齿面在齿高中部接触(在调整过程中需适量转动齿轮轴),并将杠杆百分表指针压缩约半圈,转动表盘对零,同时在齿轮上做好标记;

(3) 移动滑座,在齿宽有效部分范围内进行测量,杠杆百分表的最大示值与最小示值之差即为该齿面的齿向误差 ΔF_{β};

(4) 间隔均匀地选择 4 齿面进行测量(左、右齿面都需测量),并将每齿测量数据填入表 12−25。表中最大值即为齿向误差 ΔF_{β} 的值。

表 12−25　测量数据

测量齿面	1		2		3		4		齿轮齿向公差	合格否
	左	右	左	右	左	右	左	右		
齿向误差									0.06 mm	

根据齿向误差 ΔF_{β} 与齿轮齿向公差 F_{β} 判断齿轮是否合格,并将结果填入表 12−25。

12.7　本章学习要求

理解齿轮和齿轮副必须满足的四项使用要求;通过分析各种加工误差对齿轮传动使用要求的影响,理解渐开线齿轮精度标准所规定的各项公差及极限偏差的定义和作用;初步掌握齿轮精度等级和检验项目的选用以及确定齿轮副侧隙大小的方法;掌握齿轮公差在图样上的标注。

思考题和习题

12—1 齿轮传动的使用要求有哪些？不同用途和不同工作条件的齿轮对这些使用要求的侧重点是否相同？请举例说明。

12—2 选择齿轮精度等级时应考虑哪些因素？

12—3 为什么单独检测径向跳动 F_r 不能评定齿轮传递运动的准确性？

12—4 设有一直齿圆柱齿轮副，其模数 $m=2.5$ mm；齿数 $z_1=25$，$z_2=50$，齿宽 $b_1=b_2=20$ mm，精度等级为 6 级，齿轮的工作温度 $t_1=50℃$，箱体的工作温度 $t_2=30℃$，圆周速度为 8 m/s，线膨胀系数：钢齿轮 $\alpha_1=11.5\times10^{-6}/℃$，铸铁箱体 $\alpha_2=10.5\times10^{-6}/℃$，试计算齿轮副的最小法向侧隙 j_{nmin} 及小齿轮齿厚上、下偏差（E_{sns}，E_{sni}）。齿轮齿形角 $\alpha=20°$，$f_{pb}=f_{pt}\cos\alpha$。

参考文献

廖念钊，古莹菴，莫雨松，等. 互换性与技术测量 ［M］. 6 版. 北京：中国质检出版社，2012.

马惠萍. 互换性与测量技术基础案例教程 ［M］. 2 版. 北京：机械工业出版社，2019.

韩进宏. 互换性与技术测量 ［M］. 2 版. 北京：机械工业出版社，2017.

谢铁邦，李柱，席宏卓. 互换性与技术测量 ［M］. 3 版. 武汉：华中科技大学出版社，1998.

方沁林. 圆度误差评定的算法研究与软件设计 ［D］. 武汉：华中科技大学，2007.

宋康，张涛，徐晓秋.《互换性与技术测量》课程教学改革探讨 ［J］. 高等教育发展研究，2018，35（4）：30-33.

刘桂珍，殷宝麟. 互换性与测量技术基础课程教学改革与实践 ［J］. 黑龙江高教研究，2010（8）：167-169.

谢和平. 川大教育教学的改革与实践 ［J］. 高等教育发展研究，2015，32（4）：1-12.

全国产品尺寸和几何技术规范标准化技术委员会. 直线度误差检测：GB/T 11336—2004 ［S］. 北京：中国标准出版社，2005.

全国产品尺寸和几何技术规范标准化技术委员会. 平面度误差检测：GB/T 11337—2004 ［S］. 北京：中国标准出版社，2005.

全国产品尺寸和几何技术规范标准化技术委员会. 产品几何量技术规范（GPS）评定与圆度误差的方法 半径变化量测量：GB/T 7235—2004 ［S］. 北京：中国标准出版社，2005.

全国产品尺寸和几何技术规范标准化技术委员会. 产品几何技术规范（GPS）线性尺寸公差 ISO 代号体系：第 1 部分　公差、偏差和配合的基础：GB/T 1800.1—2020 ［S］. 北京：中国标准出版社，2020.

全国产品尺寸和几何技术规范标准化技术委员会. 产品几何技术规范（GPS）线性尺寸公差 ISO 代号体系：第 2 部分　标准公差带代号和孔、轴的极限偏差表：GB/T 1800.2—2020 ［S］. 北京：中国标准出版社，2020.

全国产品尺寸和几何技术规范标准化技术委员会. 产品几何技术规范（GPS）几何公差成组（要素）与组合几何规范：GB/T 13319—2020 ［S］. 北京：中国标准出版社，2020.

全国产品尺寸和几何技术规范标准化技术委员会. 产品几何技术规范（GPS）尺寸公差：第 1 部分　线性尺寸：GB/T 38762.1—2020 ［S］. 北京：中国标准出版社，2020.

全国产品尺寸和几何技术规范标准化技术委员会. 产品几何技术规范（GPS）尺寸公差：

第2部分　除线性、角度尺寸外的尺寸：GB/T 38762.2—2020［S］．北京：中国标准出版社，2020.

全国产品尺寸和几何技术规范标准化技术委员会．产品几何技术规范（GPS）　尺寸公差：第3部分　角度尺寸：GB/T 38762.3—2020［S］．北京：中国标准出版社，2020.